U0805795

教育部高等学校高职高专测绘类专业教学指导委员会“十二五”规划教材

GPS 测量技术

主　编　牛志宏　范海英　殷　忠
副主编　李　玲　赵淑湘　张玉堂
主　审　张东明

黄河水利出版社
·郑州·

内容提要

本书由教育部高等学校高职高专测绘类专业教学指导委员会策划和组织，是为适应高职高专工程测量技术专业GPS测量技术课程的教学需要编写的。全书共分九章，内容主要包括绪论、GPS卫星星历及卫星信号、GPS测量定位原理、GPS测量误差分析、GPS测量技术设计、GPS测量外业实施、GPS测量数据处理、GPS测量差分定位技术、GPS测量技术的应用。

本书适合作为高职高专工程测量技术专业学生的教材使用，也可供测绘工程技术人员、水利水电工程技术人员以及土木交通工程技术人员参考使用。

图书在版编目(CIP)数据

GPS测量技术/牛志宏，范海英，殷忠主编. —郑州：黄河水利出版社，2012.8

教育部高等学校高职高专测绘类专业教学指导委员会"十二五"规划教材

ISBN 978-7-5509-0250-3

Ⅰ. ①G… Ⅱ. ①牛… ②范… ③殷… Ⅲ. ①全球定位系统-测量-高等职业教育-教材 Ⅳ. ①P228.4

中国版本图书馆CIP数据核字(2012)第094008号

出 版 社：黄河水利出版社　　网址：www.yrcp.com

地址：河南省郑州市顺河路黄委会综合楼14层　　邮政编码：450003

发行单位：黄河水利出版社

发行部电话：0371-66026940、66020550、66028024、66022620(传真)

E-mail：hhslcbs@126.com

承印单位：河南承创印务有限公司

开本：787 mm×1 092 mm　1/16

印张：10.75

字数：262千字　　印数：1—4 000

版次：2012年8月第1版　　印次：2012年8月第1次印刷

定价：27.00元

教育部高等学校高职高专测绘类专业教学指导委员会
“十二五”规划教材审定委员会

序　一

职业教育是为我国国民经济建设和发展作出重要贡献的教育类型。近20年来,我国高职高专教育得到了迅速发展,可以说现在已经占据了我国高等教育的半壁江山。特别是近几年来,被定位于“以就业为导向”的职业教育,为国家第二、第三产业的发展培养出了大批技能型高端人才,为国家的经济建设和社会发展,以及为我国建成世界第二大经济实体国家发挥着积极的作用,并作出了重要贡献。其中,我国测绘类高职高专教育及其人才培养同样取得了巨大的进展。为了不断推动测绘类高职高专人才培养工作的建设、改革和发展,2004年教育部委托国家测绘局组建和管理高等学校高职高专测绘类专业教学指导委员会,并作为一个分委员会隶属教育部高等学校测绘学科教学指导委员会。分委员会成立后即开展了高职高专测绘类专业设置的研制,继而规划、组织了“十五”规划教材的编写,并经过教材审定委员会严格审定后,经协商确定,该套教材统一由黄河水利出版社出版。“十五”规划教材的按期出版和投入使用,满足了高职高专测绘类专业的教学需求,起到了有力的教学保障作用,收到了良好的效果。

2006年教育部提出,高等学校高职高专专业教学指导委员会(包括测绘类专业)独立设置开展工作,并由教育部高教司直接管理。在此期间,教学指导委员会按照教育部的要求开展了“高职高专测绘类专业规范”和“高职高专测绘类专业教学基本要求”的研制和上报工作。为了适应当前国内外测绘技术的新进展和经济社会发展对高职高专人才培养的新要求,高等学校高职高专测绘类专业教学指导委员会重新规划并组织“十二五”规划教材的编写和出版。新一批成套的规划教材是按照教育部的要求,依据“高职高专测绘类专业规范”和“高职高专测绘类专业教学基本要求”的规定编写而成的,此套教材仍然按照第一批规划教材出版协议,由黄河水利出版社统一出版。希望本套教材能在高职高专测绘类专业的人才培养中发挥更好的作用。借此机会,再次对黄河水利出版社长期给予高职高专测绘类专业人才培养工作的支持表示衷心的感谢!

虽然有“十五”规划教材的基础,也有了20年来高职高专测绘类专业人才培养的成绩和经验,但是在高职高专人才培养中仍存在地区和行业的差异,以及其自身的特点。既是规划教材,我们希望有测绘类专业的高职高专院校能在教学中使用这套教材,并在使用中发现问题,提出意见,以便今后教材的修订和不断完善。

教育部高等学校测绘学科教学指导委员会主任委员

中国工程院院士

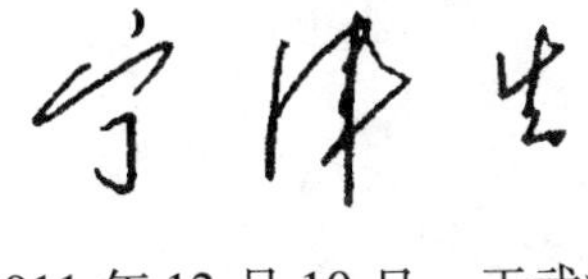

2011年12月10日　于武汉

序 二

近年来，我国高等职业教育蓬勃发展，测绘高等职业教育也随之大发展。目前，已有120余所高职院校设立了测绘类专业，每年有数万名在校生就读，有上万名测绘类专业的高职高专毕业生走向测绘与地理信息生产一线岗位，以及为相关行业部门提供测绘与地理信息保障的服务岗位。测绘类专业应用性技能型高端人才的培养，显现出招生、就业两旺的良好发展态势。

人才培养的教育教学工作，需要有教材的基础支持。早在2004年，教育部高等学校测绘学科教学指导委员会主任委员、中国测绘学会教育委员会主任委员、中国工程院院士宁津生倡导并亲自规划和组织，由教育部高等学校测绘学科教学指导委员会组织落实编写全国第一套测绘类专业高职高专规划教材。教材编写得到了各院校教学一线老师们的积极响应和支持。教材编写出版的整个过程，得到了宁津生院士等老专家的全程关心、支持和帮助。在初稿完成后，由宁津生院士任主任委员、陶本藻教授和王依教授任副主任委员组成的教材编写审定委员会，对初稿进行了一一审查，并提出了修改意见，经主编修改再次审查通过后，经过审定委员会同意后出版。宁津生院士亲自和黄河水利出版社进行了商议，并达成协议，由黄河水利出版社给予支持和帮助，并承担出版任务。经过共同努力，教材按期出版和投入使用。该套在中原大地母亲河边出生的教材成为了我国高职高专测绘类专业整体规划设计的第一套教材，为高职高专测绘类专业人才培养发挥了基础性作用，改写了测绘高职高专教育没有成套教材的历史。该套教材受到了各院校的热烈欢迎，并得到了广泛的使用，其中的不少种教材由教育部批准成为了国家级“十一五”规划教材。

近年来，测绘新技术的应用发展迅速，测绘生产技术平台不断提升，需要迅速将测绘新技术引进课堂、引进教材；在教育部的大力推动下，对应用性技能型高端人才培养从实践到教育理论都进行了广泛而深刻的探索，并得到了新的经验。以系统化职业能力构建为本位，以与之相适应的理论知识为基础，走校企合作的道路，用工学结合的模式，以系统化的工作过程和项目为载体，追求实现人才培养的“知行合一”的目标，这样的教育思想得到了广泛的认可，并在人才培养中得到应用。培养出来的高职人才以其对就业岗位较强的切入能力、较好的适应能力和较高的职业发展能力逐渐得到社会的认可。

同时，经济、技术和社会的发展，对高职人才的培养也提出了新的要求。教育部高等学校高职高专测绘类专业教学指导委员会和黄河水利出版社遵照协议，共同商议组织高职高专测绘类专业“十二五”规划教材的编写和出版。在策划和组织的时候，教育部组织研制的专业规范和教学基本要求已经完成，这为教材的编写奠定了基础。教育部高等学校高职高专测绘类专业教学指导委员会期望通过编写团队、专家和出版社的共同努力，立足已有基础，高水平编写并按期出版新一套规划教材，希望各院校积极使用新编“十二五”规划教材，让教材为促进高职测绘教育的可持续科学发展发挥积极作用。

衷心感谢宁津生院士、陶本藻教授、王依教授对高职高专测绘类专业人才培养工作一路走来的支持、关心和帮助！衷心感谢为本套教材的编写付出了心血的每一位老师！感谢黄河水利出版社为本套教材的出版而默默付出的每一位同志！

尽管有了良好基础，但由于地区、装备水平、服务行业等的差异，以及各院校老师对课程教学组织的个性化设计，对教材会有不同的要求，因此希望各院校在教材使用过程中能发现问题，提出意见，以便今后教材的修订和完善。

教育部高等学校高职高专测绘类专业教学指导委员会主任委员

2011 年 12 月 6 日　于昆明

前　言

本书是在高等职业教育发展的新形势下，为适应高职高专工程测量技术专业 GPS 测量技术课程的教学需要，根据教育部《关于推进高等职业教育改革创新引领职业教育科学发展的若干意见》（教职成[2011]12 号）文件精神和《全国高职高专工程测量技术专业规范》进行编写的。

本教材具有较强的针对性和实用性，力求满足高职高专工程测量技术专业建设的需要，充分体现 GPS 测量技术的实践性和先进性，突出工程测量技术专业人才培养的 GPS 测量技术应用能力，符合高职教育的特点。全书以工程实践中的 GPS 定位技术工作过程为导向，由简单到复杂，循序渐进地介绍了 GPS 测量建设的应用，力求达到通俗易懂、简明实用的目的，以利于学生职业能力的培养。本书适合高职高专工程测量技术专业学生作为 GPS 测量技术课程学习的教材使用，也可供测绘工程技术人员、水利水电工程技术人员以及土木交通工程技术人员参考使用。

本书编写人员及编写分工如下：长江工程职业技术学院牛志宏（第一章），辽宁科技学院范海英（第二章），重庆工程职业技术学院李玲（第三章、第八章第一节），长江工程职业技术学院罗勇（第四章），南京工程高等专科学校殷忠（第五章、第六章），甘肃林业职业技术学院赵淑湘（第七章），长江工程职业技术学院钟伟（第八章第二、三、四节），湖北国土资源职业学院张玉堂（第九章）。本书由牛志宏、范海英、殷忠担任主编，由李玲、赵淑湘、张玉堂担任副主编。全书由牛志宏负责统稿。本书由昆明冶金高等专科学校张东明教授担任主审。

限于编者水平、经验及时间，书中难免存在疏漏及不妥之处，热忱希望广大读者不吝指正。

编　者

2012 年 4 月

目　录

第一章　绪　论

第一节　卫星定位系统概况

一、卫星定位技术的起源与发展

(一)早期的卫星定位技术

1957 年世界上第一颗人造地球卫星发射成功,这是人类致力于现代科学技术发展的结晶,它使空间科学技术的发展迅速跨入一个崭新的时代。

卫星定位技术是利用人造地球卫星进行点位测量的技术。早期的人造地球卫星仅仅作为一种空间的观测目标,由地面观测站对它进行摄影测量,测定测站到卫星的方向,建立卫星三角网;也可以利用激光技术对卫星进行距离测量,测定测站至卫星的距离,建立卫星测距网。这种对卫星的几何观测能解决用常规大地测量技术难以实现的远距离陆地与海岛的联测定位问题。20 世纪 60 ~ 70 年代,美国国家大地测量局在英国和德国测绘部门的协助下,花了几年的时间用卫星三角测量的方法测设了包含 45 个测站的全球三角网,点位精度可达 5 m。但是这种观测方法受天气和卫星可见条件的影响较大,费时费力,不仅定位的精度低,而且不能测定点位的地心坐标。因此,卫星三角测量很快被利用卫星多普勒效应(Doppler Effect)的定位技术所取代,使卫星定位技术从把卫星作为空间观测目标的低级阶段,发展到了把卫星作为动态已知点的高级阶段。

(二)子午卫星多普勒定位技术

1958 年 12 月,美国海军武器实验室和詹斯霍普金斯大学物理实验室为了给美国海军“北极星”核潜艇提供全球性导航,开始研制一种卫星导航系统,称为美国海军导航卫星系统,简称 NNSS 系统。在这一系统中,由于卫星轨道面通过地极,所以又被称为子午卫星导航系统。1959 年 9 月美国发射了第一颗试验性卫星,到 1961 年 11 月,先后发射了 9 颗试验性导航卫星。从 1963 年 12 月起,陆续发射了由 6 颗卫星组成的子午卫星星座,1964 年该系统建成并投入使用。该系统轨道接近圆形,卫星高度为 1 100 km,轨道倾角为 90°左右,周期约为 107 min,在地球表面上的任何一个测站上,平均每隔 2 h 可观测到其中一颗卫星。

卫星多普勒定位系统即美国海军导航卫星系统,它由三部分组成:卫星星座、地面跟踪网和用户接收机。地面跟踪网由跟踪站、计算中心、注入站、海军天文台和控制中心五部分组成。它们的任务是测定各颗卫星的轨道参数,并定时将这些轨道参数和时间信号注入到相应的各颗卫星内,以便卫星按时向地面播发信号。接收机是用来接收卫星发射的信号、测量多普勒频移、解译卫星的轨道参数,以测定接收机所在位置的设备。由于接收机都是采用多普勒效应原理进行接收和定位的,所以也称为多普勒接收机。

20 世纪 70 年代中期,我国开始引进卫星多普勒接收机。西沙群岛的大地测量基准联测,是我国应用卫星多普勒定位技术的先例。自 80 年代初期以来,我国开展了几次较大规模的卫星多普勒定位实践:国家测绘局和总参测绘局联合测设的全国卫星多普勒大地网;由原武汉测绘科技大学与青海石油管理局、新疆石油管理局、原石油部地球物理勘探局合作测设的西北地区卫星多普勒定位网;即使在远离我国17 000余km的南极乔治岛上,也用卫星多普勒定位技术精确测得我国长城站的地理位置为南纬62°12′59.811″±0.015″,西经50°57′52.665″±0.119″,高程为43.58 m±0.67 m,长城站至北京的距离为17 501 949.51 m。

虽然子午卫星系统将导航和定位技术推向了一个崭新的发展阶段,但仍然存在着一些明显的缺陷。由于该系统卫星数目较少(6颗工作卫星),运行高度较低(平均约为1 000 km),从地面站观测到卫星的时间间隔也较长(平均约1.5 h),无法进行全球性的实时连续导航定位服务。从大地测量学来看,由于它的定位速度慢(测站平均观测1~2 d),精度较低(单点定位精度3~5 m,相对定位精度约为1 m),因此该系统在大地测量学和地球动力学研究方面受到了极大的限制。为了满足军事及民用部门对连续实时三维导航和定位的需求,第二代卫星导航系统——GPS应运而生。子午卫星导航系统也于1996年12月31日停止发射导航及时间信息。

(三)GPS定位系统的建立

1973年,美国国防部组织海、陆、空三军联合研究建立新一代卫星导航系统,称为全球定位系统(Global Positioning System,简称GPS)。其建立过程到目前为止经历了以下4个阶段:

1973~1979年为方案论证和初步设计阶段。这一阶段是指出GPS构成方案并验证其可行性的阶段。在此期间,美国发射了两颗概念验证卫星用于验证GPS原理的可行性。另外,还发射了一颗组网试验卫星,研制了3种类型的GPS接收机,建立了1处卫星地面控制设施并完成了大量的测试项目。

1980~1989年为全面研制和大量试验阶段。这一阶段完成的主要工作是发射了11颗组网试验卫星BlockⅡ(其中一颗发射失败)和1颗工作卫星BlockⅡA,进一步完善了地面监控系统,发展了GPS接收机。1984年测量领域成为第一个GPS商用用户领域。

1990~1999年为系统建成并进入运作阶段。此间发射了多颗BlockⅡ和BlockⅡA卫星,1993年实现了24颗在轨卫星满星座运行,满足了民用的标准定位服务(100 m)的要求,1995年实现了精密定位服务(10 m)。

2000~2030年为GPS现代化与更新阶段。1996年美国由国防部和交通部组成了联合管理GPS事务局(IGEB)。在IGEB的主持下,于1997~1998年期间讨论了增加GPS民用信号,从而改进了民用GPS状况,并与空军已经开始的计划相结合,形成了更新GPS运行要求的文献,且于1999年1月由美国副总统戈尔以“GPS现代化”的名称发布通告,其具体实施是以2000年5月1日取消SA政策为标志。

二、GPS系统的组成

GPS定位系统由三部分组成,即由GPS卫星组成的空间星座部分、由若干地面站组成的地面监控系统和以接收机为主体的用户设备。三者形成有机的整体。图1-1表示了它们之间的相互关系。

(一)空间星座部分

GPS卫星星座在1993年建成时由24颗卫星组成,分布在6个轨道面上。轨道面相对

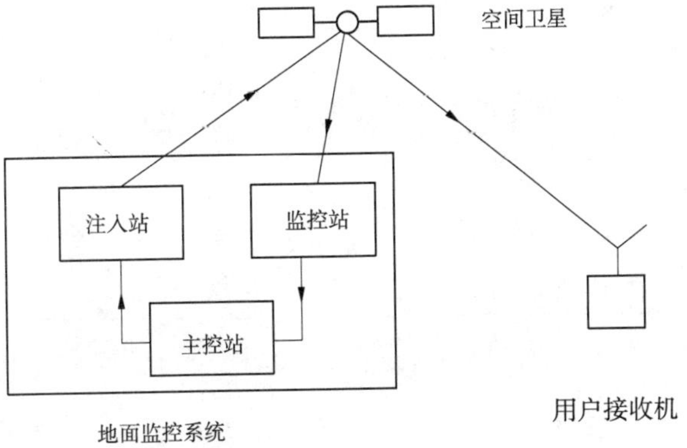

图 1-1　GPS 系统的组成

地球赤道面的倾角为 55°,各轨道平面升交点赤经相差 60°,一轨道面上的卫星比西边相邻轨道平面上的相应卫星超前 30°。轨道平均高度约为 20 200 km,运行周期为 11 h 58 min,GPS 卫星星座如图 1-2 所示。这样的分布可以保证在地球的任何地方能同时见到 4 ~ 12 颗卫星,从而使地球表面的任何地点、任何时刻均能实现三维实时定位、测速和测时。

GPS 卫星的外观如图 1-3 所示,GPS 卫星在轨时依靠太阳能电池及镉镍蓄电池供电,其上还装有 4 台高精度原子钟,这是卫星的核心设备。卫星有 12 根螺旋形天线组成的阵列天线,向地面发射张角为 30°的电磁波束,由一个推力系统保持卫星在轨位置及姿态调整。卫星姿态调整采用三轴稳定方式,使卫星天线始终对准地心。卫星设计寿命约为 7.5 年。

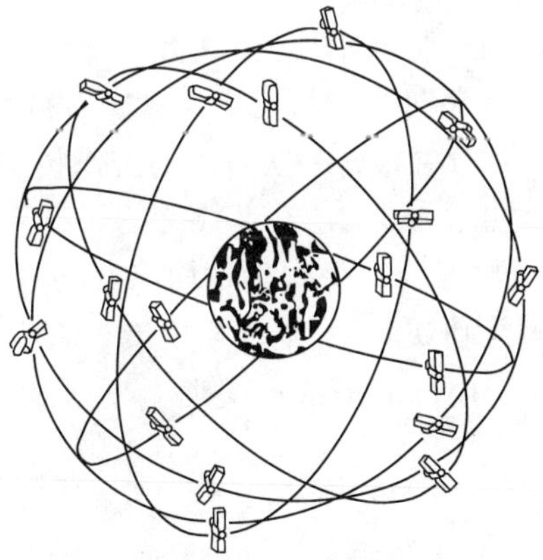

图 1-2　GPS 卫星星座

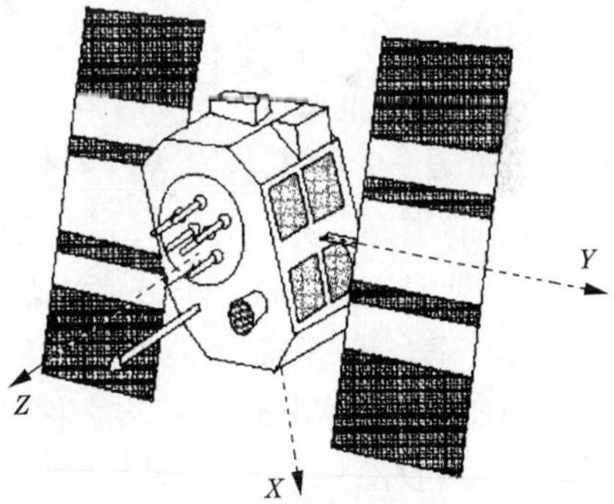

图 1-3　GPS 卫星的外观

GPS 卫星的主要功能如下:

(1)向广大用户连续不断地发送导航定位信号。

(2)在卫星飞过注入站上空时,接收由地面注入站用 S 波段发送到卫星的导航电文和其他有关信息,并通过 GPS 信号电路,适时地发送给广大用户。

(3)接收地面主控站通过注入站发送给卫星的调度命令,适时地改正运行偏差或启用备用时钟等。

(二)地面监控系统

GPS 工作卫星的地面监控系统包括 1 个主控站、3 个注入站和 5 个监控站,如图 1-4

所示。

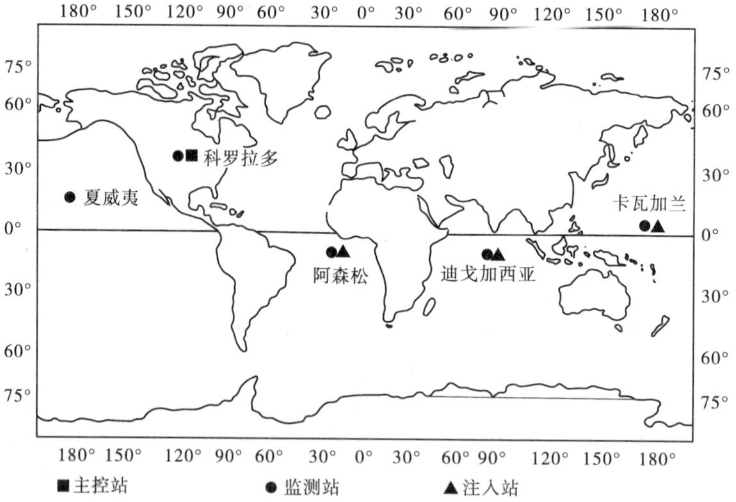

图 1-4　地面监控部分

(1)主控站设在美国本土科罗拉多。主控站的任务是收集、处理本站和监测站收到的全部资料,编算出每颗卫星的星历和 GPS 时间系统,将预测的卫星星历、钟差、状态数据以及大气传播改正编制成导航电文传送到注入站。主控站还负责纠正卫星的轨道偏移,必要时调度卫星,让备用卫星取代失效卫星。另外还负责监测整个地面监测系统的工作,检验注入给卫星的导航电文,监测卫星是否将导航电文发送给了用户。

(2)3 个注入站分别设在大西洋的阿森松岛、印度洋的迪戈加西亚岛和太平洋的卡瓦加兰。任务是将主控站发来的导航电文注入到相应的卫星存储器。每天注入 3 次,每次注入 14 d 的星历。此外,注入站能自动向主控站发射信号,每分钟报告一次自己的工作状态。

(3)5 个监测站除位于主控站和 3 个注入站之处的 4 个站外,还在夏威夷设立了一个监测站。监测站的主要任务是为主控站提供卫星的观测数据。每个监测站均用 GPS 信号接收机对每颗可见卫星每 6 min 进行一次伪距测量和多普勒观测,采集气象要素等数据。在主控站的遥控下自动采集定轨数据并进行各项改正,每 15 min 平滑一次观测数据,依此推算出每 2 min 间隔的观测值,然后将数据发送给主控站。

(三)用户接收部分

GPS 的用户部分由 GPS 接收机、相应的用户设备及数据处理软件组成。GPS 接收机硬件一般包括主机、天线、控制器和电源,主要功能是接收 GPS 卫星发射的信号,能够捕获到按一定卫星高度截止角所选择的待测卫星的信号,并跟踪这些卫星的运行,获得必要的导航和定位信息及观测量。用户设备一般为计算机及其终端设备、气象仪器等,主要功能是对所接收到的 GPS 信号进行变换、放大和处理,以便测量出 GPS 信号从卫星到接收机天线的传播时间,解译出 GPS 卫星所发送的导航电文,实时地计算出测站的三维位置,甚至三维速度和时间,并经简单数据处理而实现实时导航和定位。数据处理软件是指各种后处理软件包,其主要作用是对观测数据进行精加工,以便获得精密定位结果。以上这三个部分共同组成了一个完整的 GPS 系统。

三、其他卫星定位系统

(一) GLONASS 全球导航卫星系统

GLONASS(Global Navigation Satellite System,全球导航卫星系统)是由苏联国防部独立研制和组建的第二代军用卫星导航系统,现由俄罗斯管理和维护。与美国的 GPS 相似,它可为全球海、陆以及近地空间的各种军、民用户全天候、连续地提供高精度的三维位置、三维速度和时间信息。该系统从 1982 年 10 月 12 日发射第一颗 GLONASS 卫星开始,到 1996 年 1 月 18 日,最终布满 24 颗(其中 21 颗工作星和 3 颗备用星)。

24 颗卫星均匀地分布在 3 个近圆形的轨道平面上,这 3 个轨道平面两两相隔 120°,每个轨道面有 8 颗卫星,同平面内的卫星之间相隔 45°,轨道高度为 19 100 km,运行周期为 11 h 15 min,轨道倾角为 64.8°。

早在 1991 年俄罗斯首先宣称:GLONASS 系统可供国防、民间使用,不带任何限制,也不计划对用户收费。该系统将在完全布满星座后遵照已公布的性能运行至少 15 年。民用的标准精度通道(CSA)精度数据为:水平精度 50 ~ 70 m,垂直精度 75 m,并声明不引入选择可用性(SA)。测速精度为 15 cm/s,授时精度为 1 μs。

(二) Galileo 系统

Galileo(伽利略)系统是一个由欧洲自主独立运营的,由非军方控制的多模式全球卫星导航定位系统,同时是一个为用户提供高精度、高可靠性的开放管理的系统。欧盟于 1999 年首次公布伽利略卫星导航系统计划,2002 年正式批准,2003 年开始启动,其目的是摆脱欧洲对美国全球定位系统的依赖,打破其垄断。但由于各成员国存在分歧,原本 2008 年该系统投入使用的计划几经推迟,预计 2014 年投入运营。欧盟分别于 2005 年 12 月 28 日和 2008 年 4 月 26 日成功发射两颗试验卫星——GIOVE - A(Galileo In - Orbit Validation Elements)和 GIOVE - B,对系统专用新导航信号等关键技术进行测试。Galileo 系统计划由 30 颗卫星(27 颗工作卫星和 3 颗备用卫星)组成。30 颗卫星部署在 3 个中高度圆轨道面上,轨道高度为 23 616 km,星座对地面覆盖良好。在欧洲建立两个控制中心。

(三) 北斗导航定位系统

我国正在建设的北斗卫星导航系统空间段由 5 颗静止轨道卫星和 30 颗非静止轨道卫星组成,提供两种服务方式,即开放服务和授权服务(二代系统)。开放服务是在服务区免费提供定位、测速和授时服务,定位精度为 10 m,授时精度为 50 ns,测速精度 0.2 m/s。根据系统建设总体规划,2012 年左右,系统将首先具备覆盖亚太地区的定位、导航和授时以及短报文通信服务能力;2020 年左右,建成覆盖全球的北斗卫星导航系统。

1. 北斗导航定位系统的组成

北斗导航定位系统包括空间部分、地面控制部分和用户接收部分。空间部分:由两颗地球同步卫星、一颗在轨备份卫星组成,分别位于赤道面 80°E、140°E 和 110.5°E,前两颗卫星经度相差 60°。地面控制部分:包括 1 个配有电子高程图的地面中心定位控制站、计算中心、测轨站、测高站、几十个分布于全国的参考标校站等。用于对卫星定位、测轨、调整卫星运行轨道、调整卫星姿态、控制卫星的工作,测量和收集校正导航定位参量,以形成用户定位修正数据并对用户进行精确定位。用户接收部分:用于接收中心站通过卫星转发来的信号和向中心站发出定位请求,与 GPS 接收机不同的是,北斗导航定位系统的用户设备不含有定位解算处理设备。用户设备可分为定位通信型(基本型)、通信型、授时型、指挥型用户机。

2. 北斗导航定位系统的工作原理

北斗导航定位系统的基本工作原理是“双星定位”:以2颗在轨卫星的已知坐标为圆心,各以测定的卫星至用户终端的距离为半径,形成2个球面,用户终端将位于这2个球面交线的圆弧上。地面中心站配有电子高程地图,提供一个以地心为球心、以球心至地球表面高度为半径的非均匀球面。用数学方法求解圆弧与地球表面的交点即可获得用户的位置。

3. 北斗导航定位系统的工作流程

“北斗一号”卫星导航定位系统的具体定位解算工作过程如下:

(1)首先由中心控制系统向卫星1和卫星2同时发送询问信号,经卫星转发器向服务区内的用户广播。

(2)用户响应其中一颗卫星的询问信号,并同时向两颗卫星发送响应信号,经卫星转发回中心控制系统。

(3)中心控制系统接收并解调用户发来的信号,然后根据用户的申请服务内容进行相应的数据处理。对定位申请,中心控制系统测出两个时间延迟。

(4)按照北斗导航定位系统的工作原理,由(3)的两个延迟量可以算出用户所在点的二维坐标,另外中心控制系统从数字化地形图查寻到用户高程值。从而中心控制系统可最终计算出用户所在点的三维坐标,并将这个坐标经加密发送给用户。

4. 北斗导航定位系统的三大功能

北斗一号卫星导航定位系统是利用地球同步卫星为用户提供快速导航定位、简短数字报文通信和授时服务的一种全天候、区域性的卫星导航定位系统。系统的主要功能体现在三个方面:

(1)快速定位。系统可为服务区内用户提供全天候、高精度、快速实时定位(可在1 s之内完成)服务,定位精度为20～100 m。

(2)简短报文通信。系统用户终端具有双向数字报文通信功能,注册用户利用连续传送方式可以传送多达120个汉字的信息。

(3)精密授时。系统具有单向和双向两种授时功能。根据不同的精度要求,利用授时终端,完成与北斗导航定位系统之间的时间和频率同步,提供100 ns(单向授时)和20 ns(双向授时)的时间同步精度。

第二节　GPS测量的坐标系统与时间系统

一、GPS测量的坐标系统

(一)天球坐标系

1. 基本概念

在天文学中,通常是把天体投影到天球的球面上,用球面坐标来表达天体的位置及其关系。所谓天球,是指球心位于地球质心、半径为无穷大的理想球体,如图1-5所示。为了建立球面坐标系,需要确定球面上的一些点、线、圈,下面介绍定义天球坐标系所涉及的一些基本概念。

天轴与天极：地球自转轴的延伸直线为天轴，天轴与天球面的交点称为天极，交点 P_n 为北天极，位于北极星附近，P_s 为南天极。

天球赤道面与天球赤道：通过地球质心 M 且垂直于天轴的平面称为天球赤道面，与地球赤道面重合。天球赤道面与天球面的交线称为天球赤道。

天球子午面与天球子午圈：包含天轴的平面称为天球子午面，与地球子午面重合。天球子午面与天球面的交线为一大圆，称为天球子午圈。天球子午圈被天轴截成的两个半圆称为时圈。

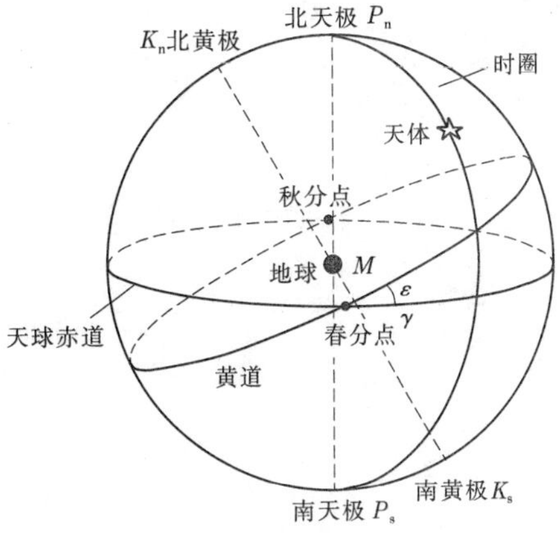

图 1-5　天球

黄道：地球绕太阳公转的轨道面称为黄道面。黄道面与赤道面的夹角 ε 称为黄赤交角，约为 23.5°。黄道面与天球面相交成的大圆叫黄道，也就是地球上的观测者见到的太阳在天球面上的运行轨道。由于地球自转，对于地面上的观测者来说，天球赤道面不动而黄道面每日绕天轴旋转一周。又由于地球绕太阳公转，直观上看，太阳在黄道上每日自西向东运行约 1°，每年运行一周。

黄极：通过天球中心且垂直于黄道面的直线与天球面的两个交点称为黄极，靠近北天极 P_n 的交点 K_n 称为北黄极，靠近南天极 P_s 的交点 K_s 称为南黄极。

春分点：当太阳在黄道上从天球南半球向北半球运行时，黄道与天球赤道的交点称为春分点，也就是春分时刻太阳在天球上的位置。春分之前，春分点位于太阳以东。春分过后，春分点位于太阳以西。

2. 瞬时天球坐标系

常用的瞬时天球坐标系有瞬时天球空间直角坐标系和瞬时天球球面坐标系，如图 1-6 所示。

瞬时天球空间直角坐标系的坐标原点位于地球质心 M。Z 轴指向天球北极 P_n，X 轴指向春分点，Y 轴垂直于 XMZ 平面，与 X 轴和 Z 轴构成右手坐标系。在天球空间直角坐标系中，任一天体的位置可用天体的三维坐标 (X,Y,Z) 表示。

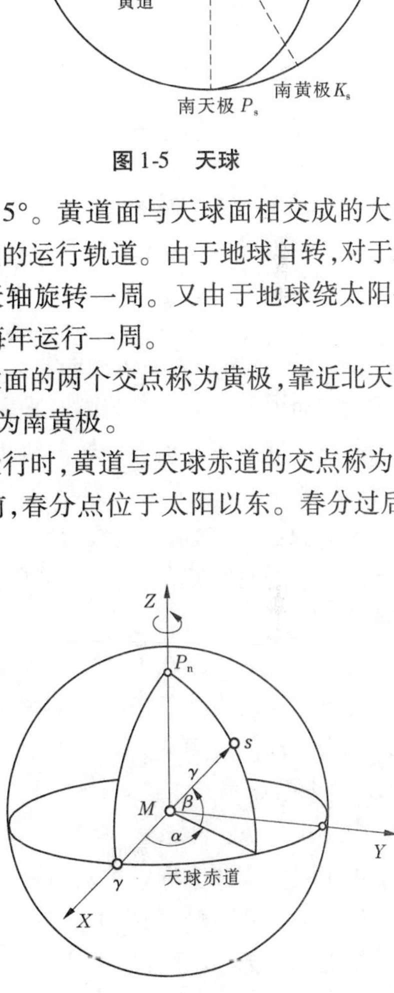

图 1-6　天球坐标系

瞬时天球球面坐标系的坐标原点也位于地球质心。天体所在天球子午面与春分点所在天球子午面之间的夹角称为天体的赤经，用 α 表示；天体到原点 M 的连线与天球赤道面之间的夹角称为赤纬，用 β 表示；天体至原点的距离称为向径，用 γ 表示；这样，天体的位置也可用三维坐标 (α,β,γ) 唯一确定。

3. 岁差与章动

由于地球形状接近于一个两极略扁赤道隆起的椭球体，在日、月等星体的引力作用下，地球绕太阳运行时，自转轴的方向不再保持不变，而在空间以顺时针方向（从北天极上方观察,以下同)绕北黄极产生缓慢的旋转,因而使北天极也以同样的方式在天球上绕北黄极产生旋转,其空间轨迹在天球上为一圆,半径大小等于黄赤交角,周期大约为 25 800 年。这种现象在天文学中称为岁差(见图 1-7)。

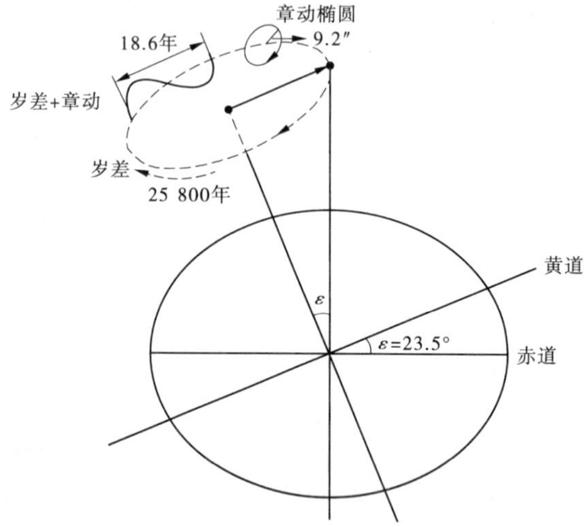

图 1-7　岁差与章动

在天球上,这种规律运动的北天极通常称为瞬时平北天极(简称为平北天极),与之相应的天球赤道和春分点称为瞬时平天球赤道和瞬时平春分点。由于日月引力的不断变化,北天极在天球上绕北黄极旋转的轨迹实际上要复杂得多。如果把观测时的北天极称为瞬时北天极(或称为真北天极),而与之相应的天球赤道和春分点称为瞬时天球赤道和瞬时春分点(或称为真天球赤道和真春分点),那么,在日月引力等因素的影响下,瞬时北天极将绕平北天极产生顺时针旋转,其轨迹成椭圆形,长半径约为 9.2″,周期约为 18.6 年,这种现象称为章动。

为了描述北天极在天球上的运动,天文学中把北天极的复杂运动分解为两种规律运动,首先是平北天极绕北黄极的运动称为岁差的长周期运动,其次是瞬时北天极绕平北天极的运动称为章动的短周期运动。在岁差和章动的共同影响下,瞬时北天极绕北黄极旋转的轨迹实际如图 1-7 所示。

4. 协议天球坐标系

由于瞬时天球坐标系的坐标轴受岁差和章动的影响,其指向在不断变化。在这种非惯性坐标系中,不能直接根据牛顿力学定律来研究卫星的运动规律。为了建立一个与惯性坐标系接近的坐标系,通常选择某一时刻 t_0 作为标准历元,并将此刻地球的瞬时自转轴(指向北极)和地心至瞬时春分点的方向,经该瞬时的岁差和章动改正后,分别作为 z 轴和 x 轴的指向。由此所构成的空固坐标系,称为所取标准时刻 t_0 的平天球坐标系,或协议天球坐标系,也称为协议惯性坐标系。天体的星历通常都在该系统中表示。

国际大地测量协会(IAG)和国际天文联合会(IAU)决定,1984 年 1 月 1 日后启用的协议天球坐标系,其坐标轴的指向是以 2000 年 1 月 15 日太阳系质心力学时为标准历元(标以 J2000.0)的赤道和春分点所定义的。协议天球坐标系和瞬时天球坐标系可以通过相对标准历元的岁差和章动改正进行转换。

(二)地球坐标系

1. 瞬时地球坐标系

由于天球坐标系与地球自转无关,地球上的任一点在天球坐标系里的坐标将随地球自转而变化,这在实际中很不方便。因此,为了描述地面观测站的位置,有必要建立与地球体固连的地球坐标系(也称为地固坐标系)。该系统有两种表达形式,如图1-8所示,即空间直角坐标系和大地坐标系。

地心空间直角坐标系的定义为:原点 O 与地球质心重合,Z 轴指向地球北极,X 轴指向格林尼治平子午面与地球赤道的交点 E,Y 轴垂直于 XOZ 平面构成右手坐标系。

地心大地坐标系的定义为:地球椭球的中心与地球质心重合,椭球短轴与地球自转轴重合,大地纬度 B 为过地面点的椭球法线与椭球赤道面的夹角,大地经度 L 为过地面点的椭球子午面与格林尼治平大地子午面之间的夹角,大地高 H 为地面点沿椭球法线至椭球面的距离。

2. 地球极移

地极点作为地球坐标系的一个重要基准点,在地球上的位置应该是固定的,否则地球参考系的 Z 轴方向将有所改变,同时,地球赤道面和起始子午面的位置均将有所改变,从而引起地球上点的坐标变化。事实上,地球自转轴相对地球体的位置并不是固定的,而是相对于地球体本身存在变化的,因此地极点在地球表面上的位置是随时间而变化的,这种现象称为地极移动,简称为极移。观测瞬间地球自转轴所处的位置称为瞬时地球自转轴,而相应的极点称为瞬时极。

观测资料表明,地极点在地球表面位置随时间的运动主要包括两种周期性的变化:一种是周期约为432 d、振幅约为0.2″的张德勒周期变化,另一种是周期约为一年、振幅约为0.1″的周年极移。

为了描述地极移动的规律,通常用两个方向的分量表示极移的大小,原点即为国际地球自转服务组织(IERS)规定的国际协议原点(CIO),该点是采用国际上5个纬度服务站,以1900~1905年的平均纬度所确定的平均地极位置;X 轴指向格林尼治平均子午线;Y 轴指向格林尼治零子午面以西90°的子午线方向,则任何历元的瞬时极可表示为 $P_n(X_P, Y_P)$,如图1-9所示。

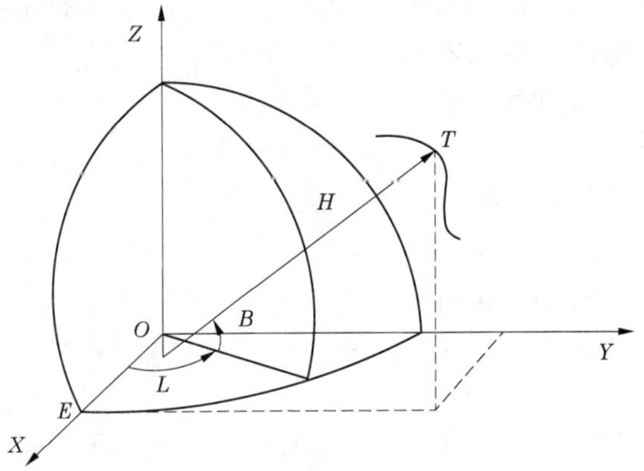

图1-8　地球坐标系

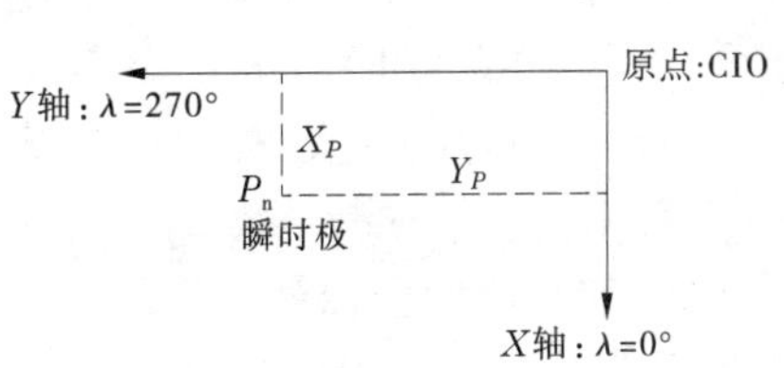

图1-9　地极坐标系

地极的移动使地球坐标系的坐标轴指向发生变化，这将给实际工作造成许多困难。因此，在实际工作中，普遍采用 CIO 作为协议地极，与之相应的地球赤道面称为平赤道面或协议赤道面，以协议地极为基准点的地球坐标系称为协议地球坐标系（CTS），而与瞬时极相应的地球坐标系称为瞬时地球坐标系。瞬时地球坐标系相对协议地球坐标系的旋转主要是由极移现象引起的。图 1-10 给出了 1995 ~ 1998 年的极移图。

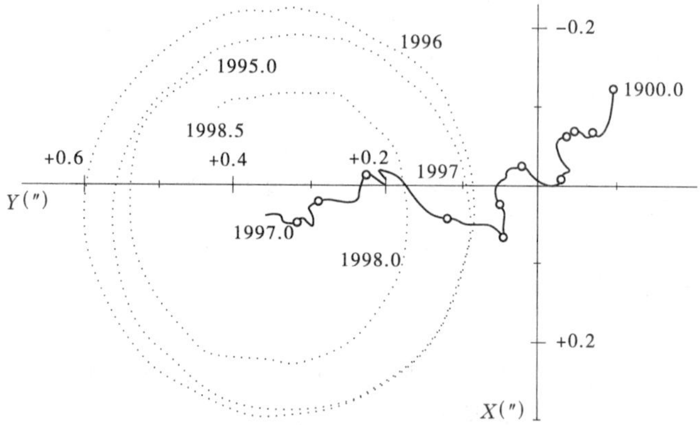

图 1-10　1995 ~ 1998 年的极移图

（三）WGS - 84 坐标系

GPS 单点定位的坐标以及相对定位中解算的基线向量属于 WGS - 84 大地坐标系，因为 GPS 广播星历是以 WGS - 84 坐标系为根据而提供的。而实用的测量成果往往是属于某一国家坐标系或地方坐标系（或叫局部的、参考坐标系），应用中必须进行坐标转换。

WGS - 84 坐标系（参考框架）由美国军方于 1987 年建立，用于子午卫星系统（TRANSIT）。美国在发展第二代卫星导航系统 GPS 时，仍采用 WGS - 84 坐标系。使用后发现，同一测点 GPS 与 TRANSIT 测定的点位坐标有差异，尤其在大地高方向存在系统性的偏差。经分析，偏差是由 TRANSIT 局限性造成的。为消除这一偏差，根据 GPS 在全球的跟踪网站的观测结果，计算出对 WGS - 84 的修正。截至 2004 年 8 月，WGS - 84 进行了 3 次修正（分别是 1994 年、1996 年和 2001 年），分别表示为 WGS - 84（G730）、WGS - 84（G873）和 WGS - 84（G1150）。括号中的 G 表示用 GPS 观测计算出的，G 后面的数字表示 GPS 周数。

WGS - 84 是协议地心坐标系，其几何定义是：原点位于地球质心，Z 轴指向 BIH1984.0 定义的协议地球极（CTP）方向，X 轴指向 BIH1984.0 的零子午面和 CTP 赤道的交点，Y 轴和 Z、X 轴构成右手坐标系。对应于 WGS - 84 大地坐标系有 WGS - 84 椭球。

WGS - 84 椭球及有关常数采用国际大地测量协会（IAG）和地球物理学联合会（IUGG）第 17 届大会大地测量常数的推荐值，四个基本常数为：

长半轴 $a = 6\ 378\ 137$ m；

地心引力常数（含大气层）$GM = 3\ 986\ 005 \times 10^8\ m^3/s^2$；

正常化二阶带球谐系数 $C_{2.0} = -484.166\ 85 \times 10^{-6}$。

（四）我国大地坐标系

前面所讨论的坐标系均是地心坐标系，地心坐标系所定义的椭球中心与地球质心重合，且椭球定位与全球大地水准面最为密合。而在经典大地测量中，各国为了处理观测成果和换算地面控制网的坐标，通常需选取一参考椭球面作为基本参考面，选一参考点作为大地测量的起算点，也称为大地原点，然后利用大地原点的天文观测量来确定参考椭球相对地球内部的位置和方向。由此确定的参考椭球只需与局部区域的大地水准面最为密合，因此椭球中心一般不会与地球质心重合。这种非地心的、局部坐标系称为参心坐标系。我国目前常用的国家坐标系，如 1954 年北京坐标系和 1980 年国家大地坐标系，均是参心坐标系。

1.1954 年北京坐标系

新中国成立初期，由于经济建设和国防建设的迫切需要，大地测量和测图工作全面展开，这时急需建立一个大地坐标系。鉴于当时的历史条件，暂时采用了克拉索夫斯基椭球参数，并与苏联 1942 年坐标系进行了联测，通过计算建立了我国的大地坐标系，因我国测绘主管部门将换算的基准点设在了北京，所以定名为 1954 年北京坐标系。1954 年北京坐标系可认为是苏联 1942 年坐标系的延伸，其原点位于苏联的普尔科沃，属参心坐标系。

1954 年北京坐标系建立以来，我国根据这个坐标系统建成了全国天文大地网，完成了大量测绘任务。但随着科学技术的发展，这个坐标系统越来越不适应现代国防及经济建设的需要，这主要体现在以下几个方面：

(1)椭球参数有较大误差。克拉索夫斯基椭球参数与现代精确的椭球参数相比，长半轴约长 109 m。

(2)参考椭球面与我国大地水准面存在着自西向东明显的系统性倾斜，在东部地区大地水准面差距最大达到 +68 m。这使得大比例尺地图反映地面的精度受到影响，同时对观测元素的归算提出了严格要求。

(3)几何大地测量和物理大地测量应用的参考面不统一。

(4)坐标轴定向不明确。

另外，鉴于该坐标系是按局部平差逐步提供大地点成果的，因而不可避免地出现一些矛盾和不够合理的地方。

2.1980 年国家大地坐标系

为了适应我国大地测量发展的需要，我国于 1978 年开始建立新的坐标系，1980 年完成两网平差建成该系统。新的大地原点设在我国中部的陕西省泾阳县永乐镇，采用国际大地测量协会和地球物理学联合会 1975 年推荐的椭球参数，称为 1980 年国家大地坐标系，按以下椭球定位和定向的条件进行多点定位：

(1)椭球短轴平行于地球质心指向地极原点 $JYD_{1968.0}$ 的方向。

(2)起始大地子午面平行于我国起始天文子午面。

(3)椭球面与大地水准面在我国境内最佳密合。

1980 年国家大地坐标系建立后，实施了全国天文大地网的整体平差。相对于 1954 年北京坐标系而言，1980 年国家大地坐标系的内符合性要好得多。

3.2000 国家大地坐标系

我国目前使用的 1954 年北京坐标系和 1980 年国家大地坐标系（又称为 1980 西安坐标系）都是采用常规的大地测量技术建立的二维参心坐标系。随着科学技术的发展，尤其是空间技术的发展，迫切需要建立三维地心坐标系。

2000 国家大地坐标系是由 2000 国家 GPS 大地控制网、2000 国家重力基本网及用常规大地测量技术建立的国家天文大地网联合平差获得的三维地心坐标系统。

2000 国家大地坐标系（简称为 CGCS2000）参考历元为 2000.0，坐标系的定义为：

原点:包括海洋和大气的整个地球的质心;

定向:初始定向由 1984.0 时 BIH(国际时间局)定向给定。

CGCS2000 是右手地固直角坐标系。原点在地心,Z 轴为国际地球旋转局(IERS)参考极(IRP)方向,X 轴为 IERS 的参考子午面(IRM)与垂直于 Z 轴的赤道面的交线,Y 轴与 Z 轴和 X 轴构成右手正交坐标系。

参考椭球采用 2000 参考椭球,其参数是:

长半轴 $a = 6\ 378\ 137$ m;

地球(包括大气)引力常数 $GM = 3.986\ 004\ 418 \times 10^{14}\ m^3/s^2$;

地球动力形状因子 $J_2 = 0.001\ 082\ 629\ 832\ 258$;

地球旋转速度 $\omega = 7.292\ 115 \times 10^{-5}$ rad/s。

正常椭球与参考椭球一致。

2000 国家大地坐标系将是全国统一采用的大地基准。CGCS2000 是国家三维地心大地测量基准,几何与物理参数统一。CGCS2000 的建立使我国大地坐标框架的地心坐标精度由 ±5 m 提高到了 ±0.3 m。CGCS2000 是采用最小二乘平差、抗差估计和方差分量估计相结合的现代数据处理技术,提高了成果的精度和可靠性。

二、GPS 测量的时间系统

GPS 卫星作为一个高空动态已知点,其位置是随时间不断变化的。因此,在给出卫星运行位置的同时,必须给出相应的瞬间时刻,卫星位置的精度和时刻的精度密切相关。例如,当要求 GPS 卫星的位置误差小于 1 cm 时,相应的时刻误差应小于 2.6×10^{-6} s。GPS 测量是通过接收和处理 GPS 卫星发射的无线电信号来确定用户接收机至卫星间的距离的,进而确定观测者的位置。而欲准确地测定测站至卫星的距离,就必须精密地测定信号的传播时间。如果要求站星距离误差小于 1 cm,则信号传播时间的测定误差应不超过 3×10^{-11} s。因此,利用 GPS 技术进行精密定位与导航,应尽可能获得高精度的时间信息,这就需要一个精确的时间系统。确定一个时间系统和确定其他测量基准一样,要定义时间单位(尺度)和原点(起始历元)。

(一)世界时系统

世界时系统是以地球自转为基准的一种时间系统。由于观察地球自转运动时,所选择的空间参考点不同,世界时系统包括以下几种形式。

恒星时。以春分点为参考点,由春分点的周日视运动所确定的时间,称为恒星时。恒星时是以春分点通过本地子午圈时为原点计算的,因此地球上每个地方的恒星时都与它的经度有关。由于岁差、章动的影响,春分点在天球上并不固定,恒星时又分真恒星时和平恒星时。

太阳时。太阳时有真太阳时和平太阳时两种。如果以真太阳作为观察地球自转的参考点,那么由真太阳周日视运动所确定的时间,称为真太阳时。假设某个参考点的视运动速度等于真太阳周年运动的平均速度,且其在天球赤道上作周年视运动。这个假设的参考点,在天文学中称为平太阳。平太阳连续两次经过本地子午圈的时间间隔,为一个平太阳日,而一个平太阳日包含有 24 个平太阳时。平太阳时也具有地方性,故常称为地方平太阳时。

世界时。以平子夜 0 时起算的格林尼治平太阳时称为世界时 UT。世界时与平太阳时的尺度基准相同，其差别仅仅是起算点不同。世界时系统是以地球自转为基础的时间系统，而地球自转速度是不均匀的，存在长周期变化、季节性短周期变化和不规则变化，并且地球自转轴在地球内部的位置也不固定，存在极移。地球自转的这种不稳定性，破坏了建立时间系统的基本条件。为了弥补这一缺陷，从 1956 年起，在世界时中引入极移改正和地球自转速度的季节性改正。经此改正的世界时，相应表示为 UT1 和 UT2，而未经改正的世界时表示为 UT0，它们之间的关系为

$$\mathrm{UT1} = \mathrm{UT0} + \Delta\lambda$$

$$\mathrm{UT2} = \mathrm{UT1} + \Delta T_s$$

式中　$\Delta\lambda$——观测瞬间地极相对国际协议地极原点 CIO 的极移改正；

ΔT_s——地球自转速度的季节性改正。

显然，世界时 UT1 经过极移改正后，仍含有地球自转速度变化的影响，而 UT2 虽经地球自转季节性变化的改正，但仍含有地球自转速度长期变化和不规则变化的影响，所以世界时 UT2 也不是一个严格均匀的时间系统。

（二）原子时系统

随着空间科学技术、现代天文学和大地测量学的发展，对时间系统的准确度和稳定度的要求不断提高。以地球自转为基础的世界时系统已难以满足要求，为此人们在 20 世纪 50 年代便建立了以物质内部原子运动的特征为基础的原子时间系统。因为物质内部的原子跃迁所辐射和吸收的电磁波频率具有很高的稳定性和复现性，由此而建立的原子时 AT，便成为当代最理想的时间系统。

原子时秒长的定义是：位于海平面上的铯原子 C_S^{133} 基态两个超精细能级，在零磁场中跃迁辐射振荡 9 192 631 770 周所持续的时间，为一原子时秒。该原子时秒作为国际制秒的时间单位。这一定义严格地确定了原子时的尺度，而原子时的原点由下式确定

$$\mathrm{AT} = \mathrm{UT2} - 0.003\,9\ \mathrm{s}$$

原子时系统出现后，得到了迅速发展和广泛应用，许多国家都建立了各自的地方原子时系统，但不同的地方原子时之间存在着差异。为此，国际上大约有 100 座原子钟，通过相互比对，并经数据处理推算出统一的原子时系统，称为国际原子时 TAI。原子时是通过原子钟来守时和授时的，因此原子钟振荡器频率的准确性和稳定性便决定了原子时的精度。在卫星大地测量中，原子时作为高精度的时间基准，用于精密测定卫星信号的传播时间。

（三）协调世界时

由于地球自转速度长期变慢的趋势，近 20 年来，世界时每年比原子时慢约 1 s，两者之差逐年累计。考虑许多部门仍需要以地球自转为基础的世界时和避免发播的世界时与原子时相差过大，从 1972 年 1 月 1 日起采用了以原子时秒长为基础，在时刻上尽量接近于世界时的一种折中时间系统，这种时间系统称为协调世界时，简称协调时。协调时的秒长等于原子时的秒长，当协调时与世界时的时刻差超过 ±0.9 s 时，便在协调时增加或减少 1 s（称闰秒），闰秒一般在 12 月 31 日或 6 月 30 日加入，具体日期由国际时间局安排并通告。

为了让使用世界时的用户得到精度较高的 UT1 时刻，时间服务部门在播发协调时（UTC）的同时，给出 UT1 与 UTC 的差值，方便用户由 UTC 计算 UT1。

（四）GPS 时系统

为了保证导航和定位精度，要求时间系统既要稳定又要连续。为此，全球定位系统建立

了专门的时间系统，简称为 GPST。

GPS 时间系统采用原子时 TAI 秒长作为时间基准，但时间起算的原点定义在 1980 年 1 月 6 日 UTC 的 0 时。启动后不跳(闰)秒，保持时间的连续。以后随着时间的积累，GPS 时与 UTC 的整秒差以及下一秒的差异通过时间服务部门定期公布。卫星播发的钟差也是基于 GPS 时间系统的钟差，在利用 GPS 直接进行时间校对时应注意这一问题。GPS 时与 TAI 在任一时刻均有一常量偏差 $T_{TAI} - T_{GPST} = 19\ s$，GPS 时与其他各时间系统关系如图 1-11 所示。

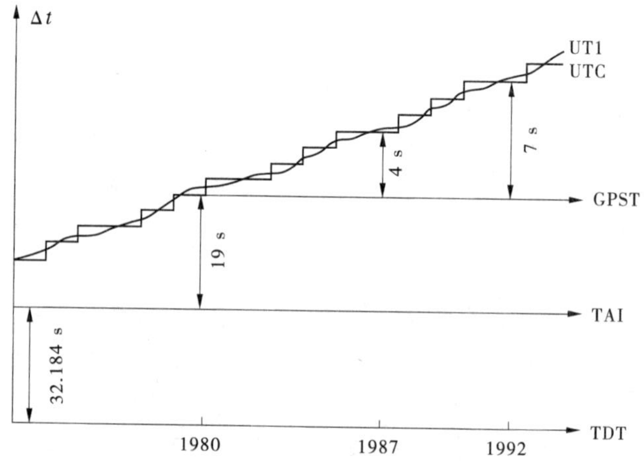

图 1-11　GPS 时与其他各时间系统关系

第二章　GPS 卫星星历及卫星信号

第一节　GPS 卫星的运动

利用 GPS 进行导航和定位就是根据已知的卫星轨道参数计算出卫星的瞬时位置，通过接收卫星信号和数据处理确定接收机的位置与载体的运动速度，因此获取准确的卫星轨道参数是 GPS 定位的关键。卫星轨道参数是描述卫星运动轨迹及状态的参数，与卫星在空间的各种受力有关。

人造地球卫星在空间的受力主要有：地球对卫星的引力，太阳、月球对卫星的引力，大气阻力，太阳光压，地球潮汐等。其中，地球引力是主要作用力。为了研究卫星在空间的运动状态，可将卫星的受力分为两类，一类是地球质心引力，称为中心引力，它决定着卫星运动的基本规律和特征；另一类为非中心引力，也称为摄动力，它包括地球非球形对称体作用力，日、月引力，大气阻力，太阳光压，地球潮汐等作用力，摄动力与中心引力相比，仅为 10^{-5} 量级。

在摄动力和中心引力作用下的运动称为受摄运动，相应的轨道称为受摄轨道。仅受中心引力作用的卫星运动称为无摄运动，其运动轨道也称为无摄轨道。考虑到摄动力的影响较小，因此对卫星的运行轨道研究一般分为两步。首先，忽略所有摄动力，仅考虑地球质心引力来研究卫星的运动，即卫星的无摄运动，也称为二体问题。其次，在无摄运动的基础上，研究各种摄动力对卫星运动的影响，从而确定卫星受摄运动的瞬时运行轨道。

一、卫星的无摄运动

卫星在地球引力场中的无摄运动称为开普勒运动，其运动规律可用开普勒定律来描述。

（一）开普勒定律

（1）开普勒第一定律：卫星运行的轨道是一个椭圆，地球质心位于该椭圆的一个焦点上。该定律表明，卫星相对于地球运动的轨道是一个椭圆，该椭圆有着固定的形状和大小，如图 2-1 所示。

卫星运动的轨道方程可表示为：

$$r = \frac{a(1 - e^2)}{1 + e\cos V} \tag{2-1}$$

式中　r——卫星的地心距离；

a——开普勒椭圆的长半径；

e——开普勒椭圆的偏心率；

V——真近点角。

当 $V=0$ 时，$r=a(1-e)$，为卫星的近地点距离；当 $V=180°$时，$r=a(1+e)$，为卫星的远地点距离。它描述任意时刻卫星在轨道上相对近地点的位置，是时间的函数。

（2）开普勒第二定律：卫星在过地球质心的平面内运动，其地心向径（即地球质心与卫星质心间的距离向量)在相同的时间内扫过的面积相等。开普勒第二定律表明,卫星沿轨道的运行速度在不断变化,在近地点的速度最大,在远地点的速度最小,如图 2-2 所示。和其他物体运动一样,卫星的运动也具有两种能量:势能(位能)和动能。势能是由地球重力场的作用而引起的,其大小与卫星在轨道上所处的位置有关,在近地点的势能最小,在远地点的势能最大,卫星在任一时刻 t 所具有的势能为 $-\frac{GMm}{r}$。动能则是由卫星的运动所引起的,其大小是卫星运动速度的函数。如果取卫星的运动速度为 v,则其动能为$\frac{1}{2}mv^2$。根据能量守恒定理,卫星在运动期间,势能和动能之和为一常量,即

$$\frac{1}{2}mv^2 - \frac{GMm}{r} = 常量 \tag{2-2}$$

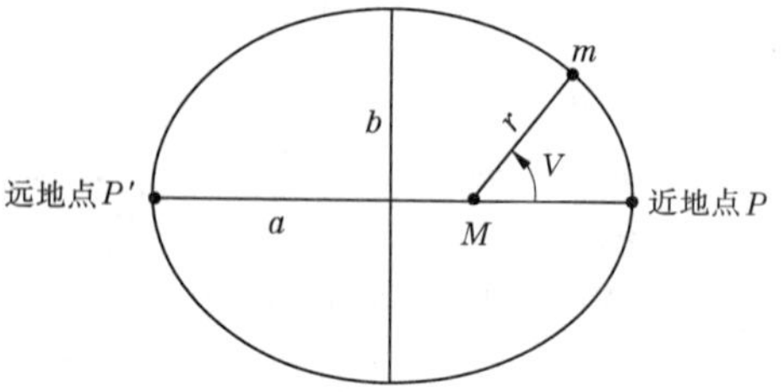

图 2-1　卫星运行轨道椭圆

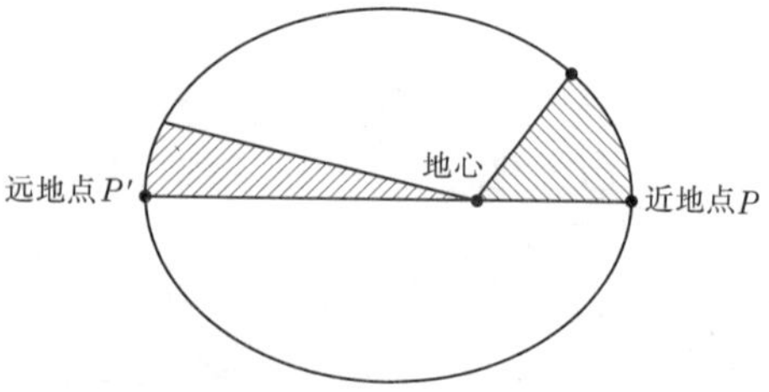

图 2-2　相等时间地心向径扫过的面积示意图

因此,卫星运行至近地点处动能最大,远地点处动能最小,开普勒定律所包含的内容是:卫星在轨道上运行的速度是不断变化的,在近地点的速度为最大,在远地点的速度为最小。

(3)开普勒第三定律:卫星围绕地球运行周期的平方与轨道椭圆长半径的立方成正比,其比值等于地球引力常数 GM 的倒数。用数学式子可表示为:

$$T^2 = \frac{4\pi^2}{GM}a^3 \tag{2-3}$$

式中　GM——地球引力常数;

　　T——卫星的运动周期。

根据 GM 的值可计算出卫星绕地球运行一周所需的时间,即

$$T = \frac{2\pi a^{\frac{3}{2}}}{\sqrt{GM}} = 3.147\,1 \times 10^{-7}\sqrt{a^3} \tag{2-4}$$

式中　a——椭圆轨道长半轴,m,$a = 26\,562$ km。

根据式(2-4)可算出 GPS 卫星的运行周期为 11 h 58 min。

若假设卫星运动的平均角速度为 n_0,则得

$$n_0 = \frac{2\pi}{T} = \left(\frac{GM}{a^3}\right)^{\frac{1}{2}} = \frac{1.996\,498 \times 10^7}{\sqrt{a^3}} \tag{2-5}$$

很明显,当开普勒椭圆的长半轴确定后,卫星运行的平均角速度便随之确定,且保持不变。式(2-5)在卫星计算中具有重要意义。

(二)卫星无摄运动的轨道参数

卫星的无摄运动一般可通过开普勒轨道参数来描述,用 a、e、V、Ω、ω、i 表示,如图 2-3、

图 2-4 所示。

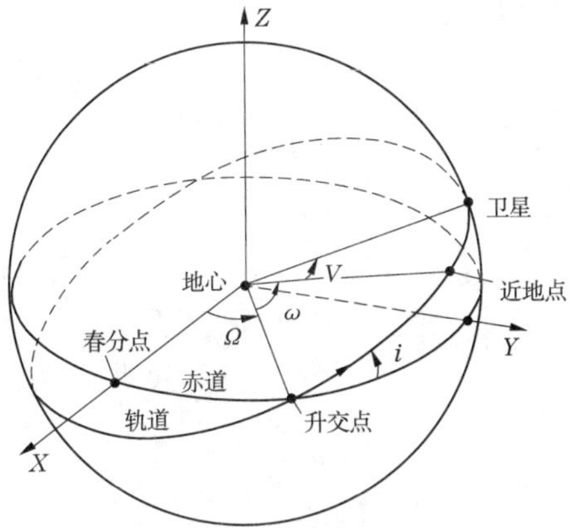

图 2-3 开普勒轨道参数

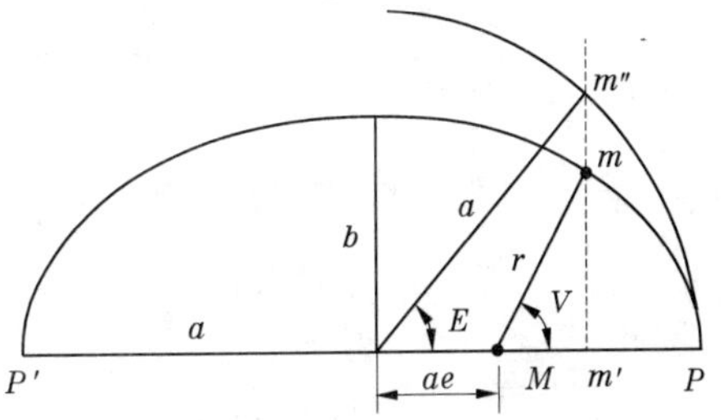

图 2-4 真近点角和偏近点角

(1)a——椭圆轨道的长半轴。

(2)e——轨道椭圆的偏心率。

(3)V——卫星的真近点角,即在轨道平面上,卫星与近地点之间的地心角距。该参数为时间的函数,它确定了卫星在轨道上的瞬时位置。

参数 a、e 和 V 唯一地确定了卫星轨道的形状、大小以及卫星在轨道上的瞬时位置,称为轨道椭圆形状参数。

(4)Ω——升交点(当卫星由南向北运行时,其轨道与地球赤道面的一个交点)的赤经,即在地球赤道平面上,升交点与春分点之间的地心夹角。

(5)i——轨道面的倾角,即卫星轨道平面与地球赤道面之间的夹角。

Ω、i 两个参数,唯一地确定了卫星轨道平面与地球体之间的相对定向,称为轨道平面定向参数。

(6)ω——近地点角距,即在轨道平面上,升交点与近地点之间的地心夹角。这一参数表达了开普勒椭圆在轨道面上的定向,称为轨道椭圆定向参数。

当 6 个轨道参数一经确定之后,卫星在任一瞬间相对地球体的空间位置及其速度可唯一地确定。

二、卫星的受摄运动

实际上地球的质量并非匀质分布,地球形状既非球体又不规则,因此卫星的实际运行还受多种非地球质心引力和各种摄动力的影响,其结果使卫星偏离了开普勒椭圆轨道,这种偏离量的大小随着时间而变化。对于卫星精密定位而言,在只考虑地球质心引力情况下计算卫星运动状态是不能满足精度要求的。GPS 卫星所受摄动力的影响参见表 2-1。因此,需要建立各种摄动力模型,对卫星的运行轨道加以修正,才能满足卫星导航和定位的要求。必须考虑的摄动力主要有以下几个方面:

(1)地球体的非球性及其质量分布不均匀而引起的作用力,即地球的非中心引力 F_{nc}。

(2)太阳的引力 F_s 和月球的引力 F_n。

(3)太阳光的直接与间接辐射压力 F_r。

(4)大气的阻力 F_a。

(5)地球潮汐的作用力(包括海洋潮和地球固体潮所引起的作用力)。

(6)磁场及其他作用力等。

表 2-1　GPS 卫星所受摄动力的影响

摄动源		加速度 (m/s^2)	卫星轨道受摄度(m)	
			3 h 弧段	2 d 弧段
地球的非对称性	正常化二阶带球谐系数 C_{20}	5×10^{-5}	2 000	14 000
	其他调和项	5×10^{-7}	5 ~ 80	100 ~ 1 500
日、月引力影响		5×10^{-6}	5 ~ 150	1 000 ~ 3 000
地球的潮汐力	固体潮	5×10^{-9}		0.5 ~ 1.0
	海洋潮	5×10^{-9}		0 ~ 2.0
太阳光辐射压力		5×10^{-7}	5 ~ 10	100 ~ 800
卫星体反射压力		5×10^{-8}		1.0 ~ 1.5

第二节　GPS 卫星星历

一、GPS 卫星星历

卫星星历是描述卫星运动轨道的信息,即某一时刻对应的一组卫星运动轨道的参数及其变率。根据卫星星历可以计算出任意时刻卫星的位置和速度,然后利用空间后方交会原理计算接收机位置。GPS 卫星星历分为预报星历(广播星历)和后处理星历(精密星历)。

(一)预报星历

预报星历是通过卫星发射的导航电文传递给用户,用户接收到这些信号进行解码即可获得所需要的卫星星历,即预报星历。预报星历是一种外推星历,通常包括相对某一参考历元的开普勒轨道参数和必要的轨道摄动改正项参数。参考历元的开普勒轨道参数也叫参考星历,它是根据 GPS 监测站约一周的观测资料推算的。参考星历只代表卫星在某一参考历元的瞬时轨道参数,但由于卫星受到摄动力的影响,实际轨道将偏离其参考轨道,偏离程度主要取决于观测历元与参考历元间的时间差。如果用轨道参数的摄动项对已知的卫星参考星历进行改正,就可以外推出任意观测历元的卫星星历。

为了保持广播星历的必要精度,一般采用限制预报星历的外推时间间隔的方法。地面监测站每天都根据其观测资料,计算并更新卫星星历参数的数据,并将其注入卫星加以储存,以备更新卫星的参考轨道。据此,GPS 卫星所发射的广播星历,每小时更新一次,供用户使用。如果将计算参考星历的参考历元选在两次更新星历的中央时刻,则外推时间间隔不大于 0.5 h,从而可保证外推轨道参数的精度。预报星历的精度一般为 20 ~ 40 m。

预报星历包含的 17 个卫星星历参数如下:

2 个时间参数:①从星期日子夜零时开始度量的星历参考历元 t_0;②外推星历时的外推时间间隔 AODE,亦即星历数据的龄期。

6 个开普勒轨道参数：①卫星轨道长半轴的平方根$\sqrt{a}$；②卫星轨道偏心率 e；③参考历元的轨道倾角 i_0；④参考历元的升交点赤经 Ω_0；⑤近地点角距 ω；⑥参考时刻的平近点角 M_{s0}。

9 个轨道摄动力参数：①平均运动角速度改正值 Δn；②升交点赤经的变化率 $\dot{\Omega}$；③轨道倾角的变化率 i；④升交距角 u_0（轨道平面内升交点与卫星之间的地心夹角）的正弦和余弦的调和改正项的振幅 C_{us} 和 C_{uc}；⑤轨道倾角的正弦和余弦的调和改正项的振幅 C_{is} 和 C_{ic}；⑥卫星轨道半径的正弦和余弦的调和改正项的振幅 C_{rs} 和 C_{rc}。

（二）后处理星历

预报星历是根据跟踪站前一段时间的观测资料外推的参考轨道参数，并加入轨道的摄动改正后获得的外推星历。因此，预报星历存在外推误差，其定位精度受到限制而不能满足高精度定位的要求。

后处理星历是一些国家的某些部门根据各自建立的跟踪站所获得的精密观测资料，应用与预报星历相似的计算方法计算出的卫星星历，它是不包含外推误差的实测星历，其精度可达米级并有望提高至分米级。由于这种星历是根据各地跟踪站所获得的精密观测资料计算出的，因此无法实时通过 GPS 卫星发送给用户，通常是在事后向用户提供观测时的卫星精密轨道信息，因此称后处理星历或精密星历。

后处理星历一般不通过卫星的无线电信号向用户传递，而是通过磁盘、电视、电传、卫星通信等方式有偿地为所需要的用户服务。建立和维持一个独立的跟踪系统来精密测定 GPS 卫星的轨道，其技术复杂，投资较大。因此，利用 GPS 预报星历进行精密定位工作仍是目前一个重要的研究和开发领域。

二、GPS 卫星的位置计算

GPS 卫星的位置计算包括用预报星历计算和用后处理星历计算两种情况，本节仅介绍前一种计算方法。

（一）计算卫星运动的平均角速度 n_0

首先，根据预报星历中给出的卫星轨道长半轴平方根$\sqrt{a}$计算出参考时刻的平均角速度 n_0：

$$n_0 = \frac{\sqrt{GM}}{(\sqrt{a})^3} \tag{2-6}$$

然后，根据预报星历中给定的摄动参数 Δn 计算观测时刻卫星的平均角速度 n：

$$n = n_0 + \Delta n \tag{2-7}$$

（二）计算观测瞬间卫星的平近点角 M_s

$$M_s = M_{s0} + n(t - t_{0e}) \tag{2-8}$$

式中　M_{s0}——参考时刻 t_{0e}时的平近点角，由预报星历给出。

（三）计算偏近点角 E

根据式(2-9)用迭代法计算 E，即

$$E = M_s + e\sin E \tag{2-9}$$

（四）计算真近点角 V

$$V = \arctan\frac{\sin E\sqrt{1 - e^2}}{\cos E - e} \tag{2-10}$$

式中　e——卫星轨道的偏心率，由广播星历给出。

（五）计算升交距角 u_0

$$u_0 = \omega + V \tag{2-11}$$

（六）计算摄动改正项 δ_u、δ_r、δ_i

预报星历中给出了下列 6 个摄动参数：C_{uc}、C_{us}、C_{rc}、C_{rs}、C_{ic}、C_{is}，根据这些参数可计算出轨道参数的修正量。计算公式为

$$\left.\begin{aligned}\delta_u &= C_{uc}\cos 2u_0 + C_{us}\sin 2u_0\\ \delta_r &= C_{rc}\cos 2u_0 + C_{rs}\sin 2u_0\\ \delta_i &= C_{ic}\cos 2u_0 + C_{is}\sin 2u_0\end{aligned}\right\} \tag{2-12}$$

（七）经过摄动改正的升交距角 u、卫星的地心距离 r、轨道倾角 i

$$\left.\begin{aligned}u &= u_0 + \delta_u\\ r &= r' + \delta_r = a(1 - e\cos E) + \delta_r\\ i &= i_0 + \delta_i + \frac{d_i}{d_t}(t - t_{0e})\end{aligned}\right\} \tag{2-13}$$

式中　a——卫星轨道的长半径，由预报星历给出；

i_0——t_{0e}时刻的轨道倾角，由预报星历中的开普勒 6 参数给出；

$\frac{d_i}{d_t}$——i 的变化率，由预报星历中的摄动 9 参数给出。

（八）计算卫星在轨道平面坐标系中的位置

在轨道平面直角坐标系中（坐标原点位于地心，X 轴指向升交点），卫星的平面直角坐标为

$$\left.\begin{aligned}X &= r\cos u\\ Y &= r\sin u\end{aligned}\right\} \tag{2-14}$$

（九）计算观测瞬间升交点的经度 L

若参考时刻 t_{0e}时升交点的赤经为 Ω_{0e}，升交点对时间的变化率为 $\dot{\Omega}$，那么观测瞬间 t 的升交点赤经 Ω 应为

$$\Omega = \Omega_{0e} + \dot{\Omega}(t - t_{0e}) \tag{2-15}$$

式中，Ω 可从广播星历的摄动参数中查出，设一周开始时刻（星期日零时）格林尼治恒星时为 $GAST(t_0)$，则观测瞬间的格林尼治恒星时为

$$GAST = GAST(t_0) + \omega_e t \tag{2-16}$$

式中　ω_e——地球自转角速度，其值为 $\omega_e = 7.292\ 115 \times 10^{-5}$ rad/s；

t——本周的时间，s。

这样就可求得观测瞬间升交点的经度值为

$$L = \Omega - GAST = \Omega_{0e} - GAST(t_0) + \Omega(t - t_{0e}) - \omega_e t \tag{2-17}$$

令 $\Omega_0 = \Omega_{0e} - GAST(t_0)$，则有

$$L = \Omega_0 + \Omega(t - t_{0e}) - \omega_e t = \Omega_0 + (\Omega - \omega_e)t - \Omega t_{0e} \tag{2-18}$$

（十）计算卫星在瞬时地球坐标系中的位置

已知升交点的大地经度 L 以及轨道平面的倾角 i 后，就可以通过两次旋转方便地求得

卫星在地固坐标系中的位置。

$$\begin{bmatrix} X \\ Y \\ Z \end{bmatrix} = R_Z(-L)R_X(-i)\begin{bmatrix} x \\ y \\ 0 \end{bmatrix} = \begin{bmatrix} x\cos L - y\cos i\sin L \\ x\cos L + y\cos i\sin L \\ y\sin L \end{bmatrix} \tag{2-19}$$

第三节　GPS 卫星信号

GPS 卫星发射的信号由载波信号、测距码和导航电文三部分组成,如图 2-5 所示。

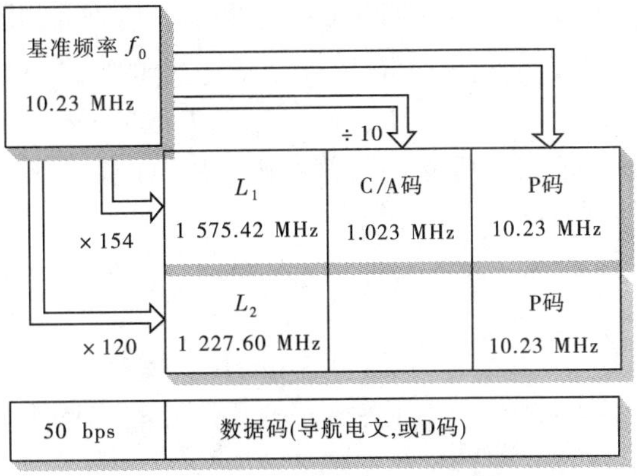

图 2-5　GPS 卫星信号组成

一、GPS 卫星的载波信号

可运载调制信号的高频振荡波称为载波。GPS 卫星发射两种频率的载波信号,由于它们均位于微波的 L 波段,故分别称为 L_1 载波和 L_2 载波。L_1、L_2 由卫星上的原子钟所产生的基准频率 f_0 = 10. 23 MHz 倍频 154 倍和 120 倍产生,即频率为 1 575. 42 MHz 的 L_1 载波和频率为 1 227. 60 MHz 的 L_2 载波,它们的波长分别为 19. 03 cm 和 24. 42 cm。

在无线电通信技术中,为了有效地传播高质量信息,都是将频率较低的信号加载在频率较高的载波上,此过程称为调制。GPS 卫星的 L_1 载波和 L_2 载波上携带着测距信号和导航电文传送出去,到达用户接收机。

在一般的通信中,当调制波到达用户接收机解调出有用信息后,载波的作用便告完成。但在全球定位系统中,载波除能更好地传送测距码和导航电文这些有用信息外,在载波相位测量中它又被当做一种测距信号来使用。其测距精度比伪距测量的精度高 2 ~3 个数量级。因此,载波相位测量在高精度定位中得到了广泛的应用。

采用两个不同频率载波是为了较完善地消除电离层延迟。采用高频率载波是为了更精确地测定多普勒频移和载波相位(对应的距离值),从而提高测速和定位的精度,减少信号的电离层延迟,因为电离层延迟与信号频率长的平方成反比。

二、GPS 的测距码信号

测距码是用于测定从卫星至接收机间距离的二进制码。GPS 卫星中所用的测距码从性质上讲属于伪随机噪声码。它们看似一组取值(0 或 1)完全无规律的随机噪声码序列，其实是具有确定编码规则编排起来的可以复制的周期性二进制序列，且具有类似于随机噪声码的自相关特性，结构相同的随机码序列 $U(t)=U(t)$，通过平移码元数，相应的码元相互对齐，易于测量。测距码是由若干个多级反馈移位寄存器所产生的 m 序列经平移、截短、求模二和等一系列复杂处理后形成的。根据性质和用途的不同，在 GPS 卫星发射的测距码信号中包含了 C/A 和 P(Y)码两种伪随机噪声码信号，各卫星所用的测距码互不相同。下面将分别介绍其特点及作用。

(一)C/A 码(Coarse/Acquisition Code)

C/A 码又称为粗捕获码，即用于进行粗略测距和捕获精码的测距码。它被调制在 L_1 载波上，是 1.023 MHz 的伪随机噪声码(PRN 码)，由卫星上的原子钟所产生的基准频率 f_0 降频 10 倍产生，即 $f_{C/A}=f_0/10=1.023$ MHz。由于每颗卫星的 C/A 码都不一样，因此我们经常用它们的 PRN 号来区分它们。C/A 码是普通用户用以测定测站到卫星间的距离的一种主要的信号。

C/A 码的测距精度一般为 ±(2～3)m。C/A 码是一种结构公开的明码，供全世界所有的用户免费使用。

C/A 码的特征是：码长 $N_u=2^{10}-1=1\ 023$ bit；码元宽度 $t_u\approx 0.977\ 52\ \mu s$，相应长度为 293.1 m；周期 $T_u=N_u t_u=1$ ms；数码率 BPS = 1.023 Mbit/s。GPS 星座中的不同卫星使用结构各异的 C/A 码。这样既便于复制又易于区分。

C/A 码具有以下特性：

(1)由于 C/A 码的码长较短(周期小于 1 ms)，在 GPS 导航和定位中，为了捕获 C/A 码以测定卫星信号传播的时间延迟，通常对 C/A 码进行逐个搜索，而 C/A 码总共只有 1 023 个码元，若以每秒 50 码元的速度搜索，仅需约 20.5 s 便可完成，易于捕获。而通过捕获C/A 码所得到的卫星提供的导航电文信息，又可以方便地捕获 P 码，所以通常称 C/A 码为捕获码。

(2)C/A 码的码元宽度 $t_u=\dfrac{1}{f}=0.977\ 52\ \mu s$(码元持续时间)，空间矢距 $L=293.1$ m(码元持续时间与 C 乘积)较大。若两个序列的码元对齐误差为码元宽度的 1/10～1/100，则此时所对应的测距误差可达 29.3～2.93 m。由于其精度较低，所以称 C/A 码为粗捕获码。

(二)P 码(Precision Code)

P 码又被称为精码，即用于精确测定从 GPS 卫星至接收机距离的测距码。它被调制在 L_1 载波和 L_2 载波上，是 10.23 MHz 的伪随机噪声码，直接使用由卫星上的原子钟所产生的基准频率，即 $f_p=f_0=10.23$ MHz，其周期为 7 d。由于该测距码同时被调制在 L_1 和 L_2 两个载波上，可较完善地消除电离层延迟，故用它来测距可获得较精确的结果。在实施 AS 时，P 码与 W 码进行模二相加生成保密的 Y 码，此时，一般用户无法利用 P 码来进行导航定位。目前，美国政府不提供给一般 GPS 民用用户使用。

P 码的特征是：码长 $N_u=2.35\times 10^{14}$ bit；码元宽度 $t_u=0.097\ 752\ \mu s$，相应长度为 29.3 m；数码率 BPS = 10.23 Mbit/s，周期 $T_u=N_u t_u=267$ d，一个周期中约含 6.2×10^{12} 个码元。实际上 P 码的一个整周期被分为 38 部分，每一部分周期为 7 d，码长约为 6.19×10^{12} bit。其中

有5部分由地面监控站使用,其他32部分分配给不同的卫星,1个部分闲置。这样,每颗卫星所使用P码便具有不同的结构易于区分,但码长和周期相同。

三、GPS导航电文

GPS卫星导航电文是用户利用GPS定位和导航所必需的基础数据。它主要提供了卫星在空间的位置、卫星的工作状态、卫星钟的修正参数、电离层延迟修正参数等重要信息。这些信息是以二进制码的形式按规定格式编码,并按帧发给用户接收机的,因此又称为数据码(D码)。导航信息被调制在L_1载波上,其信号频率为50 Hz,包含有GPS卫星的轨道参数、卫星钟改正数和其他一些系统参数。用户一般需要利用此导航信息来计算某一时刻GPS卫星在地球轨道上的位置,导航信息也被称为广播星历。

导航电文的传输速率为50 bit/s,以"帧"为单位向外发送。每帧的长度为1 500 bit,播发完一个主帧需30 s,一个主帧包括5个子帧。每个子帧均包含300 bit,播发时间为6 s,每个子帧又可分为10个字,每个字都由30 bit组成。其中第4、5两个子帧各有25个页面,需要750 s才能将25个页面全部播发完。第1、2、3子帧每30 s重复一次,其内容每隔2 h更新一次。第4、5子帧每30 s翻转一页,12.5 min完整地播发一次,然后重复。其内容仅在卫星注入新的导航数据后才得以更新。导航电文的基本构成如图2-6所示。下面介绍电文各部分的基本含义。

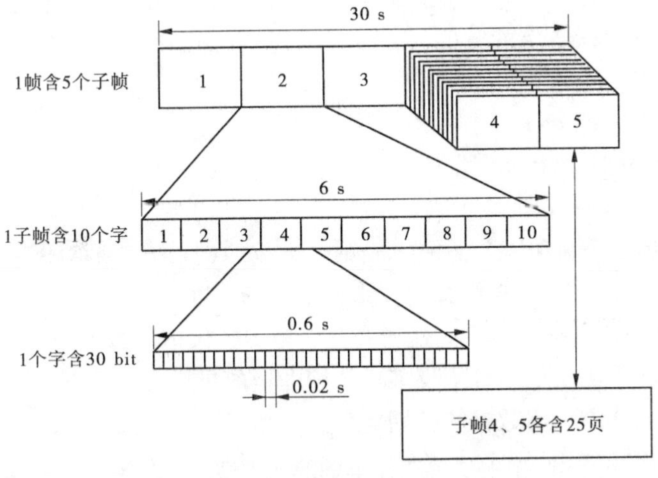

图2-6 导航电文的基本构成

(一)遥测码(TeLemetry Word,TLW)

遥测码位于各子帧的开头,它用来表明卫星注入数据的状态。遥测码的1~8 bit是同步码(10001001),为各子帧编码脉冲提供一个同步起点,接收机将从该起点开始顺序解译电文。第9~22 bit为遥测电文,包括地面监控系统注入数据时的状态信息、诊断信息及其他信息。第23 bit和第24 bit是连接码。第25~30 bit为奇偶检查码,它用于发现和纠正错误。

(二)转换码(Hand Over Word,HOW)

转换码位于每个子帧的第二个字码。其作用是提供用户从捕获的C/A码转换到捕获P码的Z计数。Z计数值位于转换码的第1~17 bit,是从每周六/周日零时起算的时间计数。因此，知道了 Z 计数，即知道了观测瞬间在 P 码周期中所处的准确位置，这样便可迅速捕获 P 码。

（三）第一数据块

第一数据块是位于第 1 子帧的第 3 ~ 10 bit，它主要包括以下内容：

（1）时延差改正 T_{gd}。时延差改正 T_{gd} 就是载波 L_1、L_2 的电离层时延差。当使用单频接收机时，为了减小电离层效应影响，提高定位精度，要用它改正观测结果；双频接收机可通过 L_1、L_2 两项频率的组合来消除电离层效应的影响，不需要此项改正。

（2）数据龄期 AODC。卫星时钟的数据龄期 AODC 是时钟改正数的外推时间间隔，它指明卫星时钟改正数的置信度。

$$\mathrm{AODC} = t_{0c} - t_i \tag{2-20}$$

式中 t_{0c}——第一数据块的参考时刻；

t_i——计算时钟改正参数所用数据的最后观测时间。

（3）星期序号 WN。WN 表示从 1980 年 1 月 6 日子夜零点（UTC）起算的星期数，即 GPS 星期数。

（4）卫星时钟改正。GPS 时间系统是以地面主控站的主原子钟为基准。由于主控站主原子钟的不稳定性，使得 GPS 时间和 UTC 时间之间存在差值。地面监控通过监测确定出这种差值，并用导航电文播发给广大用户。

GPS 卫星的时钟相对 GPS 时间系统存在着差值，需加以改正，这便是卫星时钟改正。

$$\Delta t_s = a_0 + a_1(t - t_{0c}) + a_2(t - t_{0c})^2 \tag{2-21}$$

式中 a_0——卫星钟差，s；

a_1——卫星钟速，s/s；

a_2——卫星钟速变率，s/s^2。

（四）第二数据块

导航电文的第 2 子帧和第 3 子帧组成第二数据块，其内容为 GPS 卫星星历，即描述卫星运行及其轨道参数的信息，提供有关计算卫星运行位置的数据，它是 GPS 卫星向导航、定位用户播发的主要电文，描述卫星的运行及其轨道参数包括以下三类。

（1）时间 2 参数：①从星期日子夜零时开始度量的星历参考历元 f_0；②外推星历时的外推时间间隔 *AODE*，亦即星历数据的龄期。

（2）开普勒轨道 6 参数：①卫星轨道长半轴的平方根 $\sqrt{a}$；②卫星轨道偏心率 e；③参考历元的轨道倾角 i_0；④参考历元的升交点赤经 Ω_0；⑤近地点角距 ω；⑥参考时刻的平近点角 M_{s0}。

（3）轨道摄动力 9 参数：①平均运动角速度改正值 Δn；②升交点赤经的变化率 Ω；③轨道倾角的变化率 i；④升交距角 u_0（轨道平面内升交点与卫星之间的地心夹角）的正弦和余弦的调和改正项的振幅 C_{us} 和 C_{uc}；⑤轨道倾角的正弦和余弦的调和改正项的振幅 C_{is} 和 C_{ic}；⑥卫星轨道半径的正弦和余弦的调和改正项的振幅 C_{rs} 和 C_{rc}。

（五）第三数据块

第三数据块包括第 4 子帧和第 5 子帧，其内容包括了所有 GPS 卫星的历书数据。当接收机捕获到某颗 GPS 卫星信号后，根据第三数据块提供的其他卫星的概略星历、时钟改正、卫星工作状态等数据，用户可以选择工作正常、位置适当的卫星，并较快地捕获到所选择的卫星。

第三章　GPS 测量定位原理

第一节　GPS 定位概述

一、GPS 定位基本原理

测量学中的交会法测量里有一种平面测距交会确定平面点位的方法。与其相似，GPS 的定位原理就是利用空间分布的卫星以及卫星与地面点的距离交会得出地面点空间位置。简言之，GPS 定位原理是一种空间的距离交会原理。

设想在地面待定位置上安置 GPS 接收机，同一时刻接收 3 颗以上 GPS 卫星发射的信号。通过一定的方法测定这 3 颗以上卫星在此瞬间的位置以及它们分别至该接收机的距离，就可以据此利用距离交会法解算出测站 P 的位置。

但是由于 GPS 卫星是分布在 2 000 多千米高空的运动载体，只有在同一时刻测定站星距才能定位，而要实现同步必须具有统一时间标准，所以 GPS 定位除要解求待定点的三维坐标外，还要解求站星钟差参数（一般卫星钟差参数可忽略）。因此，利用空间距离交会法解算测站坐标和接收机钟差参数 δt，必须至少同步观测 4 颗以上 GPS 卫星，才能真正实现精确定位。

如图 3-1 所示，设在时刻 t_i 在测站点 P 用 GPS 接收机同时测得 P 点至 4 颗 GPS 卫星 S_1、S_2、S_3、S_4 的距离 ρ_1、ρ_2、ρ_3、ρ_4，通过 GPS 电文解译出 4 颗 GPS 卫星的瞬时三维坐标（X^j，Y^j，Z^j），$j=1,2,3,4$。用距离交会的方法求解 P 点的三维坐标（X,Y,Z）的观测方程为：

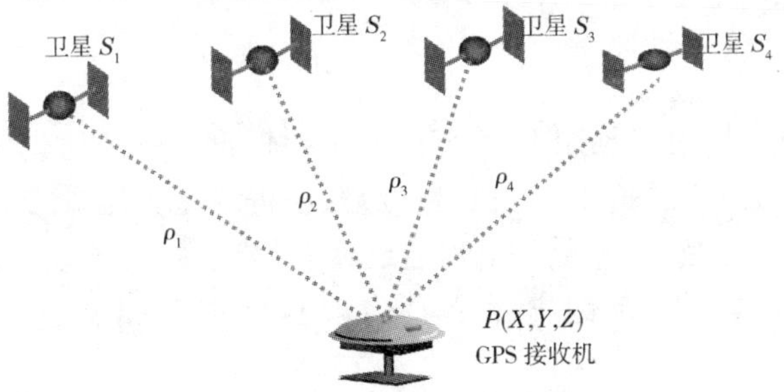

图 3-1　GPS 定位基本原理

$$\left.\begin{aligned}
\rho_1 &= \sqrt{(X-X^1)^2+(Y-Y^1)^2+(Z-Z^1)^2}+c\delta t \\
\rho_2 &= \sqrt{(X-X^2)^2+(Y-Y^2)^2+(Z-Z^2)^2}+c\delta t \\
\rho_3 &= \sqrt{(X-X^3)^2+(Y-Y^3)^2+(Z-Z^3)^2}+c\delta t \\
\rho_4 &= \sqrt{(X-X^4)^2+(Y-Y^4)^2+(Z-Z^4)^2}+c\delta t
\end{aligned}\right\} \tag{3-1}$$

式中　c——光速；

δt——接收机钟差。

由此可见,GPS定位时,要解算测站点的三维空间位置,需解决两个问题:

一是观测瞬间GPS卫星的位置。由第二章可知,GPS卫星发射的导航电文中含有GPS卫星星历,可以实时地确定卫星的空间位置信息。

二是观测瞬间测站点至GPS卫星之间的距离。站星之间的距离是通过测定GPS卫星信号在卫星和测站点之间的传播时间来确定的。本章第二节中将讲述距离测定的问题。

二、GPS定位方法分类

利用GPS进行定位的方法有很多种,可依据不同的分类标准进行划分:

若按照参考点的位置不同,则可分为绝对定位和相对定位。绝对定位即在协议地球坐标系中,利用一台接收机来测定该点相对于协议地球质心的位置,也叫单点定位。这里可认为参考点与协议地球质心相重合。相对定位即在协议地球坐标系中,利用两台以上的接收机测定观测点至某一地面参考点(已知点)之间的相对位置。也就是测定地面参考点到未知点的坐标增量。由于星历误差和大气折射误差有相关性,所以通过观测量求差可消除这些误差,因此相对定位的精度远高于绝对定位的精度。

按用户接收机在作业中的运动状态不同,则定位方法可分为静态定位和动态定位。静态定位即在定位过程中,将接收机安置在测站点上并固定不动。严格说来,这种静止状态只是相对的,通常是指接收机相对于其周围点位没有发生变化。动态定位即在定位过程中,接收机处于运动状态。

按照定位所采用的观测量不同,可分为伪距测量和载波相位测量。伪距测量所采用的观测量为GPS的测距码,载波相位测量所采用的观测量为GPS的载波相位。

第二节　观测量及观测方程

一、GPS测量的基本观测量

GPS定位的观测量是用户利用GPS定位的重要依据之一。所谓GPS观测量,是用户GPS接收机接收GPS卫星发射的信号并加以处理,获得卫星到用户接收机的距离。GPS卫星到用户接收机的观测距离,由于受到电离层延迟、对流层延迟等误差源的影响,并非真实地反映卫星到用户接收机的几何距离,而是含有误差的,这种带有误差的GPS观测距离又称为伪距。

由于卫星信号含有多种定位信息,根据不同的要求和方法,可获得不同的观测量:

(1)测码伪距观测量(或称为码相位观测量)。

(2)测相伪距观测量(或称为载波相位观测量)。

(3)多普勒积分计数伪距差。

(4)干涉法测量时间延迟。

目前,在GPS定位测量中,广泛采用的观测量为前两种,即码相位观测量和载波相位观测量。多普勒积分计数法进行静态定位时,所需要的观测时间一般较长,多应用于大地测量中。干涉法测量所需的设备相当昂贵,数据处理也比较复杂,目前只用于高精度大地点测量，其广泛应用尚待进一步研究开发。

二、测码伪距测量

（一）测码伪距观测量

测码伪距观测量是通过测量 GPS 卫星发射的测距码信号到达用户接收机的传播时间，从而计算出接收机至卫星的距离，即

$$\rho = \Delta t c \tag{3-2}$$

式中 Δt——传播时间；

c——光速。

为了测量上述测距码信号的传播时间，GPS 卫星在卫星钟的某一时刻 t^j 发射出某一测距码信号，用户接收机依照接收机时钟在同一时刻也产生一个与发射码完全相同的码（称为复制码）。卫星发射的测距码信号经过 Δt 时间在接收机时钟的 t_i 时刻被接收机收到（称为接收码），接收机通过时间延迟器将复制码向后平移若干码元，使复制码信号与接收码信号达到最大相关（即复制码与接收码完全对齐），并记录平移的码元数。平移的码元数与码元宽度的乘积，就是卫星发射的码信号到达接收机天线的传播时间 Δt，又称为时间延迟。测量过程参见图 3-2。

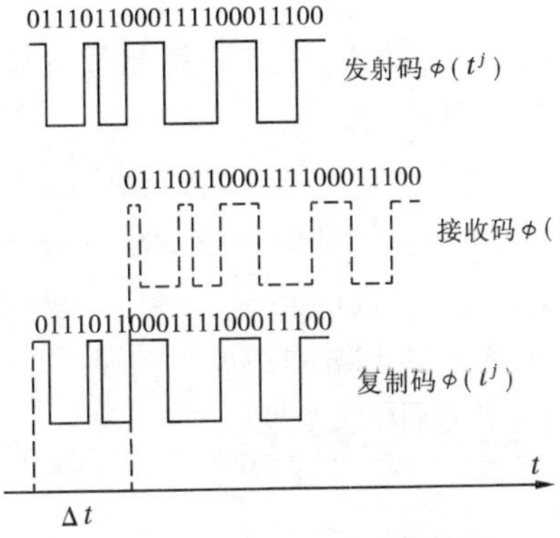

图 3-2 码相位测量示意图

（二）测码伪距观测方程

GPS 采用单程测距原理，要准确地测定站星之间的距离，必须使卫星钟与用户接收机钟保持严格同步，同时考虑大气层对卫星信号的影响。但是，实践中由于卫星钟、接收机钟的误差以及无线电信号经过电离层和对流层中的延迟误差，导致实际测出的伪距 ρ' 与卫星到接收机的几何距离 ρ 有一定差值。二者之间存在的关系可用下式表示：

$$\rho'(t) = \rho(t) + c\delta t_i(t) - c\delta t^j(t) + \Delta^j_{i,I_g}(t) + \Delta^j_{i,T}(t) \tag{3-3}$$

式中 $\rho'(t)$——观测历元 t 的测码伪距；

$\rho(t)$——观测历元 t 的站星几何距离，$\rho = \Delta t \cdot c = c(t_i(GPS) - t^j(GPS))$；

$\delta t_i(t)$——观测历元 t 的接收机（T_i）钟时间相对于 GPS 标准时的钟差，$t_i = t_i(GPS) + \delta t_i$；

$\delta t^j(t)$——观测历元 t 的卫星（S^j）钟时间相对于 GPS 标准时的钟差，$t^j = t^j(GPS) + \delta t^j$；

$\Delta^j_{i,I_g}(t)$——观测历元 t 的电离层延迟；

$\Delta^j_{i,T}(t)$——观测历元 t 的对流层延迟。

式(3-3)即为测码伪距观测方程。

利用测距码进行伪距测量是全球定位系统的基本测距方法。GPS 信号中测距码的码元宽度较大，根据经验，码相位相关精度约为码元宽度的 1%。对于 P 码来讲，其码元宽度约为 29.3 m，所以量测精度为 0.29 m。而对于 C/A 码来讲，其码元宽度约为 293 m，所以量测精度为 2.9 m。因此，有时也将 C/A 码称为粗码，P 码称为精码。可见，采用测距码进行站星距离测量的测距精度不高。

略去测码伪距观测方程线性化的推算过程，直接给出式(3-4)得线性化形式为：

$$\rho_i'^j(t) = \rho_{i0}^j(t) + \begin{bmatrix} -l_i^j(t) & -m_i^j(t) & -n_i^j(t) \end{bmatrix} \begin{bmatrix} \delta x_i \\ \delta y_i \\ \delta z_i \end{bmatrix} + c\delta t_i(t) + \Delta^j_{i,I_g}(t) + \Delta^j_{i,T}(t) \tag{3-4}$$

三、载波相位测量

（一）载波相位观测量

由前文可知，测码伪距的量测精度过低，无法满足测量定位的需要。如果把 GPS 信号中的载波作为量测信号，由于载波的波长短，$\lambda_{L_1} = 19$ cm，$\lambda_{L_2} = 24$ cm，所以对于载波 L_1 而言，相应的测距误差约为 1.9 mm，而对于载波 L_2 而言，相应的测距误差约为 2.4 mm。可见测距精度很高。但是，载波信号是一种周期性的正弦信号，而相位测量又只能测定其不足一个波长的部分，因而存在着整周数不确定性的问题，使解算过程变得比较复杂。

载波相位测量是通过测量 GPS 卫星发射的载波信号从 GPS 卫星发射到 GPS 接收机的传播路程上的相位变化，从而确定传播距离 ρ，即

$$\rho = \lambda \Delta \Phi \tag{3-5}$$

式中 λ——载波波长；

$\Delta\Phi$——载波信号传播过程中的相位变化，周。

在实际应用中，这种相位变化量无法直接测定，通常可采用如下方法测得。

某一卫星钟时刻 t^j 卫星发射载波信号，与此同时接收机内振荡器复制一个与发射载波的初相和频率完全相同的参考载波，在接收机钟时刻 t_i 被接收机收到的卫星载波信号与此时的接收机参考载波信号的相位差，就是载波信号从卫星传播到接收机的相位延迟（载波相位观测量）。载波相位测量过程参见图 3-3。

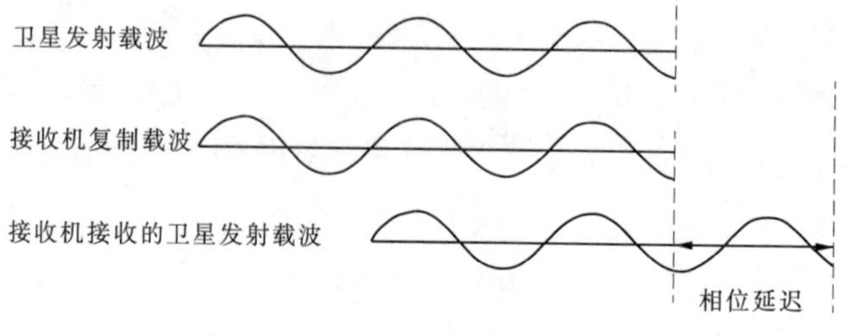

图 3-3　载波相位测量过程

因此，接收机 T_i 在接收机钟时刻 t_i 观测卫星 S^j 的相位观测量可写为：

$$\Phi_i^j(t_i) = \varphi_i(t_i) - \varphi^j(t^j) = \varphi_i(t_i) - \varphi_i(t^j) \tag{3-6}$$

根据简谐波的物理特性，上述的载波相位观测量 $\Phi_i^j(t_i)$ 可以看成整周部分 $N_i^j(t_i)$ 和不足一周的小数部分 $\delta\varphi_i^j(t_i)$ 之和，即有

$$\Phi_i^j(t_i) = N_i^j(t_i) + \delta\varphi_i^j(t_i) \tag{3-7}$$

实际上，在进行载波相位测量时，接收机只能测定不足一周的小数部分 $\delta\varphi_i^j(t_i)$，无法确定整周未知数 $N_i^j(t_i)$，或称为整周模糊度。

当锁定（跟踪）到卫星信号后，在初始观测历元 t_0，有

$$\Phi_i^j(t_0) = N_i^j(t_0) + \delta\varphi_i^j(t_0) \tag{3-8}$$

卫星信号在历元 t_0 被跟踪后，载波相位变化的整周数便被接收机自动计数，所以对其后的任一历元的总相位变化，可用下式表达：

$$\Phi_i^j(t_i) = N_i^j(t_0) + N_i^j(t_i - t_0) + \delta\varphi_i^j(t_i) \tag{3-9}$$

式中 $N_i^j(t_0)$——初始历元的整周未知数，在卫星信号被锁定后就确定不变，是一个未知常数，是通常意义上所说的整周待定值（整周未知数）；

$N_i^j(t_i - t_0)$——从初始历元 t_0 到后续观测历元 t_i 之间载波相位变化的整周数，可由接收机自动连续计数来确定，是一个已知量，又叫整周计数；

$\delta\varphi_i^j(t_i)$——后续观测历元 t_i 时刻不足一周的小数部分相位，可测定观测量。

上述载波相位观测量的几何意义可参见图 3-4。

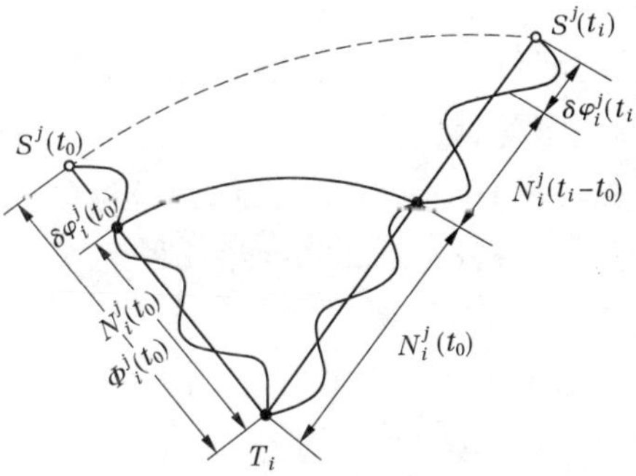

图 3-4 载波相位观测量

若取

$$\varphi_i^j(t_i) = N_i^j(t_i - t_0) + \delta\varphi_i^j(t_i) \tag{3-10}$$

则 $\varphi_i^j(t_i)$ 是载波相位的实际观测量，即用户 GPS 接收机相位观测输出值。

（二）测相伪距观测方程

若考虑到卫星钟差 $\delta t^j(t_i)$ 和接收机钟差 $\delta t_i(t_i)$，并略去推算过程，则由式(3-10)可得到任意观测历元的载波相位实际观测量 $\varphi_i^j(t)$ 为：

$$\varphi_i^j(t) = \frac{f}{c}\rho_i^j(t) + f[\delta t_j(t) - \delta t^j(t)] - N_i^j(t_0) + \frac{f}{c}[\Delta_{i,I_p}^j(t) + \Delta_{i,T}^j(t)] \tag{3-11}$$

式(3-11)即为测相伪距观测方程。

考虑到关系式 $\lambda = \frac{c}{f}$，则式(3-11)的测相伪距观测方程可表示为：

$$\lambda\varphi_i^j(t) = \rho_i^j(t) + c[\delta t_i(t) - \delta t^j(t)] - \lambda N_i^j(t_0) + \Delta_{i,I_p}^j(t) + \Delta_{i,T}^j(t) \tag{3-12}$$

式中 $\lambda\varphi_i^j(t)$——观测历元 t 的测相伪距；

$\rho_i^j(t)$——观测历元 t 的站星几何距离；

$\delta t_i(t)$——观测历元 t 的接收机(T_i)钟时间相对于 GPS 标准时的钟差，$t_i = t_i(GPS) + \delta t_i$；

$\delta t^j(t)$——观测历元 t 的卫星(S^j)钟时间相对于 GPS 标准时的钟差，$t^j = t^j(GPS) + \delta t^j$；

$N_i^j(t_0)$——初始历元的整周未知数，即通常意义上所说的整周待定值(整周未知数)；

$\Delta_{i,I_p}^j(t)$——观测历元 t 的电离层延迟；

$\Delta_{i,T}^j(t)$——观测历元 t 的对流层延迟。

其线性化形式可表示为：

$$\lambda\varphi_i^j(t) = \rho_{i0}^j(t) + [-l_i^j(t) \quad -m_i^j(t) \quad -n_i^j(t)]\begin{bmatrix}\delta x_i \\ \delta y_i \\ \delta z_i\end{bmatrix} - \lambda N_i^j(t_0) + c[\delta t_i(t) - \delta t^j(t)] + \Delta_{i,I_p}^j(t) + \Delta_{i,T}^j(t) \tag{3-13}$$

上述模型，在 GPS 精密定位中有着广泛的应用，既可用于单点定位，也可进行相对定位。

四、整周未知数的确定

由前文中讲述的测相伪距测量原理可知，在以载波相位观测量为根据的 GPS 精密定位中，初始整周未知数 $N_i^j(t_0)$的确定是定位的一个关键问题，准确而快速地解算整周未知数对保障定位精度、缩短定位时间、提高 GPS 定位效率都具有极其重要的意义。

目前，解算整周未知数的方法很多。下面将介绍几种解算整周未知数的常用方法。

(一)经典待定系数法

在经典静态定位中，常把整周未知数当做平差计算中的待定参数，与其他参数一并求解。

1. 整数解(固定解)

根据整周未知数的物理意义，它理论上应该为整数。但是，由于各种误差的影响，整周未知数的解算结果一般为非整数。此时，可以将其取为相接近的整数(四舍五入)，作为已知参数再次代入观测方程，重新平差解算其他的参数。在基线较短的相对定位中，若观测误差和外界误差对观测量的影响较小，这种整周未知数的确定方法比较有效。

2. 非整数解(实数解或浮动解)

在基线较长的静态相对定位中，外界误差对观测量的影响比较大，采用上述方法求解整周未知数精度较低，并将其凑成整数对提高解的精度无益。

此时，通过平差计算得到的整周未知数不是整数，不必凑整，直接以实数形式代入观测方程，重新解算其他参数。

经典待定参数法解算整周未知数往往需要观测一个小时甚至更长的时间，从而影响了作业效率。因此，此法一般用于经典静态相对定位模式进行高精度的 GPS 定位中。

（二）快速解算法（FARA）

FARA 法的基本思想是，以数理统计理论的参数估计和假设检验为基础，充分利用初始平差的解向量（站点坐标及整周模糊度的实数解）及其精度信息（方差与协方差阵和单位权中误差），确定在某一个置信区间，整周模糊度可能的整数解的组合，然后依次将整周模糊度的每一个组合作为已知值，重复地进行平差计算，其中能使估值的验后方差（或方差和）为最小的一组整周模糊度，即为所搜索的整周模糊度的最佳估值。

实践证明，在短基线情况下，根据数分钟的双频观测成果，便可精确地确定整周模糊度的最佳估值，使相对定位的精度达到厘米级。

（三）动态法

动态法确定整周未知数的基本思想是：在载体运动过程中，载体上的 GPS 接收机与参考站上的 GPS 接收机对共视卫星进行同步观测，利用快速解算法（如 FARA 法），对卫星的载波相位观测值进行平差处理，确定初始整周未知数。而在上述为初始化所进行的短时间观测过程中，载体已经有了位移，载体的瞬时位置则是根据随后确定的整周未知数，利用逆向求解的方法来确定的。

这一方法的特点是在载体运动过程中所观测的卫星一旦失锁，为重新确定整周未知数，运动载体不需要停下来重新进行初始化工作，它可在载体运动过程中实现。目前这一方法已在短基线（10 km 以内）实时动态相对定位中得到了成功的应用，其定位精度可以达到厘米级。

五、周跳的探测分析与修复

周跳就是由于 GPS 接收机对卫星信号的失锁，从而导致 GPS 接收机中载波相位观测值中的整周计数所发生的突变。

产生周跳的主要原因是卫星信号失锁，如卫星信号被障碍物遮挡而暂时中断，或受到无线电信号干扰而造成失锁等。这些原因都会使计数器的整周数发生错误，由于载波相位观测量为瞬时观测值，因此不足一周的小数部分总能保持正确。

周跳有两种类型。一种是当卫星信号的接收被中断数分钟或者更长的时间时，GPS 在数个观测历元中不再有载波相位观测值，这类周跳容易识别。另一种是卫星信号的中断时间很短，可能发生在两相邻历元之间，在每个历元都包括整周计数小数部分相位值时，这类周跳难以识别，需要用专门的方法加以探测。

（一）利用高次差探测与修复周跳

在观测期间，如果不发生周跳，随着卫星至接收机间距离的不断变化，载波相位观测量也将随之变化，并且变化是平滑的、有规律的。表 3-1 中列出了接收机连续多个不同历元获得的同一卫星的载波相位观测量。由于卫星相对于接收机距离的变化可使整周计数高达每秒钟数千周的变化，如果每 10 s 观测一次，这种变化可达数万周，不易发现数十周的周跳。为此，可对相邻观测值求高次差，以削弱站星距离变化对整周计数值的影响。通常，对相邻历元的载波相位观测量取至 4 ~ 5 次差后，距离变化对整周数的影响已可忽略，这时的差值主要是由接收机振荡器的不稳定引起的，因而呈现偶然误差的特性，且数值为几周以下，见表 3-1。

表 3-1　载波相位观测量及其高次差

历元	$\Phi_i^j(t)$	1 次差	2 次差	3 次差	4 次差
t_1	475 833. 225 3				
		11 608. 753 1			
t_2	487 441. 978 4		399. 814 0		
		12 008. 567 1		2. 507 2	
t_3	499 450. 545 5		402. 321 2		-0. 579 5
		12 410. 888 3		1. 927 7	
t_4	511 861. 433 8		404. 248 9		0. 963 9
		12 815. 137 2		2. 891 6	
t_5	524 676. 571 0		407. 140 5		-0. 272 1
		13 222. 277 7		2. 619 5	
t_6	537 898. 848 7		409. 760 0		-0. 421 9
		13 632. 037 7		2. 197 6	
t_7	551 530. 886 4		411. 957 6		
		14 043. 995 3			
t_8	565 574. 881 7				

如果观测值中出现周跳,将破坏载波相位观测量变化的平滑性和规律性,从而使高次差的随机特性也受到破坏。假设,表 3-1 中的 t_5 历元的观测量含有 100 周的周跳,对观测量求高次差后见表 3-2。可见,求 4 次差后,其变化不再具有偶然性,且数值比产生的周跳值还要大,据此,我们能够发现产生较大周跳的地方,并对其进行修复。

表 3-2　含有周跳影响的载波相位观测量及其高次差

历元	$\Phi_i^j(t)$	1 次差	2 次差	3 次差	4 次差
t_1	475 833. 225 3				
		11 608. 753 1			
t_2	487 441. 978 4		399. 814 0		
		12 008. 567 1		2. 507 2	
t_3	499 450. 545 5		402. 321 2		-100. 579 5*
		12 410. 888 3		-98. 072 3*	
t_4	511 861. 433 8		304. 248 9*		300. 963 9*
		12 715. 137 2*		202. 891 6*	
t_5	524 576. 571 0*		507. 140 5*		-300. 272 1*
		13 222. 277 7		-97. 380 5*	
t_6	537 798. 848 7*		409. 760 0		99. 578 1*
		13 632. 037 7		2. 197 6	
t_7	551 430. 886 4*		411. 957 6		
		14 043. 995 3			
t_8	565 474. 881 7*				

发现某一历元存在周跳后,便可根据该历元前的正确观测值,利用高次插值公式外推该历元的正确整周计数;或者根据相邻的几个历元的正确相位观测量,采用高阶多项式拟合的方法来推求上述整周计数的正确值。

(二)利用单差观测值的高次差探测与修复周跳

由于相邻历元载波相位观测值的高次差中包含接收机振荡器随机误差的影响,因此上述方法一般只能发现较大的周跳,例如大于 5 周,难以解决小周跳的问题。由于同步观测的多颗卫星所获得的载波相位观测值中包含了相同的接收机振荡器的随机误差影响,在卫星间求差后即可消除此项误差的影响。消除了接收机振荡器随机误差影响的单差观测值的高次差,一般残留下的值很小,就有可能发现与卫星有关的较小周跳。发现周跳后,即可利用高次插值公式外推或多项式拟合的方法推求正确的整周计数。

(三)利用双差观测值的高次差探测与修复周跳

上述方法只能发现与卫星有关的周跳,例如某颗卫星的信号被暂时中断,而其余卫星仍被连续观测,但不一定能发现与接收机有关的周跳,如由于接收机的瞬时故障而使所有卫星均发生周跳。这种情况下,可在卫星和接收机之间求双差观测值的高次差来发现并修复产生于某台接收机的小周跳。因为双差观测值进一步消除了卫星振荡器随机误差的影响,若某台接收机于某历元发生周跳,在发生周跳的前后几个历元的高次差数值将明显增大,据此可发现产生周跳的接收机和历元。同样,可利用高次插值公式外推或用多项式拟合的方法,求得产生小周跳后的正确整周计数。

(四)利用平差后的残差探测与修复周跳

经过上述处理的观测值中可能还存在一些未被发现的周跳,如来自外界瞬时干扰的小周跳。由于载波相位观测值的观测精度很高,进行平差计算后,所得残差一般很小,如果残差出现较大数值,便可发现和修复周跳。这一过程往往需要反复迭代,每次采用新获得的平差后的基线向量以及改正了周跳后的观测值进行计算,直至残差符合要求。这样可得到一组无周跳的"干净的"载波相位观测值。整周跳变的产生与 GPS 接收机的质量和野外观测环境密切相关。因而在组织外业观测时,要合理选择接收机的机型、观测站的位置、卫星分布较好的观测时段,以便获得质量可靠的观测值。这是解决周跳问题的根本途径。因为一组频繁发生周跳的观测值,是很难通过内业数据处理的方法来加以修复的,仅仅是徒增内业工作量而已。

第三节　绝对定位原理

GPS 绝对定位又叫单点定位,即以 GPS 卫星和用户接收机之间的距离观测值为基础,并根据卫星星历确定的卫星瞬时坐标,直接确定用户接收机天线在 WGS－84 坐标系中相对于坐标原点(地球质心)的绝对位置。

根据用户接收机天线所处的状态不同,绝对定位又可分为静态绝对定位和动态绝对定位。因为受到卫星轨道误差、钟差以及信号传播误差等因素的影响,静态绝对定位的精度约为米级,而动态绝对定位的精度为 10～40 m,因此静态绝对定位主要用于大地测量,而动态绝对定位只能用于一般性的导航定位中。

一、静态绝对定位原理

接收机天线处于静止状态下,确定观测站坐标的方法,称为静态绝对定位。这时,接收机可以连续地在不同历元同步观测不同的卫星,测定卫星至观测站的伪距,获得充分的观测量,通过测后数据处理求得测站的绝对坐标。根据测定的伪距观测量的性质不同,静态绝对定位又可分为测码伪距静态绝对定位和测相伪距静态绝对定位。

(一)测码伪距静态绝对定位

为了推导方便,取

$$R'^{j}_{i}(t) = \rho'^{j}_{i}(t) - \Delta^{j}_{i,I_g}(t) - \Delta^{j}_{i,T}(t) \tag{3-14}$$

代入式(3-4),则测码伪距观测方程可写为

$$R'^{j}_{i}(t) = \rho^{j}_{i0}(t) + \left[-l^{j}_{i}(t) \quad -m^{j}_{i}(t) \quad -n^{j}_{i}(t) \right] \begin{bmatrix} \delta x_i \\ \delta y_i \\ \delta z_i \end{bmatrix} + c\delta t_i(t) \tag{3-15}$$

式中的大气层延迟参数可从导航电文中获得,而卫星 S^j 在地球协议坐标系中的坐标也可通过卫星星历得到。显然,式中在某个历元 t 只有测站 T_i 在协议地球坐标系中的坐标向量 $(x_i, y_i, z_i)^{\mathrm{T}}$ 和接收机钟的钟差 $\delta t_i(t)$ 这 4 个未知参数,正是我们需要求解的。为此,至少需要建立 4 个类似的方程。所以,用户至少需要同步观测 4 颗卫星,以便获得 4 个以上测码伪距观测方程。

根据以上分析,在一段时间内,若 GPS 接收机在测站 T_i 在某个历元 t 同步观测 4 颗以上卫星($j=1,2,3,4,\cdots,n^j$),则由式(3-15)可得:

$$\begin{bmatrix} R'^{1}_{i}(t) \\ R'^{2}_{i}(t) \\ \vdots \\ R'^{n^j}_{i}(t) \end{bmatrix} = \begin{bmatrix} \rho^{1}_{i0}(t) \\ \rho^{2}_{i0}(t) \\ \vdots \\ \rho^{n^j}_{i0}(t) \end{bmatrix} - \begin{bmatrix} l^{1}_{i}(t) & m^{1}_{i}(t) & n^{1}_{i}(t) & -1 \\ l^{2}_{i}(t) & m^{2}_{i}(t) & n^{2}_{i}(t) & -1 \\ \vdots & \vdots & \vdots & \vdots \\ l^{n^j}_{i}(t) & m^{n^j}_{i}(t) & n^{n^j}_{i}(t) & -1 \end{bmatrix} \begin{bmatrix} \delta x_i \\ \delta y_i \\ \delta z_i \\ c\delta t_i \end{bmatrix} \tag{3-16}$$

为了采用最小二乘法平差求解,将式(3-16)写成误差方程的形式:

$$\begin{bmatrix} v^{1}_{i}(t) \\ v^{2}_{i}(t) \\ \vdots \\ v^{n^j}_{i}(t) \end{bmatrix} = \begin{bmatrix} l^{1}_{i}(t) & m^{1}_{i}(t) & n^{1}_{i}(t) & -1 \\ l^{2}_{i}(t) & m^{2}_{i}(t) & n^{2}_{i}(t) & -1 \\ \vdots & \vdots & \vdots & \vdots \\ l^{n^j}_{i}(t) & m^{n^j}_{i}(t) & n^{n^j}_{i}(t) & -1 \end{bmatrix} \begin{bmatrix} \delta x_i \\ \delta y_i \\ \delta z_i \\ c\delta t_i \end{bmatrix} + \begin{bmatrix} R'^{1}_{i}(t) - \rho^{1}_{i0}(t) \\ R'^{2}_{i}(t) - \rho^{2}_{i0}(t) \\ \vdots \\ R'^{n^j}_{i}(t) - \rho^{n^j}_{i0}(t) \end{bmatrix} \tag{3-17}$$

或者写为

$$v_i(t) = a_i(t)\delta T_i + l_i(t) \tag{3-18}$$

上述误差方程仅考虑了 GPS 接收机在某历元 t 同时观测 n^j 颗卫星的情况。由于我们讨论的是静态绝对定位,测站 T_i 上的接收机处于静止状态,故可以用不同历元,多次同步观测一组卫星,由此可以获得更多的测码伪距观测量,一般通过平差提高定位精度。

于是,以 n^j 表示观测卫星的个数,n_t 表示观测的历元次数,则在忽略测站接收机钟差随时间变化的情况下,由式(3-18)进一步考虑 n_t 个历元数而写成相应的误差方程组:

$$\begin{bmatrix} v_i(t_1) \\ v_i(t_2) \\ \vdots \\ v_i(t_{n_t}) \end{bmatrix} = \begin{bmatrix} a_i(t_1) \\ a_i(t_2) \\ \vdots \\ a_i(t_{n_t}) \end{bmatrix} \delta T_i + \begin{bmatrix} l_i(t_1) \\ l_i(t_2) \\ \vdots \\ l_i(t_{n_t}) \end{bmatrix} \tag{3-19}$$

或者写为

$$V_i = A_i \delta T_i + L_i \tag{3-20}$$

按照最小二乘法求解可得:

$$\delta T_i = -(A_i^{\mathrm{T}} A_i)^{-1}(A_i^{\mathrm{T}} L_i) \tag{3-21}$$

解的精度为

$$m_T = \sigma_0 \sqrt{q_{ii}} \tag{3-22}$$

式中 m_T——解的中误差；

σ_0——伪距测量中误差；

q_{ii}——权系数阵 Q_Z 主对角线的相应元素，$Q_Z=(A_i^{\mathrm{T}}A_i)^{-1}$。

应当说明的是，如果观测时间较长，在不同历元，观测的卫星数一般可能不同，在组成上列系数阵时应予注意。同时，GPS 接收机钟差的变化往往是不可忽略的。此时，可根据具体情况，或者将钟差表示为多项式的形式，并将系数作为未知数，在平差中一并求解；或者针对不同观测历元，简单地引入不同的独立的钟差参数。关于待求未知数，在前一种情况下应为 $3+n_c$，后一种情况下应为 $3+n_t$。其中 n_c 为钟差模型系数的个数，n_t 为观测的历元数。测相伪距观测量应该多于待定未知数的个数。

这种多卫星多历元的定位方法在静态单点定位中应用较广，它可以比较精确地测定静止观测站在 WGS－84 坐标中的绝对坐标。

（二）测相伪距静态绝对定位

与研究测码伪距静态绝对定位原理一样，为了推导方便，取

$$R'^j_i(t) = \lambda\varphi_i^j(t) - \Delta_{i,I_p}^j(t) - \Delta_{i,T}^j(t) \tag{3-23}$$

代入式(3-13)，并且修正后的卫星钟差 $\delta t^j(t)$ 忽略不计，则测相伪距观测方程可写为

$$R'^j_i(t) = \rho_{i0}^j(t) + [-l_i^j(t) \quad -m_i^j(t) \quad -n_i^j(t)]\begin{bmatrix}\delta x_i \\ \delta y_i \\ \delta z_i\end{bmatrix} - \lambda N_i^j(t_0) + c\delta t_i(t) \tag{3-24}$$

与测码伪距观测方程式(3-15)相比，这里除增加一个未知数 $N_i^j(t_0)$——整周未知数以及电离层折射改正不同外，其余的待定参数与系数均完全相同。

前已述及，如果在起始历元 t_0 卫星 S^j 被锁定后，在观测期间没有发生失锁现象，那么在测站 T_i 对所观测的卫星 S^j 来说，整周未知数 $N_i^j(t_0)$ 是一个只与该起始历元 t_0 有关的常数。

一般说来，若在历元 t，在测站 T_i 同步观测了 n^j 颗卫星，则按照式(3-24)可写出误差方程组：

$$\begin{bmatrix} v_i^1(t) \\ v_i^2(t) \\ \vdots \\ v_i^{n^j}(t) \end{bmatrix} = \begin{bmatrix} l_i^1(t) & m_i^1(t) & n_i^1(t) \\ l_i^2(t) & m_i^2(t) & n_i^2(t) \\ \vdots & \vdots & \vdots \\ l_i^{n^j}(t) & m_i^{n^j}(t) & n_i^{n^j}(t) \end{bmatrix} \begin{bmatrix}\delta x_i \\ \delta y_i \\ \delta z_i\end{bmatrix} + \begin{bmatrix} -1 \\ -1 \\ \vdots \\ -1 \end{bmatrix} c\delta t_i +$$

$$\begin{bmatrix} 1 & & 0 \\ & 1 & \\ & & \vdots \\ 0 & & 1 \end{bmatrix} \begin{bmatrix} \lambda N_i^1(t_0) \\ \lambda N_i^2(t_0) \\ \vdots \\ \lambda N_i^{n^j}(t_0) \end{bmatrix} + \begin{bmatrix} R'^1_i(t) - \rho_{i0}^1(t) \\ R'^2_i(t) - \rho_{i0}^2(t) \\ \vdots \\ R'^{n^j}_i(t) - \rho_{i0}^{n^j}(t) \end{bmatrix} \tag{3-25}$$

或者表示为

$$v_i(t) = a_i(t)\delta X_i + b_i(t)\delta\rho_i(t) + e_i(t)N_i + l_i(t) \tag{3-26}$$

上面描述的是，在测站 T_i 于同一历元 t 观测 n^j 颗卫星所得到的误差方程。由于测站是静止的，于一段时间内对一组卫星观测了 n_t 个历元，则按照式(3-26)可写出相应于多个历元多颗卫星的误差方程组：

$$\begin{bmatrix} v_i(t_1) \\ v_i(t_2) \\ \vdots \\ v_i(t_{n_t}) \end{bmatrix} = \begin{bmatrix} a_i(t_1) \\ a_i(t_2) \\ \vdots \\ a_i(t_{n_t}) \end{bmatrix} \delta X_i + \begin{bmatrix} b_i(t_1) & 0 & \cdots & 0 \\ 0 & b_i(t_2) & \cdots & \vdots \\ \vdots & \vdots & & 0 \\ 0 & \cdots & 0 & b_i(t_{n_t}) \end{bmatrix} \begin{bmatrix} \delta\rho_i(t_1) \\ \delta\rho_i(t_2) \\ \vdots \\ \delta\rho_i(t_{n_t}) \end{bmatrix} +$$

$$\begin{bmatrix} e_i(t_1) \\ e_i(t_2) \\ \vdots \\ e_i(t_{n_t}) \end{bmatrix} N_i + \begin{bmatrix} l_i(t_1) \\ l_i(t_2) \\ \vdots \\ l_i(t_{n_t}) \end{bmatrix} \tag{3-27}$$

或者

$$V_i = A_i \delta X_i + B_i \delta\rho_i + E_i N_i + L_i \tag{3-28}$$

式(3-28)可写为

$$V_i = [A_i \quad B_i \quad E_i] \begin{bmatrix} \delta X_i \\ \delta\rho_i \\ N_i \end{bmatrix} + L_i \tag{3-29}$$

取符号

$$G_i = [A_i \quad B_i \quad E_i]$$

$$\delta Y_i = [\delta X_i \quad \delta\rho_i \quad N_i]^{\mathrm{T}}$$

则按最小二乘法求解，可得

$$\delta Y_i = -[G_i^{\mathrm{T}} G_i]^{-1} [G_i^{\mathrm{T}} L_i] \tag{3-30}$$

解的精度可按下式估算：

$$m_Y = \sigma_0 \sqrt{q_{ii}} \tag{3-31}$$

这里必须说明的是，如果静态观测时间段较长，在这段时间里，在不同历元观测的卫星数可能不同，在组成平差模型时应予注意。另外，整周未知数 $N_i^j(t_0)$ 与所观测的卫星有关，故在不同的历元观测的卫星不同时，将增加新的未知参数，这会导致数据处理变得更加复杂，而且有可能会降低解的精度。因此，在一个观测站的观测过程中，于不同的历元尽可能地观测同一组卫星。

静态观测站 T_i 在定位观测时，观测 n^j 颗卫星，观测 n_t 个历元，可得到 $n^j \times n_t$ 个测相伪距观测量。待解的未知数包括：测站的 3 个坐标分量，n_t 个接收机钟差，与所测卫星数相等的 n^j 个整周未知数。因此，为了能解求出所有未知数，则观测方程的总数必须满足：

$$n^j n_t \geqslant 3 + n_t + n^j$$

即

$$n_t \geqslant \frac{3 + n^j}{n^j - 1} \tag{3-32}$$

由式(3-32)可见，应用测相伪距法进行静态绝对定位时，由于存在整周不确定性的问题，在同样观测 4 颗卫星的情况下，至少必须同步观测 3 个历元，这样才能解求出测站的坐标值。

在定位精度不高、观测时间较短的情况下，可以把 GPS 接收机的钟差视为常数。这时式(3-32)可表示为：

$$n_t \geqslant \frac{4+n^j}{n^j} \tag{3-33}$$

可见，在同时观测 4 颗卫星的情况下，至少必须同步观测 2 个历元。

由于载波相位观测量的精度很高，所以有可能获得较高的定位精度。但是影响定位精度的因素还有卫星轨道误差和大气折射误差等，只有当卫星轨道的精度相当高，同时能对观测量中所含的电离层和对流层误差影响加以必要的修正时，才能更好地发挥测相伪距静态绝对定位的潜力。

测相伪距静态绝对定位主要用于大地测量中的单点定位工作，或者为相对定位的基准站提供较为精密的初始坐标值。

二、动态绝对定位原理

将 GPS 用户接收机安装在载体上，并处于动态情况下，确定载体的瞬时绝对位置的定位方法，称为动态绝对定位。一般地，动态绝对定位只能获得很少或者没有多余观测量的实数解，因而定位精度不是很高，被广泛应用于飞机、船舶、陆地车辆等运动载体的导航。另外，在航空物探和卫星遥感领域也有着广阔的应用前景。

根据观测量的性质不同，可以分为测码伪距动态绝对定位和测相伪距动态绝对定位。

(一)测码伪距动态绝对定位

在动态绝对定位的情况下，由于测站是运动的，所以获得的观测量很少，但为了获得实时定位结果，必须至少同步观测 4 颗卫星。

假设 CPS 接收机在测站 T_i 于某一历元 t 同步观测 4 颗卫星($j=1,2,3,4$)，则由式(3-15)可得：

$$\begin{bmatrix} R'^1_i(t) \\ R'^2_i(t) \\ R'^3_i(t) \\ R'^4_i(t) \end{bmatrix} = \begin{bmatrix} \rho^1_{i0}(t) \\ \rho^2_{i0}(t) \\ \rho^3_{i0}(t) \\ \rho^4_{i0}(t) \end{bmatrix} - \begin{bmatrix} l^1_i(t) & m^1_i(t) & n^1_i(t) & -1 \\ l^2_i(t) & m^2_i(t) & n^2_i(t) & -1 \\ l^3_i(t) & m^3_i(t) & n^3_i(t) & -1 \\ l^4_i(t) & m^4_i(t) & n^4_i(t) & -1 \end{bmatrix} \begin{bmatrix} \delta x_i \\ \delta y_i \\ \delta z_i \\ c\delta t_i \end{bmatrix} \tag{3-34}$$

或者写为

$$a_i(t)\delta Z_i + l_i(t) = 0 \tag{3-35}$$

此时没有多余观测量，直接解此方程组得：

$$\delta Z_i = -a_i(t)^{-1} l_i(t) \tag{3-36}$$

很明显，当共视卫星数多于 4 颗时，则观测量的个数超过待求参数的个数，此时要利用最小二乘法平差求解。将式(3-35)写成误差方程的形式：

$$v_i(t) = a_i(t)\delta Z_i + l_i(t) \tag{3-37}$$

解方程得：

$$\delta Z_i = -\left[a_i^{\mathrm{T}}(t)a_i(t)\right]^{-1}\left[a_i^{\mathrm{T}}(t)l_i(t)\right] \tag{3-38}$$

解的精度为：

$$m_z = \sigma_0 \sqrt{q_{ii}}$$

上述测码伪距绝对定位模型式(3-36)、式(3-38)已被广泛应用于实时动态单点定位。顺便要指出的是,这里在解算载体位置时,不是直接求出它的三维坐标,而是求各个坐标分量的修正分量,也就是给定用户的三维坐标初始值,从而求解三维坐标的改正数。在解算运动载体的实时点位时,前一个点的点位坐标可作为后续点位的初始坐标值。

(二)测相伪距动态绝对定位

由于测相伪距法中引入了另外的未知参数——整周未知数,因此若和测码伪距法一样,则观测 4 颗卫星无法解算出测站的三维坐标。

假设 GPS 接收机在测站 T_i 于某一历元 t 同步观测 4 颗以上卫星($j=1,2,3,4,\cdots,n^j$),则由式(3-15)可得误差方程组为式(3-25)或式(3-26)。

可见,误差方程中的未知参数有:3 个测站点位坐标,1 个接收机钟差,n^j 个整周未知数。这样,误差方程中总未知参数为 $4+n^j$ 个,而观测方程的总数只有 n^j 个,如此则不可能实时求解。

如果在载体运动之前,GPS 接收机在 t_0 时刻锁定卫星 S^j 后,在静止状态下,求出整周模糊度 $N_i^j(t_0)$($j=1,2,3,4,\cdots,n^j$)。据前述分析,只要在初始历元 t_0 之后的后续时间里没有发生卫星失锁现象,它们仍然是只与初始历元 t_0 有关的常数,在载体运动过程中当成常数来处理。

则式(3-25)和式(3-26)可写为

$$\begin{bmatrix} v_i^1(t) \\ v_i^2(t) \\ \vdots \\ v_i^{nj}(t) \end{bmatrix} = \begin{bmatrix} l_i^1(t) & m_i^1(t) & n_i^1(t) & -1 \\ l_i^2(t) & m_i^2(t) & n_i^2(t) & -1 \\ \vdots & \vdots & \vdots & \vdots \\ l_i^{nj}(t) & m_i^{nj}(t) & n_i^{nj}(t) & -1 \end{bmatrix} \begin{bmatrix} \delta x_i \\ \delta y_i \\ \delta z_i \\ c\delta t_i \end{bmatrix} + \begin{bmatrix} R'^1_i(t) - \rho_{i0}^1(t) + \lambda N_i^1(t_0) \\ R'^2_i(t) - \rho_{i0}^2(t) + \lambda N_i^2(t_0) \\ \vdots \\ R'^{nj}_i(t) - \rho_{i0}^{nj}(t) + \lambda N_i^{nj}(t_0) \end{bmatrix} \tag{3-39}$$

或者表示为

$$v_i(t) = a_i(t)\delta Z_i + l_i(t) \tag{3-40}$$

这样,就与式(3-37)在形式上完全一致。此时,同步观测 4 颗以上卫星,就可得到与式(3-38)完全一样的实时解。

值得注意的是,采用测相伪距动态绝对定位时,载体上的 GPS 接收机在运动之前应该初始化,而且运动过程中不能发生信号失锁,否则就无法实现实时定位。然而载体在运动过程中,要始终保持对所观测卫星的连续跟踪,目前在技术上尚有一定困难,一旦发生周跳,则须在动态条件下重新初始化。因此,在实时动态绝对定位中,寻找快速确定动态整周模糊度的方法是非常关键的问题。

第四节　相对定位原理

一、相对定位原理概述

从以上各节的讨论中不难看出,不论是测码伪距绝对定位还是测相伪距绝对定位,由于卫星星历误差、接收机钟与卫星钟同步差、大气折射误差等各种误差的影响，导致其定位精度较低。虽然这些误差已作了一定的处理，但是实践证明绝对定位的精度仍不能满足精密定位测量的需要。为了进一步消除或减弱各种误差的影响，提高定位精度，一般采用相对定位法。

相对定位是用两台 GPS 接收机，分别安置在基线的两端，同步观测相同的卫星，通过两测站同步采集 GPS 数据，经过数据处理以确定基线两端点的相对位置或基线向量（见图 3-5）。这种方法可以推广到多台 GPS 接收机安置在若干条基线的端点，通过同步观测相同的 GPS 卫星，以确定多条基线向量。相对定位中，需要在多个测站中至少以一个测站的坐标值作为基准，利用观测出的基线向量，去求解出其他各站点的坐标值。

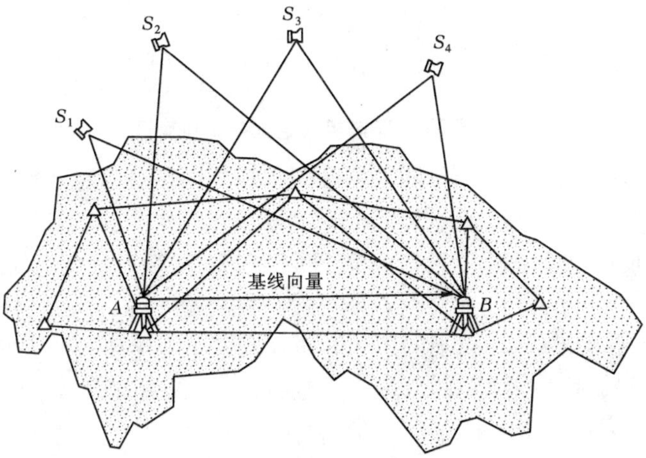

图 3-5　相对定位原理

相对定位中，在两个或多个观测站同步观测同组卫星的情况下，卫星的轨道误差、卫星钟差、接收机钟差以及大气层延迟误差对观测量的影响具有一定的相关性。利用这些观测量的不同组合，按照测站、卫星、历元三种要素来求差，从而可以大大削弱有关误差的影响，从而提高相对定位精度。

根据定位过程中接收机所处的状态不同，相对定位可分为静态相对定位和动态相对定位。

二、静态相对定位原理

设置在基线两端点的接收机相对于周围的参照物固定不动，通过连续观测获得充分的多余观测数据，解算基线向量，称为静态相对定位。测相伪距静态相对定位是当前 GPS 定位中精度最高的一种方法。

（一）观测值的线性组合

在静态相对定位中，一般采用测相伪距观测值作为基本观测量。利用这些观测量的不同组合求差进行相对定位，可以有效地消除这些观测量中包含的相关误差，提高相对定位精度。目前的求差方式有三种：单差、双差、三差，定义如下：

假设安置在基线端点的 GPS 接收机 $T_i(i=1,2)$，相对于卫星 S^j 和 S^k，于历元 $t_i(i=1,2)$ 进行同步观测（见图 3-6），则可获得以下独立的载波相位观测量：

$$\varphi_1^j(t_1),\varphi_1^j(t_2),\varphi_1^k(t_1),\varphi_1^k(t_2),\varphi_2^j(t_1),\varphi_2^j(t_2),\varphi_2^k(t_1),\varphi_2^k(t_2)$$

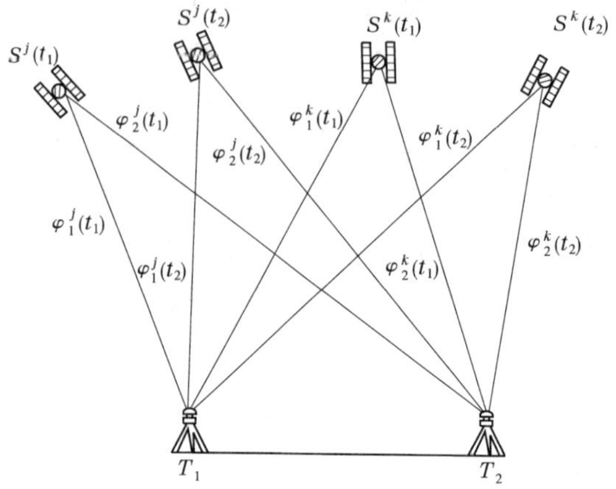

图 3-6　静态相对定位基本观测量

(1)单差(Single-Difference):不同观测站同步观测同一颗卫星所得观测量之差

$$\Delta\varphi^j = \varphi_2^j(t) - \varphi_1^j(t) \tag{3-41}$$

(2)双差(Double-Difference):不同观测站同步观测同组卫星所得的观测量单差之差

$$\nabla\Delta\varphi^k(t) = \Delta\varphi^k(t) - \Delta\varphi^j(t) = [\varphi_2^k(t) - \varphi_1^k(t)] - [\varphi_2^j(t) - \varphi_1^j(t)] \tag{3-42}$$

(3)三差(Triple-Difference):不同历元同步观测同组卫星所得的观测量双差之差

$$\begin{aligned}\delta\nabla\Delta\varphi^k(t) &= \nabla\Delta\varphi^k(t_2) - \nabla\Delta\varphi^k(t_1) = [\Delta\varphi^k(t_2) - \Delta\varphi^j(t_2)] - [\Delta\varphi^k(t_1) - \Delta\varphi^j(t_1)]\\ &= \{[\varphi_2^k(t_2) - \varphi_1^k(t_2)] - [\varphi_2^j(t_2) - \varphi_1^j(t_2)]\} - \{[\varphi_2^k(t_1) - \varphi_1^k(t_1)] -\\ &\quad [\varphi_2^j(t_1) - \varphi_1^j(t_1)]\}\end{aligned} \tag{3-43}$$

(二)观测方程

1. 单差观测方程

如图 3-7 所示,将式(3-12)的测相伪距观测方程应用于测站 T_1、T_2,并代入式(3-41),可得

$$\begin{aligned}\lambda\Delta\varphi^j(t) &= [\rho_2^j(t) - \rho_1^j(t)] + c[\delta t_2(t) - \delta t_1(t)] - \lambda[N_2^j(t) - N_1^j(t)] +\\ &\quad [\Delta_{2,I}^j(t) + \Delta_{2,T}^j(t)] - [\Delta_{1,I}^j(t) + \Delta_{1,T}^j(t)]\end{aligned} \tag{3-44}$$

令
$$\Delta t(t) = \delta t_2(t) - \delta t_1(t),\Delta N^j = N_2^j(t) - N_1^j(t)$$

$$\Delta\Delta_I^j(t) = \Delta_{2,I}^j(t) - \Delta_{1,I}^j(t),\quad \Delta\Delta_T^j(t) = \Delta_{2,T}^j(t) - \Delta_{1,T}^j(t)$$

则单差观测方程可写为

$$\lambda\Delta\varphi^j(t) = [\rho_2^j(t) - \rho_1^j(t)] + c\Delta t(t) - \lambda\Delta N^j + \Delta\Delta_I^j(t) + \Delta\Delta_T^j(t) \tag{3-45}$$

由式(3-45)可见:卫星的钟差影响可以消除,同时由于两测站相距较近(<100 km),同一卫星到两个测站的传播路径上的电离层、对流层延迟误差相近,取单差可进一步明显地减弱大气延迟的影响。

2. 双差观测方程

如图 3-8 所示,两台 GPS 接收机安置在测站 T_1、T_2,对卫星 S^j 的单差为 $\Delta\varphi^j(t)$,对卫星 S^k 的单差为 $\Delta\varphi^k(t)$,则由式(3-42),将测相伪距观测方程式(3-11)代入,可得双差观测方程为

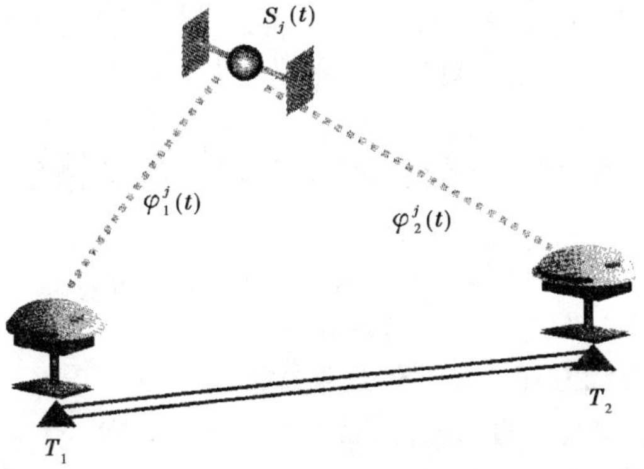

图 3-7　单差示意图

$$\lambda\nabla\Delta\varphi^k(t) = [(\rho_2^k(t) - \rho_1^k(t)) - (\rho_2^j(t) - \rho_1^j(t))] - \lambda\nabla\Delta N^j \qquad (3\text{-}46)$$

在式(3-46)中可见,接收机的钟差影响完全消除,大气折射残差取二次差可以略去不计。这是双差模型的突出优点。

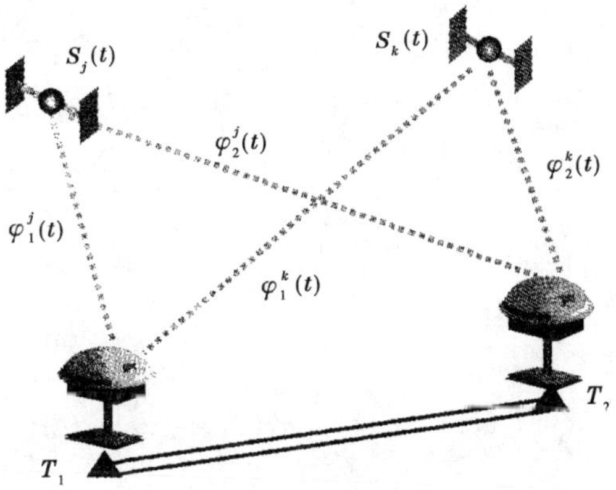

图 3-8　双差示意图

3. 三差观测方程

以 t_1 和 t_2 两个观测历元,对上述的双差观测方程求三次差,可得三差观测方程为:

$$\begin{aligned}\lambda\delta\nabla\Delta\varphi^j(t) = {} & [(\rho_2^k(t_2) - \rho_1^k(t_2)) - (\rho_2^j(t_2) - \rho_1^j(t_2))] - \\ & [(\rho_2^k(t_1) - \rho_1^k(t_1)) - (\rho_2^j(t_1) - \rho_1^j(t_1))]\end{aligned} \qquad (3\text{-}47)$$

从三差观测方程中可见,三差模型进一步消除了整周模糊度的影响。

4. 准动态相对定位观测方程

准动态相对定位方法是将一台 GPS 接收机固定在基准站不动,而另一台接收机在其周围的观测站流动,在每个流动站静止观测几分钟,以确定流动站与基准站之间的相对位置。准动态相对定位的数据处理是以载波相位观测量为依据的,其中的整周未知数在初始化的过程中已经预先解算出来。因此,准动态相对定位可以在非常短的时间内获得与经典静态相对定位精度相当的定位结果。

根据式(3-12)的测相伪距观测方程,若整周模糊度 $N_i^j(t_0)$ 已经确定,将其移到等式左端，则测相伪距观测方程可以写为：

$$R_i^j(t) = \rho_i^j(t) + c[\delta t_i(t) - \delta t^j(t)] + \Delta_{i,I}^j(t) + \Delta_{i,T}^j(t) \tag{3-48}$$

式中 $R_i^j(t) = \lambda\varphi_i^j(t) + \lambda N_i^j(t_0)$。

若忽略大气折射残差影响，则由式(3-48)求取站间单差观测方程可得：

$$\Delta R^j(t) = [\rho_2^j(t) - \rho_1^j(t)] + c\Delta t(t) \tag{3-49}$$

若采用双差模型进行准动态相对定位，则由式(3-48)，再对卫星间取双差可得：

$$\nabla\Delta R^k(t) = \rho_2^k(t) - \rho_1^k(t) - \rho_2^j(t) + \rho_1^j(t) \tag{3-50}$$

(三)静态相对定位观测方程的线性化及平差模型

为了求解测站之间的基线向量，首先应该将观测方程线性化，然后列出相应的误差方程式，应用最小二乘法平差原理求解观测站之间的基线向量。下面我们根据间接平差原理来讨论载波相位观测量的不同线性组合的平差模型。

假设在协议地球坐标系中，观测站 T_i 的待定坐标近似值向量为

$$X_{i0} = (x_{i0} \quad y_{i0} \quad z_{i0})^{\mathrm{T}}$$

其改正数向量为

$$\delta X_{i0} = (\delta x_i \quad \delta y_i \quad \delta z_i)^{\mathrm{T}}$$

观测站 T_i 至卫星 S^j 的距离可由式(3-3)给定，是非线性的，不便于计算机计算，必须将其线性化。对其线性化，可得线性化形式式(3-4)，其中卫星坐标改正数$[\delta x^j,\delta y^j,\delta z^j]^{\mathrm{T}}$可视为零。

1. 单差模型

取两个观测站 T_1 和 T_2，其中 T_1 为基准站，其坐标已知。将式(3-4)代入式(3-45)，可得线性化的载波相位双差观测方程：

$$\Delta\varphi^j(t) = -\frac{1}{\lambda}[l_2^j(t) \quad m_2^j(t) \quad n_2^j(t)]\begin{bmatrix}\delta x_2\\ \delta y_2\\ \delta z_2\end{bmatrix} + f\Delta t(t) - \Delta N^j + \frac{1}{\lambda}[\Delta\Delta_I^j(t) + \Delta\Delta_T^j(t)] + \frac{1}{\lambda}[\rho_{20}^j(t) - \rho_1^j(t)] \tag{3-51}$$

式中，大气折射延迟误差的残差很小，可以忽略。于是相应的误差方程可写成如下形式：

$$\Delta v^j(t) = \frac{1}{\lambda}[l_2^j(t) \quad m_2^j(t) \quad n_2^j(t)]\begin{bmatrix}\delta x_2\\ \delta y_2\\ \delta z_2\end{bmatrix} - f\Delta t(t) + \Delta N^j + \Delta l^j(t) \tag{3-52}$$

式中：$\Delta l^j(t) = \Delta\varphi^j(t) - \frac{1}{\lambda}[\rho_{20}^j(t) - \rho_1^j(t)]$。

上述情况是两观测站同时观测同一颗卫星 S^j 的情况，可以将其推广到两观测站于历元 t 时刻同时观测数颗卫星的情况，设同步观测的卫星数为 n^j 颗，则相应的方程组为：

$$\begin{bmatrix}\Delta v^1(t)\\ \Delta v^2(t)\\ \vdots\\ \Delta v^{n^j}(t)\end{bmatrix} = \frac{1}{\lambda}\begin{bmatrix}l_2^1(t) & m_2^1(t) & n_2^1(t)\\ l_2^2(t) & m_2^2(t) & n_2^2(t)\\ \vdots & \vdots & \vdots\\ l_2^{n^j}(t) & m_2^{n^j}(t) & n_2^{n^j}(t)\end{bmatrix}\begin{bmatrix}\delta x_2\\ \delta y_2\\ \delta z_2\end{bmatrix} +$$

$$\begin{bmatrix} \Delta N^1 \\ \Delta N^2 \\ \vdots \\ \Delta N^{nj} \end{bmatrix} - f \begin{bmatrix} 1 \\ 1 \\ \vdots \\ 1 \end{bmatrix} \Delta t(t) + \begin{bmatrix} \Delta l^1(t) \\ \Delta l^2(t) \\ \vdots \\ \Delta l^{nj}(t) \end{bmatrix} \tag{3-53}$$

或者写为

$$v(t) = a(t)\delta X_2 + b(t)\Delta N + c(t)\Delta t(t) + \Delta l(t) \tag{3-54}$$

若进一步考虑到观测的历元次数为 n_t，则相应的误差方程为

$$\begin{bmatrix} v(t_1) \\ v(t_2) \\ \vdots \\ v(t_{n_t}) \end{bmatrix} = \begin{bmatrix} a(t_1) \\ a(t_2) \\ \vdots \\ a(t_{n_t}) \end{bmatrix} \delta X_2 + \begin{bmatrix} b(t_1) \\ b(t_2) \\ \vdots \\ b(t_{n_t}) \end{bmatrix} \Delta N +$$

$$\begin{bmatrix} c(t_1) & 0 & \cdots & 0 \\ 0 & c(t_2) & \cdots & 0 \\ \vdots & \vdots & & \vdots \\ 0 & 0 & \cdots & c(t_{n_t}) \end{bmatrix} \begin{bmatrix} \Delta t(t_1) \\ \Delta t(t_2) \\ \vdots \\ \Delta t(t_{n_t}) \end{bmatrix} + \begin{bmatrix} \Delta l(t_1) \\ \Delta l(t_2) \\ \vdots \\ \Delta l(t_{n_t}) \end{bmatrix} \tag{3-55}$$

式(3-55)可写为

$$V = A\delta X_2 + B\Delta N + C\Delta t + L \tag{3-56}$$

或者

$$V = (A \quad B \quad C) \begin{bmatrix} \delta X_2 \\ \Delta N \\ \Delta t \end{bmatrix} + L \tag{3-57}$$

按最小二乘法求解：

$$\Delta Y = - N^{-1} U \tag{3-58}$$

式中 $\Delta Y = [\delta X_2 \quad \Delta N \quad \Delta t]^{\mathrm{T}}$；

$N = (A \quad B \quad C)^{\mathrm{T}} P (A \quad B \quad C)$；

$U = (A \quad B \quad C)^{\mathrm{T}} PL$；

P——单差观测量的权矩阵。

单差模型的解的精度可按下式估算：

$$m_y = \sigma_0 \sqrt{q_{yy}} \tag{3-59}$$

式中 σ_0——单差观测量的单位权中误差；

q_{yy}——权系数阵 N^{-1} 主对角线的相应元素。

必须注意的是，当不同历元同步观测的卫星数不同时，情况将比较复杂，此时应该注意系数矩阵 A、B、C 的维数。这种在不同观测历元共视卫星数发生变化的情况，在后述的双差、三差模型中也会遇到。

2. 双差模型

假设两个观测站 T_1 和 T_2 同步观测了两颗卫星 S^j 和 S^k，其中 T_1 为基准站，其坐标已知，S^j 为参考卫星。根据双差观测方程式(3-46)，并将式(3-4)代入其中，则可得双差观测方程

的线性化形式：

$$\nabla\Delta\varphi^{k}(t) = -\frac{1}{\lambda}[\nabla l_2^k(t) \quad \nabla m_2^k(t) \quad \nabla n_2^k(t)]\begin{bmatrix}\delta x_2\\ \delta y_2\\ \delta z_2\end{bmatrix} - \nabla\Delta N^k +$$

$$\frac{1}{\lambda}[(\rho_{20}^k(t) - \rho_1^k(t)) - (\rho_{20}^j(t) - \rho_1^j(t))] \tag{3-60}$$

式中 $\nabla\Delta\varphi^k(t) = \Delta\varphi^k(t) - \Delta\varphi^j(t)$；

$$\begin{bmatrix}\nabla l_2^k(t)\\ \nabla m_2^k(t)\\ \nabla n_2^k(t)\end{bmatrix} = \begin{bmatrix} l_2^k(t) - l_2^j(t)\\ m_2^k(t) - m_2^j(t)\\ n_2^k(t) - n_2^j(t)\end{bmatrix};$$

$\nabla\Delta N^k = \Delta N^k - \Delta N^j$。

相应的误差方程可以写为：

$$v^k(t) = \frac{1}{\lambda}[\nabla l_2^k(t) \quad \nabla m_2^k(t) \quad \nabla n_2^k(t)]\begin{bmatrix}\delta x_2\\ \delta y_2\\ \delta z_2\end{bmatrix} + \nabla\Delta N^k + \nabla\Delta l^k(t) \tag{3-61}$$

式中 $\nabla\Delta l^k(t) = \nabla\Delta\varphi^k(t) - \frac{1}{\lambda}[(\rho_{20}^k(t) - \rho_1^k(t)) - (\rho_{20}^j(t) - \rho_1^j(t))]$。

当同步观测的 GPS 卫星为 n^j 时，可将式(3-61)推广成如下形式的方程组：

$$\begin{bmatrix} v^1(t)\\ v^2(t)\\ \vdots\\ v^{nj-1}(t)\end{bmatrix} = \frac{1}{\lambda}\begin{bmatrix}\nabla l_2^1(t) & \nabla m_2^1(t) & \nabla n_2^1(t)\\ \nabla l_2^2(t) & \nabla m_2^1(t) & \nabla n_2^1(t)\\ \vdots & \vdots & \vdots\\ \nabla l_2^{nj-1}(t) & \nabla m_2^{nj-1}(t) & \nabla n_2^{nj-1}(t)\end{bmatrix}\begin{bmatrix}\delta x_2\\ \delta y_2\\ \delta z_2\end{bmatrix} +$$

$$\begin{bmatrix}1 & & 0\\ & \ddots & \\ 0 & & 1\end{bmatrix}\begin{bmatrix}\nabla\Delta N^1\\ \nabla\Delta N^2\\ \vdots\\ \nabla\Delta N^{nj-1}\end{bmatrix} + \begin{bmatrix}\nabla\Delta l^1(t)\\ \nabla\Delta l^2(t)\\ \vdots\\ \nabla\Delta l^{nj-1}(t)\end{bmatrix} \tag{3-62}$$

式(3-62)可写为：

$$v^k(t) = a(t)\delta X_2 + b(t)\nabla\Delta N + \nabla\Delta l(t) \tag{3-63}$$

上述讨论的是两个观测站于某一历元 t 同时观测 n^j 颗卫星的误差方程组。当观测历元数为 n_t 时，上述方程可以推广为如下形式：

$$\begin{bmatrix} v(t_1)\\ v(t_2)\\ \vdots\\ v(t_{n_t})\end{bmatrix} = \begin{bmatrix} a(t_1)\\ a(t_2)\\ \vdots\\ a(t_{n_t})\end{bmatrix}\delta X_2 + \begin{bmatrix} b(t_1)\\ b(t_2)\\ \vdots\\ b(t_{n_t})\end{bmatrix}\nabla\Delta N + \begin{bmatrix}\nabla\Delta l(t_1)\\ \nabla\Delta l(t_2)\\ \vdots\\ \nabla\Delta l(t_{n_t})\end{bmatrix} \tag{3-64}$$

式(3-64)可写为：

$$V = (A \quad B)\begin{bmatrix} \delta X_2 \\ \nabla \Delta N \end{bmatrix} + L \tag{3-65}$$

利用最小二乘法求解：

$$\Delta Y = -N^{-1}U$$

式中　$\Delta Y = [\delta X_2 \quad \nabla \Delta N]^{\mathrm{T}}$；

$N = (A \quad B)^{\mathrm{T}} P (A \quad B)$；

$U = (A \quad B)^{\mathrm{T}} PL$；

P——单差观测量的权矩阵。

3. 三差模型

假设两个观测站 T_1 和 T_2 于历元 t_1、t_2 分别同步观测了共视卫星 S^j 和 S^k，其中 T_1 为基准站，其坐标已知，S^j 为参考卫星。根据三差观测方程式(3-47)，则可得三差观测方程的线性化形式：

$$\delta \nabla \Delta \varphi^k(t) = -\frac{1}{\lambda}[\delta \nabla l_2^k(t) \quad \delta \nabla m_2^k(t) \quad \delta \nabla n_2^k(t)]\begin{bmatrix} \delta x_2 \\ \delta y_2 \\ \delta z_2 \end{bmatrix} + \frac{1}{\lambda}[\delta \rho_{20}^k(t) - \delta \rho_1^k(t) - \delta \rho_{20}^j(t) + \delta \rho_1^j(t)] \tag{3-66}$$

式中　$\delta \nabla \Delta \varphi^k(t) = \nabla \Delta \varphi^k(t_2) - \nabla \Delta \varphi^k(t_1)$；

$$\begin{bmatrix} \delta \nabla l_2^k(t) \\ \delta \nabla m_2^k(t) \\ \delta \nabla n_2^k(t) \end{bmatrix} = \begin{bmatrix} \nabla l_2^k(t_2) - \nabla l_2^j(t_1) \\ \nabla m_2^k(t_2) - \nabla m_2^j(t_1) \\ \nabla n_2^k(t_2) - \nabla n_2^j(t_1) \end{bmatrix};$$

$$\begin{bmatrix} \delta \rho_{20}^k(t) \\ \delta \rho_1^k(t) \\ \delta \rho_{20}^j(t) \\ \delta \rho_1^j(t) \end{bmatrix} = \begin{bmatrix} \rho_{20}^k(t_2) - \rho_{20}^k(t_1) \\ \rho_1^k(t_2) - \rho_1^k(t_1) \\ \rho_{20}^j(t_2) - \rho_{20}^j(t_1) \\ \rho_1^j(t_2) - \rho_1^j(t_1) \end{bmatrix}。$$

由式(3-66)可得相应的误差方程：

$$v^k(t) = \frac{1}{\lambda}[\delta \nabla l_2^k(t) \quad \delta \nabla m_2^k(t) \quad \delta \nabla n_2^k(t)]\begin{bmatrix} \delta x_2 \\ \delta y_2 \\ \delta z_2 \end{bmatrix} + \delta \nabla \Delta l^k(t) \tag{3-67}$$

式中　$\delta \nabla \Delta l^k(t) = \delta \nabla \Delta \varphi^k(t) - \frac{1}{\lambda}[\delta \rho_{20}^k(t) - \delta \rho_1^k(t) - \delta \rho_{20}^j(t) + \delta \rho_1^j(t)]$。

当同步观测卫星数为 n^j 时，以其中一颗为参考卫星，相应的误差方程可推广为：

$$\begin{bmatrix} v^1(t) \\ v^2(t) \\ \vdots \\ v^{n^j-1}(t) \end{bmatrix} = \frac{1}{\lambda}\begin{bmatrix} \delta \nabla l_2^1(t) & \delta \nabla m_2^1(t) & \delta \nabla n_2^1(t) \\ \delta \nabla l_2^2(t) & \delta \nabla m_2^2(t) & \delta \nabla n_2^2(t) \\ \vdots & \vdots & \vdots \\ \delta \nabla l_2^{n^j-1}(t) & \delta \nabla m_2^{n^j-1}(t) & \delta \nabla n_2^{n^j-1}(t) \end{bmatrix}\begin{bmatrix} \delta x_2 \\ \delta y_2 \\ \delta z_2 \end{bmatrix} + \begin{bmatrix} \delta \nabla \Delta l^1(t) \\ \delta \nabla \Delta l^2(t) \\ \vdots \\ \delta \nabla \Delta l^{n^j-1}(t) \end{bmatrix} \tag{3-68}$$

式(3-68)可写为：

$$v(t) = a(t)\delta X_2 + l(t) \tag{3-69}$$

如果两观测站对同一组卫星 n^j 同步观测了 n_t 个历元，并以某一个历元为参考历元，则可将误差方程组(3-68)进一步推广，可写成：

$$\begin{bmatrix} v(t_1) \\ v(t_2) \\ \vdots \\ v(t_{n_t-1}) \end{bmatrix} = \begin{bmatrix} a(t_1) \\ a(t_2) \\ \vdots \\ a(t_{n_t-1}) \end{bmatrix} \delta X_2 + \begin{bmatrix} l(t_1) \\ l(t_2) \\ \vdots \\ l(t_{n_t-1}) \end{bmatrix} \tag{3-70}$$

或者

$$V = A\delta X_2 + L \tag{3-71}$$

由此可得相应的解：

$$\delta X_2 = -(A^{\mathrm{T}}PA)^{-1}(A^{\mathrm{T}}PL) \tag{3-72}$$

式中 P——单差观测量的权矩阵。

三、动态相对定位原理

如前所述，动态相对定位是将一台接收机安置在一个固定的观测站(或称为基准站)上，而另一台接收机安置在运动的载体上，并保持在运动中与基准站的接收机进行同步观测相同卫星，以确定运动载体相对基准站的瞬时位置。

按照所采取的观测量性质的不同，动态相对定位可分为测码伪距动态相对定位和测相伪距动态相对定位。目前，测码伪距动态相对定位的实时定位精度可达米级。测相伪距动态相对定位是以预先初始化或动态解算载波相位整周未知数为基础的一种高精度动态相对定位法，目前在较小范围内(如 <20 km)的定位精度可达 1 ~ 2 cm。

按照数据处理的方式不同，动态相对定位通常可分为实时处理和测后处理。实时处理就是在观测过程中实时地获得定位结果，无须存储观测数据。但是流动站和基准站之间必须实时地传输观测数据。这种处理方式主要用于需要实时获取定位数据的导航、监测等工作。测后处理则是在观测工作结束后，通过数据处理而获得定位的结果。这种处理方法可对观测数据进行详细的分析，易于发现粗差，也不需要实时地传输数据，但需要存储观测数据。这种处理方式主要用于基线较长、不需实时获得定位结果的测量工作。

(一)测码伪距动态相对定位

如图 3-9 所示，假设地面观测站 T_1 为基准站，安置在其上的接收机固定不动，而另一台接收机安置在运动载体上，其位置 $T_i(t)$ 是时间的函数，这是动态相对定位与静态相对定位的根本区别。因此，动态相对定位与静态相对定位一样，也可以通过求差有效地消除或减弱卫星轨道误差、钟差、大气折射误差等的影响，从而明显地提高定位精度。

由式(3-3)，流动站 $T_i(t)$ 的测码伪距观测方程为

$$\rho'^j_i(t) = \rho^j_i(t) + c\delta t_i(t) - c\delta t^j(t) + \delta\rho^j_{1i}(t) + \delta\rho^j_{2i}(t) \tag{3-73}$$

将流动站与基准站 T_1 的同步测码伪距观测量求差，可得单差模型

$$\begin{aligned} \Delta\rho'^j(t) = {} & [\rho^j_i(t) - \rho^j_1(t)] + c[\delta t_i(t) - \delta t_1(t)] + \\ & [\delta\rho^j_{12}(t) - \delta\rho^j_{11}(t)] + [\delta\rho^j_{22}(t) - \delta\rho^j_{21}(t)] \end{aligned} \tag{3-74}$$

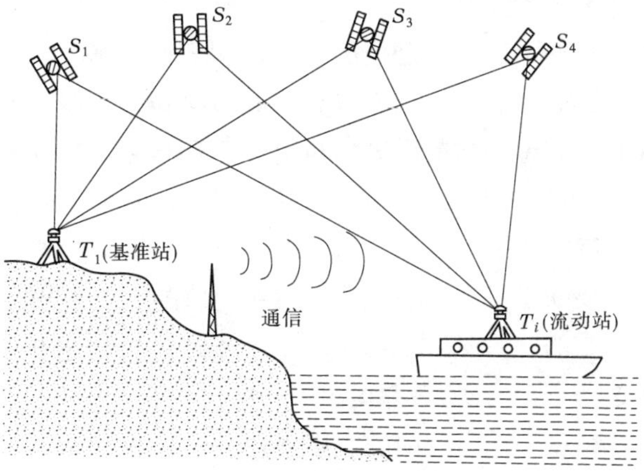

图 3-9　动态相对定位示意图

若略去大气折射残差影响，则式(3-74)可简化为

$$\Delta\rho'^{j}(t) = [\rho_2^j(t) - \rho_1^j(t)] + c\Delta t(t) \tag{3-75}$$

式中　$\Delta t(t) = \delta t_i(t) - \delta t_1(t)$。

上述单差模型的线性化形式为

$$\Delta\rho'^{j}(t) = -[l_i^j(t) \quad m_i^j(t) \quad n_i^j(t)]\begin{bmatrix}\delta x_i \\ \delta y_i \\ \delta z_i\end{bmatrix} + c\Delta t(t) + [\rho_{i0}^j(t) - \rho_1^j(t)] \tag{3-76}$$

误差方程为

$$\Delta v^j(t) = -[l_i^j(t) \quad m_i^j(t) \quad n_i^j(t)]\begin{bmatrix}\delta x_i \\ \delta y_i \\ \delta z_i\end{bmatrix} + c\Delta t(t) + [\rho_{i0}^j(t) - \rho_1^j(t) - \Delta\rho^j(t)] \tag{3-77}$$

若以 n_i 和 n^j 表示包括基准站在内的观测站总数和同步观测的卫星数，则有

$$单差方程数 = (n_i - 1)n^j$$

$$未知参数 = 4(n_i - 1)$$

由此，任一历元的观测数据求解条件为

$$(n_i - 1)n^j \geqslant 4(n_i - 1)$$

或

$$n^j \geqslant 4$$

同样，对于双差观测方程，进行类似的分析，其求解的必要条件仍是

$$n^j \geqslant 4$$

由上可见，利用测码伪距观测量的不同组合(单差或双差)进行动态相对定位，与动态绝对定位一样，每个历元必须同步观测至少 4 颗卫星。

（二）关于测相伪距动态相对定位

以载波相位为观测量的动态相对定位的关键仍然是整周模糊度的解算问题。在动态观测之前，采用快速解算整周模糊度的方法，解算出载波相位观测量的整周模糊度，则误差方程的形式、误差方程的个数、未知数的个数均与上述测码伪距动态相对定位中的相同，因此在载体运动过程中，只要保持对至少 4 颗卫星的连续跟踪，就可利用单差或双差模型精确地确定运动载体相对于基准站的瞬时位置。这一方法目前在较小范围内获得了普遍应用。

上述定位方法的主要缺点是在动态观测过程中，要求保持对所测卫星的连续跟踪。这在实践中往往是比较困难的，而一旦发生失锁，则要重新进行上述初始化工作。为此，近年来许多学者都致力于这一方面的研究，并提出了一些比较有效的解决办法，为测相伪距动态绝对定位法在长距离高精度动态定位中的应用展现了良好的前景。

第四章　GPS 测量误差分析

GPS 测量是通过地面接收设备接收卫星传送的信息来确定地面点的三维坐标的。测量结果误差来源主要有三类:与 GPS 卫星有关的误差,与卫星信号传播有关的误差,与接收机有关的误差。在高精度的 GPS 测量中,还要注意与地球整体运动有关的地球潮汐和负荷潮影响。

第一节　与 GPS 卫星有关的误差

一、卫星星历误差

由卫星星历所给出的卫星空间位置与卫星实际位置之差,称为星历误差。星历误差是一种起始数据误差,在一个观测时间段内属系统误差,其大小主要取决于卫星跟踪站的数量及空间分布、观测值的数量及精度、轨道计算时所用的轨道模型及定轨软件的完善程度等。它对单点定位的精度有很大的影响,也是精密相对定位中的重要误差来源之一。

(一)广播星历的误差

广播星历是根据美国 GPS 控制中心跟踪站的观测数据进行外推,通过 GPS 卫星发播的一种预报星历,是卫星电文中所携带的主要信息。广播星历包括相对于某一参考历元的开普勒轨道参数和必要的轨道摄动改正参数。由于我们还不能充分了解作用在卫星上的各种摄动因素的大小及变化规律,目前仅凭地面监测站还不能精确地确定这些参数,因此预报数据中存在着较大的误差。从广播星历中得到的卫星位置误差为 20 ~ 40 m,随着定轨技术和摄动力模型的改善,其位置精度可以提高到 5 ~ 10 m。

(二)精密星历的误差

精密星历也称后处理星历,它是根据分布在全球的地面跟踪站精密观测资料,按照一定的计算方法,计算得出的卫星星历。由于精密星历是实测星历,不可避免地存在误差。虽然精密星历的精度可以达到厘米级,但是它需要观测后 1 ~ 2 个星期才可以得到,只在静态精密定位中有重要作用,对动态定位无任何意义。

(三)星历误差对定位的影响

估计与处理卫星的星历误差一般比较困难,其主要原因是,卫星在运行中要受到多种摄动力的复杂影响,而通过地面监测站又难以充分可靠地测定这些作用力并掌握它们的作用规律。目前用户通过导航电文所得到的卫星轨道信息,其相应的位置误差均为 20 ~ 40 m。

在单点定位中,卫星星历为已知数据,星历误差必然传递给测站,产生定位误差。一般广播星历误差对测站的影响为几十米。

在相对定位中,随着基线长度的增加,卫星星历误差成为影响定位精度的主要因素,如 10 km 的基线会产生 10 mm 的误差,1 000 km 的基线产生 1 m 的误差。在实际应用中,对于基线长度不长、定位精度要求不高的情况,如相对定位精度为$(1\sim2)\times10^{-6}$,采用相对定位可以直接使用广播星历。对于基线较长、定位精度较高的情况，需要采用精密星历。

（四）星历误差的改正

在 GPS 测量中，根据不同的要求，处理卫星轨道误差的方法原则上有忽略轨道误差、同步观测值求差、采用轨道改进法处理观测数据三种。此外，还可以建立自己的卫星跟踪网独立定轨。

忽略轨道误差时，简单地认为由导航电文所获得的卫星轨道信息是不含误差的。很明显，这时卫星轨道实际存在的误差将成为影响定位精度的主要因素之一，这一方法广泛地应用于实时定位工作。

采用轨道改进法处理观测数据的基本思路是：在数据处理中引入表达卫星轨道偏差的改正数，并假设在短时间内这些改正参数为常量，将其作为待求量与其他未知参数一并求解，以校正卫星星历误差。

由于卫星星历误差对相距不远的两个测站的定位影响大致相同，因此采用两个或多个近距离测站对同一颗卫星进行同步观测，然后对同一卫星的同步观测值求差，以减弱卫星轨道误差的影响，这种方法称为同步观测求差法。由于同一卫星的位置误差对不同观测站同步观测量的影响具有系统性，所以通过上述求差的方法，可以明显地减弱卫星轨道误差的影响，这种方法对于精密相对定位具有极其重要的意义。

建立用户自己的卫星跟踪网，独立测定卫星轨道参数，可以获得很高的定位精度。例如，我国在上海、长春、武汉、昆明和乌鲁木齐建立 GPS 跟踪网，通过跟踪监测 GPS 卫星信号，计算精密星历。

二、卫星钟的钟误差

（一）卫星钟钟误差的来源

卫星钟采用的是 GPS 时，它是由主控站按照美国海军天文台（USNO）的协调世界时（UTC）进行调整的。GPS 时与 UTC 在 1980 年 1 月 6 日零时对准，不随闰秒增加，时间是连续的，随着时间的积累，两者之间的差别将表现秒的整倍数，若有需要，可由主控站对卫星钟的运行状态进行调整，不过这种遥控调整仍然满足不了定位所需的精度。同时，尽管 GPS 卫星均设有高精度的原子钟（铷钟和铯钟），但它们与理想的 GPS 时之间仍存在着难以避免的频率偏差或频率漂移，也包含钟的随机误差。这些偏差总量在 1 ms 以内，由此引起的等效距离可达 300 km。由于卫星的位置是时间的函数，GPS 的观测量均以精密测时为依据，所以时钟误差是一个重要误差源之一。

（二）消除卫星钟钟误差的方法

1. 钟差改正法

卫星钟差一般可以通过对卫星钟运行状态的连续监测而精确地确定，并由主控站测定出每颗卫星的钟参数，编入卫星电文发布给用户。卫星钟差可以应用以下二阶多项式加以改正：

$$\Delta t_s = a_0 + a_1(t - t_0) + a_2(t - t_0)^2 \tag{4-1}$$

式中 t_0——参考历元；

a_0——钟差常值；

a_1——卫星钟钟速（或频率偏差）；

a_2——卫星钟的钟速变率。

经上述钟差改正后,各卫星钟之间的同步差可保持在 20 ns 以内,由此引起的等效距离偏差不超过 6 m。卫星钟差或经改正后的残差,在相对定位中可通过差分法在一次求差中得到消除。

2. 观测量差分法

卫星钟差或经钟差改正后的残差,可以通过观测量的差分技术来进行消除。

三、相对论效应

相对论效应是由于卫星钟和接收机钟所处的状态(运动速度和重力位)不同而引起的卫星钟和接收机钟之间产生相对钟误差的现象。

GPS 卫星在高 20 200 km 的轨道上运行,卫星钟受狭义相对论效应和广义相对论效应的影响,其频率与地面静止钟相比,将发生频率偏移,这是精密定位中必须顾及的一种误差影响因素。

第二节　与卫星信号传播有关的误差

卫星发射的电磁波必须穿过电离层和对流层才能到达地面,折射系数也不相同。与卫星信号传播有关的误差包括卫星信号通过电离层、对流层时产生的误差,以及信号到达地面时产生的反射信号所引起的多路径效应。

一、电离层折射的影响

电离层是指地球上空距地面高度在 50 ~ 1 000 km 的大气层。由于电离层中的气体分子吸收了太阳紫外线的能量,该大气层的温度随着高度的增加而迅速升高。同时,由于太阳和其他天体的各种射线作用,使该大气层的大气分子大部分发生电离,从而具有密度较高的带电粒子。当 GPS 信号通过电离层时,信号的传播路径会发生弯曲,其传播速度发生变化,这种现象称为电离层折射。

对于 GPS 卫星信号来说,夜间卫星处于天顶方向时,电离层折射对距离的影响将小于 5 m;而在日间正午前后,当卫星接近地平线时,其影响可能大于 150 m。为了消除或减弱电离层折射的影响,在 GPS 测量中通常采用以下的方法和措施。

(一)利用双频观测

因为电离层折射的影响是信号频率的函数,所以利用不同频率的电磁波信号进行观测,就可能确定其影响的大小,以便对观测量进行修正。

对于测距码观测,根据电磁波传播理论可计算得

$$\Delta_{I_g}(L_1) = -1.545\,7\delta\rho \qquad (4\text{-}2)$$

式中　$\Delta_{I_g}(L_1)$——用 L_1 载波的测距码观测时电离层对距离观测值的影响;

$\delta\rho$——根据载波 L_1 和载波 L_2 的测距码观测得到的伪距差。

对于载波相位观测,根据电磁波传播理论可计算得

$$\Delta_{I_g}(L_1) = -1.545\,7(\varphi_{f_1} - 1.283\,3\varphi_{f_2}) \qquad (4\text{-}3)$$

式中　$\Delta_{I_g}(L_1)$——用频率为 f_1 的载波观测时,电离层折射对相位观测量的影响;

φ_{f1}——频率为 f_1 的载波相位观测量；

φ_{f2}——频率为 f_2 的载波相位观测量。

利用以上两式进行修正，其消除电离层的有效性不低于95%。例如，f_1 = 1 575.42 MHz 和 f_2 = 1 227.60 MHz 的两种频率信号经过双频改正后电离层折射影响的残差最大为45 cm，平均为0.3 cm，90%小于1.7 cm。也就是说，经 GPS 双频观测改正后的距离残差为厘米级。因此，双频接收机在精密定位中得到了广泛的应用。不过，在太阳辐射强烈的正午，或是太阳黑子活动的异常期，虽经过上述模型修正，但由于模型的不完善而引起的残差，仍然是很明显的。在拟订精密定位计划时，应当慎重考虑，尽量避免在这些时间段进行观测。

（二）利用电离层模型修正

目前，为进行高精度卫星导航和定位，普遍采用双频技术，可有效地减弱电离层折射的影响，但在电子含量很大、卫星的高度角又较小时求得的电离层延迟改正中的误差有可能达几厘米。为了满足更高精度 GPS 测量的需要，Fritzic、Brunner 等提出了电离层延迟改正模型。该模型考虑了折射率 n 中的高阶项影响以及地磁场的影响，并且是沿着信号传播路径来进行积分的。计算结果表明，无论在何种情况下，改进模型的精度均优于2 mm。

对于单频 GPS 接收机，为了减弱电离层折射的影响，通常是由导航电文所提供的电离层模型（Klobuchar 模型）或是其他适宜的模型对观测量加以修正。目前，这些模型正在完善中，经过模型修正的有效性为75%，也就是说，当电离层对距离观测值的影响为20 m时，修正后的残差仍为5 m。

（三）利用同步观测值求差

用两台接收机在基线的两端进行同步观测并取其观测量之差，可以减弱电离层折射的影响。这是因为当两观测站相距不太远时，由卫星至两观测站电磁波传播路径上的大气状况甚为相似，因此大气状况的系统影响便可通过同步观测量的求差而减弱。这种方法对于短基线（如小于20 km）的效果尤为明显，这时经电离层折射改正后基线长度残差一般为 $1\times10^{-6}D$。因此，在 GPS 测量中，对于短距离的相对定位、使用单频接收机也可达到相当高的精度。不过，随着基线长度的增加，其精度随之明显降低。

（四）选择有利观测时段

由于电离层的影响与信号传播路径上的电子总数有关，因此选择最佳观测时段（一般为晚上）。这时，大气不受太阳光的照射，大气中的离子数目减少，从而达到削弱电离层影响的目的。

二、对流层折射的影响

对流层是高度为40 km以下的大气底层，其大气密度比电离层更大，大气状况也更复杂。对流层与地面接触并从地面得到辐射热能，其温度随高度的上升而降低，GPS 信号通过对流层时，也使传播的路径发生弯曲，从而使测量距离产生偏差，这种现象称为对流层折射。实际测量资料表明，对流层折射的影响与信号的高度角有关，由于对流层折射的影响，在天顶方向，可使电磁波的传播延迟约2.3 m，当高度角为10°时，可达20 m。因此，在精密 GPS 测量中必须考虑对流层折射的影响。对流层折射的影响还与大气压力、温度和湿度有关。由于大气对流较强，温度、湿度等因素的变化非常复杂，因此大气对流层折射率的变化和影响难以精确模型化。当要求定位精度较高或基线较长（>50 km的基线）时，对流层折射是误差的主要来源之一。

为了消除或减弱对流层折射的影响,在 GPS 测量中通常采用以下方法和措施。

(1)采用对流层模型改正。常用的对流层模型有萨斯塔莫伊宁(Saastamoinen)模型、霍普菲尔德(Hopfield)模型、勃兰克(Black)模型等。目前采用的各种对流层模型即使应用实时测量的气象资料,电磁波的传播路径延迟经过改正的残差仍为对流层折射影响的5%左右。

(2)引入描述对流层折射影响的附加待估参数,在数据处理时一并求解。

(3)采用同步观测量求差。与电离层折射的影响类似,当测站相距不远(<20 km)时,GPS 信号通过对流层的路径相近,对流层的物理性质相似。因此,对同一组卫星的同步观测值求差,可以明显地减弱对流层折射的影响。在精密相对定位中,通常采用此种方法。但是,随着同步观测测站间距离的增加,地区大气状况的相关性下降,这种方法的有效性会降低。根据经验,当距离大于 100 km 时,对流层折射的影响成为 GPS 定位的决定性因素之一。

三、多路径效应的影响

多路径效应亦称为多路径误差,是指接收机天线除直接收到卫星发射的信号外,还收到经天线周围地物一次或多次反射的卫星信号,这些信号相互叠加,引起测量参考点(相位中心点)位置的变化,从而使观测量产生误差,如图 4-1 所示。多路径效应随着天线周围反射面的性质而异,难以控制。多路径效应对伪距测量的影响比对载波相位测量的影响严重,该项误差取决于测站周围的环境和接收天线的性能。资料表明,在一般反射环境下,多路径效应对测距码伪距的影响可达米级,对载波相位测量伪距的影响达厘米级。在高反射环境的条件下,多路径效应的影响明显增大,而且常常导致接收的卫星信号失锁和使载波相位观测量产生周跳。在精密 GPS 导航和测量中,多路径效应的影响是不容忽视的。减弱多路径效应影响的主要措施有以下几个方面:

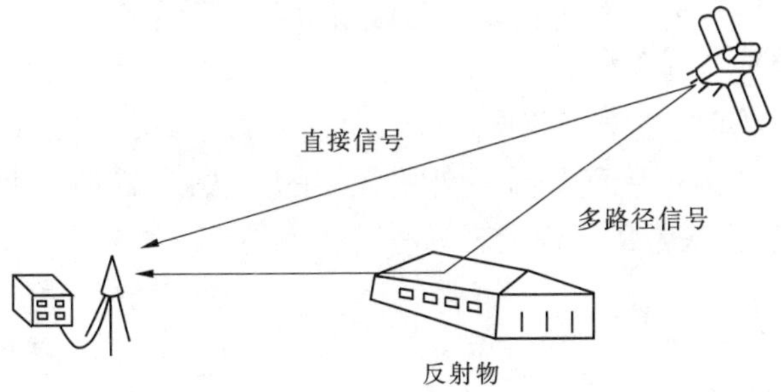

图 4-1　多路径效应

(1)测站要远离较强的反射面,如平坦的地面、大面积平静的水面等。草地、灌木丛等地面植被可以较好地吸收微波信号能量,是较理想的测站站址。粗糙不平的地面和翻耕的土地的反射能力较差,也可以作为测站站址。

(2)测站要远离高层建筑物,观测时测站附近也不要停放汽车。

(3)测站不宜选在山坡、山谷和盆地中。

(4)选择抑径圈和抑径板天线,改善 GPS 接收机的电路设计。

(5)适当延长观测时间,削弱多路径效应的周期性影响。

第三节　与接收机有关的误差

与接收机有关的误差主要包括观测误差、接收机钟差、天线相位中心位置误差、载波相位测量中的整周模糊度误差及接收机软、硬件造成的误差。

一、观测误差

观测误差包括接收机对 GPS 信号的分辨误差和接收机相对测站点中心的安置误差。观测误差属于偶然误差,适当增加观测量会显著地减弱其影响。

一般认为,分辨误差约为信号波长的1%,如 P 码、C/A 码、载波 L_1 和载波 L_2 的分辨误差分别为0.3 m、2.9 m、2.0 mm 和2.5 mm。

接收机相对测站点中心的安置误差主要包括天线的置平、对中误差以及量取天线高的误差。例如,当天线高为1.6 m 时,如果天线置平误差为0.1°,则对中误差约为3 mm。因此,在 GPS 测量中,架设仪器时要仔细操作,严格对中整平,测量过程中仪器保持稳定。应用 GPS 进行变形观测时,要采用强制对中装置。量仪器高时,尽量选用经过检验的高精度钢尺,多量几遍。

二、接收机钟差

GPS 接收机的钟面时与 GPS 标准时之间的差异称为接收机钟差。在 GPS 测量时,为了保证随时导航定位的需要,卫星钟必须具有极好的长期稳定度。由于接收机钟只需要在一次定位的期间内保持稳定,因此一般使用短期稳定较好、便宜轻便的石英钟,其稳定度约为 10^{-11}。如果接收机钟与卫星钟间的同步差为1 μs,则由此引起的等效距离差约为300 m。减弱接收机钟差比较有效的方法如下:

(1)在单点定位中,把每个观测时刻的接收机钟差当做一个独立的未知数,在数据处理中与观测站的位置参数一并求解。

(2)在载波相位相对定位中,采用对观测值求差(星间单差、星站间双差)的方法。

(3)在高精度 GPS 定位中,可以采用外接频标的方法,如铯钟和铷钟等,为接收机提供高精度时间标准,这种方法常用于固定观测法。

三、天线相位中心位置误差

在 GPS 测量中,测距码和载波相位观测值都是以接收机天线的相位中心位置为准的。因此,天线的相位中心要与其几何中心保持一致。但实际天线的相位中心位置随信号输入的强度和方向不同会发生变化,使其偏离几何中心,这种偏差称为天线相位中心位置误差。天线相位中心位置误差视天线性能的好坏可达数毫米至数厘米,对精密相对定位也是不容忽视的。如何减小天线相位中心位置偏移也是天线设计中的一个重要问题。

在实际工作中,如果使用同一类型天线,在相距不远的两个或多个测站同步观测同一组卫星,可以通过观测值求差来减弱相位中心偏移的影响。各测站的天线均应按天线附有的方位标志进行定向,根据罗盘使方位标志指向磁北极,其定向偏差应在3°~5°以内。

四、载波相位测量中的整周模糊度误差

载波相位测量是目前普遍采用的最精密的观测方法，可以精确测定卫星至测站的距离。但是，由于接收机只能测定载波相位非整周的小数部分和从锁定载波这一起始时刻至观测历元之间的载波相位变化的整周数，不能直接获得载波相位锁定时刻在传播路径上变化的整周数。因此，在载波相位伪距观测值中，需要求出载波相位整周模糊度，整周模糊度计算值的精确度直接影响测距精度。

在载波相位测量中，还经常出现周跳问题。当接收机锁定卫星信号后，载波信号的整周数便由接收机自动计数。但是，在计数过程中，由于卫星信号受遮挡或被干扰，出现失锁现象，当接收机重新锁定卫星信号后，整周计数不再和中断前的连续。它也是精密定位中的一个重要问题。

五、接收机软、硬件造成的误差

在 GPS 测量中，测量结果会受到接收机硬件、控制软件以及数据处理软件的影响，主要包括 GPS 控制部分或计算机造成的影响和数据处理软件的算法不完善对解算结果的影响。

第四节　观测卫星的几何分布对绝对定位精度的影响

利用 GPS 进行绝对定位或单点定位，其精度主要决定于以下两个因素：一是所测卫星在空间的几何分布，通常称为卫星分布的几何图形；二是观测量的精度。这里主要介绍一下卫星分布的几何图形对 GPS 测量精度的影响。

在 GPS 测量绝对定位中，单点定位的定位精度除与观测量的精度(σ_0)有关外，还与观测矢量的方向余弦所构成的权系数阵 Q_Z，即在地面点一定的情况下，与所观测的卫星的空间几何分布有关。因此，在 GPS 观测处理时，应对观测卫星进行选择。

绝对定位的权系数阵 $Q_Z=(A_i^{\mathrm{T}}A_i)^{-1}$ 在空间直角坐标系中的一般形式为：

$$Q_Z=\begin{bmatrix} q_{11} & q_{12} & q_{13} & q_{14} \\ q_{21} & q_{22} & q_{23} & q_{24} \\ q_{31} & q_{32} & q_{33} & q_{34} \\ q_{41} & q_{42} & q_{43} & q_{44} \end{bmatrix} \tag{4-4}$$

实际应用中，为了估算测站点的位置精度，常采用其在大地坐标系中的表达形式，假设大地坐标系中的测站点位坐标的权系数阵为：

$$Q_B=\begin{bmatrix} g_{11} & g_{12} & g_{13} \\ g_{21} & g_{22} & g_{23} \\ g_{31} & g_{32} & g_{33} \end{bmatrix} \tag{4-5}$$

根据方差与协方差传播定律可得：

$$Q_B=HQ_XH^{\mathrm{T}} \tag{4-6}$$

式中 $H = \begin{bmatrix} -\sin B\cos L & -\sin B\sin L & \cos B \\ -\sin L & \cos L & 0 \\ \cos B\cos L & \cos B\sin L & \sin B \end{bmatrix}$；

H——由协议地球坐标系到大地坐标系的坐标转换矩阵；

Q_X——位置改正数权系数阵，$Q_X = \begin{bmatrix} q_{11} & q_{12} & q_{13} \\ q_{21} & q_{22} & q_{23} \\ q_{31} & q_{32} & q_{33} \end{bmatrix}$。

为了评价定位的结果，除可以应用式(3-31)来估算每个未知参数解的精度外，在导航学中，一般采用精度衰减因子 DOP 来评价实时定位的精度。位置解的精度 m_x 由下式定义：

$$m_x = \sigma_0 \cdot DOP \tag{4-7}$$

式中 σ_0——伪距测量中误差。

在实际应用中，可以采用不同的几何精度评价模型和相应的精度衰减因子，通常有：

(1)平面位置精度衰减因子 $HDOP$。

$$HDOP = (q_{11} + q_{22})^{\frac{1}{2}}$$

相应的平面位置精度为

$$m_{\mathrm{H}} = \sigma_0 \cdot HDOP \tag{4-8}$$

(2)高程精度衰减因子 $VDOP$。

$$VDOP = (q_{33})^{\frac{1}{2}}$$

相应的高程精度为

$$m_V = \sigma_0 \cdot VDOP \tag{4-9}$$

(3)空间位置精度衰减因子 $PDOP$。

$$PDOP = (q_{11} + q_{22} + q_{33})^{\frac{1}{2}}$$

相应的空间位置精度为

$$m_{\mathrm{P}} = \sigma_0 \cdot PDOP \tag{4-10}$$

(4)接收机钟差精度衰减因子 $TDOP$。

$$TDOP = (q_{44})^{\frac{1}{2}}$$

相应的钟差精度为

$$m_{\mathrm{T}} = \sigma_0 \cdot TDOP \tag{4-11}$$

(5)几何精度衰减因子 $GDOP$。是描述空间位置误差和时间误差综合影响的精度衰减因子。

$$\begin{aligned} GDOP &= (q_{11} + q_{22} + q_{33} + q_{44})^{\frac{1}{2}} \\ &= [(PDOP)^2 + (TDOP)^2]^{\frac{1}{2}} \end{aligned}$$

相应的中误差为

$$m_{\mathrm{G}} = \sigma_0 \cdot GDOP \tag{4-12}$$

比较式(3-31)和式(4-7)这两种绝对定位精度评定公式，可见 DOP 是权系数阵 Q_Z 的主对角线元素的函数。因此，DOP 的数值与所测卫星的几何分布图形有关。

假设观测站与4颗观测卫星所构成的六面体体积为 V，分析表明，精度衰减因子 $GDOP$

与该六面体的体积 V 的倒数成正比，即

$$GDOP \propto \frac{1}{V} \tag{4-13}$$

一般说来，六面体的体积越大，所测卫星的空间分布范围就越大，$GDOP$ 值就越小；反之，六面体的体积越小，所测卫星的分布范围就越小，则 $GDOP$ 值就越大。但是在实际观测中，为了减弱大气折射的影响，卫星高度角不能过低，所以必须在这一条件下，尽可能使所测卫星与测站所构成的六面体的体积接近最大。

第五章　GPS 测量技术设计

第一节　GPS 测量的技术设计概述

GPS 测量工作与传统测量工作类似，按其性质可分为外业和内业两部分。其中，外业主要包括：选点、设立测站标志、野外作业观测和成果质量检核等；内业主要包括：GPS 测量的技术设计、测后数据处理以及技术总结等工作。如果按照 GPS 测量的工作流程，可分为以下几个阶段：GPS 网的优化技术设计、选点与建标、外业观测、数据处理与成果检核、技术总结及上交资料。

GPS 测量是一项技术复杂、要求严格、耗费较大的工作。因此，对其各阶段的工作，都要设计好、组织好、落实好。在满足测量精度和可靠性等前提下，尽可能地减少人力、物力、时间和经费的消耗。

为了满足用户对测量精度和可靠性的要求，GPS 测量作业必须遵循统一的规范和细则。国家和相关部门为了实际工作的需要，制定了一些规范和规程，这些规范只是对 GPS 测量工作提出了一些原则性的规定和要求。GPS 测量工作的基本方法和原则都是以这些规范和规程作为参考的。

GPS 测量的技术设计是进行 GPS 测量定位的最基础性工作，它是根据国家现行的规范、规程，针对 GPS 控制网的用途及用户要求，提出对 GPS 测量的网形、精度及基准等的具体设计。

GPS 控制网的技术设计主要依据现行的 GPS 测量规范和技术设计书或测量任务书。

一、GPS 测量规范

GPS 测量规范是国家测绘管理部门和行业部门所制定的技术标准和法规，目前 GPS 控制网设计依据的规范（规程）有：

（1）2009 年中华人民共和国国家质量技术监督检验检疫总局发布的国家标准《全球定位系统（GPS）测量规范》（GB/T 18314—2009），以下简称国标（GB）；

（2）1992 年国家测绘局发布的测绘行业标准《全球定位系统（GPS）测量规范》（CH 2001—1992），以下简称《规范》；

（3）1997 年建设部发布的行业标准《全球定位系统城市测量技术规程》（GJJ 73—97），以下简称《规程》；

（4）各部委根据本部门 GPS 工作的实际情况指定的其他 GPS 测量规程或细则。

二、测量任务书

测量任务书是测量单位的上级主管部门下达的工作任务和技术要求文件，测量合同书是测量单位与合同甲方共同签订的测量任务和相关技术要求。这些文件指令性地规定了测量的范围、目的、精度和密度要求，提交成果资料的项目、时间及完成任务的各项指标等。

在进行 GPS 测量方案设计时，一般首先依据测量任务书提出的 GPS 网精度、密度和指标，再结合规范规定并现场踏勘后，具体确定布网方案和观测方案。

第二节　GPS 控制网的图形设计及设计原则

一、GPS 网的图形设计

当投入作业的接收机数目为两台或多于两台时，就可以在同一时段内，几个测站上的接收机同步观测共视卫星，这种观测过程称为同步观测。由同步观测边所构成的几何图形称为同步网。其中，3 台或 3 台以上接收机同步观测所获得的基线向量构成的闭合环称为同步观测环，简称为同步环。不同的接收机数量决定了同步网的网形结构。

在同步观测之后，经过数据处理，同步网中每两个点之间就会形成一条基线向量。所谓基线向量，就是利用由两台或两台以上的接收机所采集的同步观测数据形成的差分观测值通过参数估计的方法所计算出的两两接收机间的三维坐标差。若只考虑基线向量的大小而不考虑方向，基线向量就简称为基线。若同步网的点数为 m，则网中同步边（基线）总数为

$$s = \frac{m(m-1)}{2} = C_m^2 \tag{5-1}$$

在 s 条基线中，只有 $m-1$ 条独立基线，其余基线均可由独立基线推算而得，属于非独立基线。同一条基线，其直接解算结果与独立基线推算所得结果之差，就产生了所谓的坐标闭合差条件，用它可评判同步网的观测质量。

同步网是 GPS 网的一个单元。由多个同步网相互连接构成了完整的 GPS 网，这个网也称为异步网。同步网的不同连接方式会出现不同的异步网的网形结构。异步网中，由非同步观测获得的基线向量构成的闭合环称为异步观测环，简称为异步环。

在异步网中，同步网之间的连接方式主要有以下几种。

（一）星形网

星形网的几何图形简单，直接观测边之间不构成任何闭合图形，所以检验和发现粗差的能力较差，如图 5-1 所示。这种图形的主要优点是作业中只需要两台 GPS 接收机，作业简单，是一种快速定位作业方式，广泛地应用于精度较低的工程测量、边界测量、地籍测量和地形测图等领域。

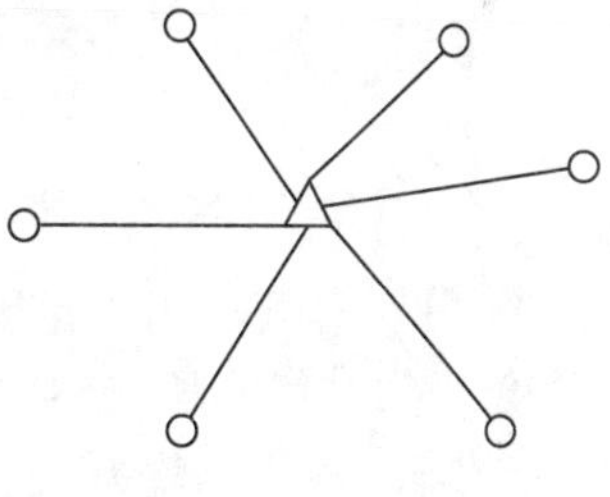

图 5-1　星形网

（二）点连式

同步网之间仅有一点相连接的异步网称为点连式异步网，如图 5-2 所示。

在图 5-2(a) 中共有 10 个点，用 3 台接收机分别在 5 个三边同步网中依次作同步观测。同步网间用 1、3、5、7、9 各点相连接，连接点上设站两次，其余点只设站一次。该图形中有 5 个同步环和 1 个异步环，基线总数为 15，其中独立基线数为 9，非独立基线数为 6，没有重复基线。

在图 5-2(b) 中共有 15 个点，用 4 台接收机分别在 5 个多边同步网中依次作同步观测，构成点连式异步网。该图形中有 5 个同步环和 1 个异步环，基线总数为 30，其中独立基线

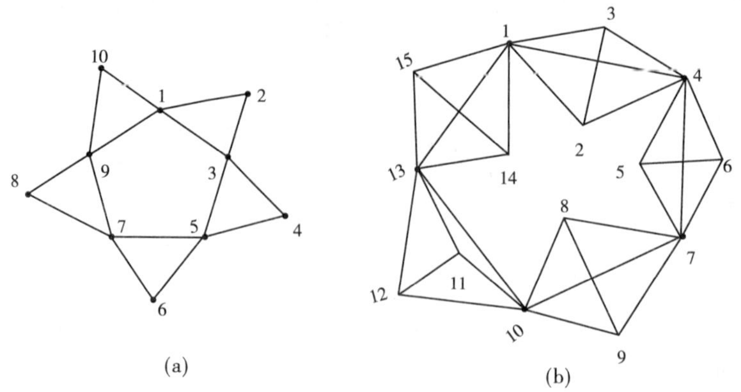

图 5-2　点连式异步网

数为 14,非独立基线数为 16。由图 5-2 可以看出,在点连式异步网中均没有重复基线出现。

点连式布网主要的优点是作业效率高、图形扩展迅速。但点连式布网所构成的图形几何强度很弱,没有或极少有非同步图形闭合条件,所构成的网形抗粗差能力不强。一般在作业中不单独采用。

(三)边连式

同步网之间由一条基线边相连接的异步网称为边连式异步网,如图 5-3 所示。

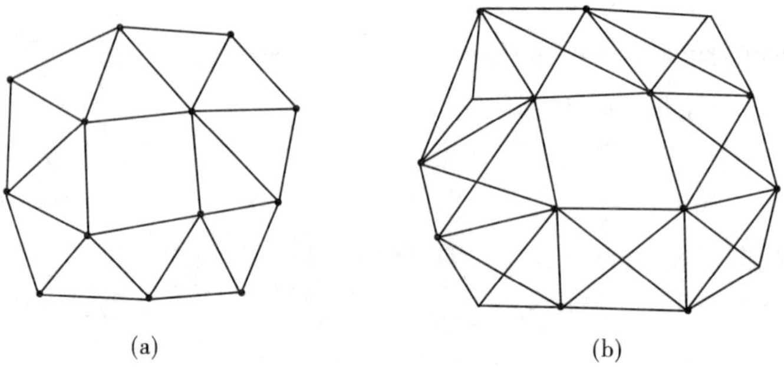

图 5-3　边连式异步网

图 5-3(a)表示用 3 台接收机分别在 13 个三角形同步网中先后作同步观测。同步网间有 1 条公共基线连接,公共基线在相连的同步环中分别测量两次。该网中有 13 个同步环和 1 个异步环,基线总数为 26,其中独立基线数为 13,重复基线数为 13。这样,就出现了 13 个同步环检核、1 个异步环检核、13 个重复基线检核。

图 5-3(b)为 4 台接收机先后在 8 个观测时段进行同步观测所构成的边连式异步网。网中有 8 个同步环和 1 个异步环、8 个重复基线的检核。其中,在同步环检核中,又可产生大量同步闭合环。

可见,边连式布网有较多的重复基线和独立环,有较好的几何强度。与点连式相比较,在相同的仪器台数条件下,观测时段数将比点连式大大增加。

(四)混连式

混连式是点连式与边连式的一种混合连接方式,如图 5-4 所示。其中,图 5-4(a)为 3 台接收机作同步观测,由 9 个三边同步网所构成的混连式异步网;图 5-4(b)为 4 台接收机进行同步观测,由 5 个多边同步网构成的混连式异步网。

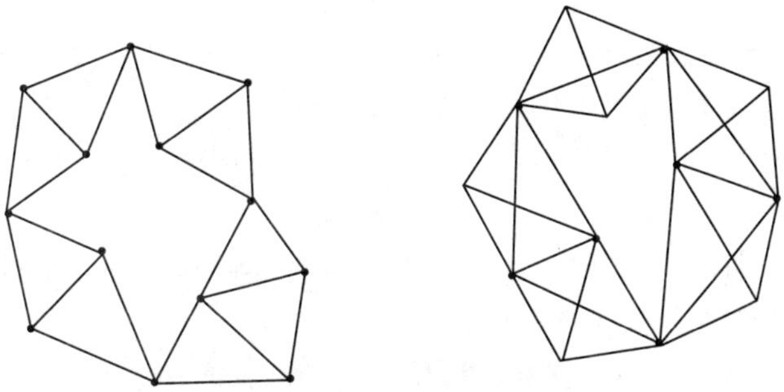

(a) (b)

图 5-4 混连式异步网

混连式是实际作业中较常采用的布网方式,能保证网的几何强度,提高网的可靠指标,能有效地发现粗差,这样既减少了外业工作量,又降低了成本。

(五) 网连式

网连式是指相邻同步图形之间有两个以上的公共点相连接,相邻图形间有一定的重叠。这种作业方法需要 4 台以上的接收机。采用这种布网方式所测设的 GPS 网具有较强的图形强度和较高的可靠性,但作业效率低,花费的经费和时间较多,一般仅适于要求精度较高的控制网测量。

除这几种方法外,还有三角锁连式和导线网形连式。

二、技术设计中应考虑的因素

技术设计主要是根据上级主管部门下达的测量任务书和 GPS 测量规范或规程来进行的。它的总的原则是,在满足用户要求的情况下,尽可能减少物资、人力和时间的消耗。在工作过程中,要考虑下面一些因素。

(一) 测站因素

同测站布设有关的技术因素有:网点的密度、网的图形结构、时段分配与重复设站次数,以及重合点的布置等。

(二) 卫星因素

同观测对象卫星有关的一些因素有:卫星高度角与观测卫星的数目、图形强度因子和卫星信号质量。大部分接收机具有解码并记录来自卫星的广播星历表的能力。

(三) 仪器因素

同仪器有关的一些因素有:接收机(用于相对定位至少应有两台)、天线质量和记录设备。

(四) 后勤因素

后勤保障方面的因素有:使用的接收机台数、来源和使用时间、各观测时段的机组调度、交通工具和通信设备的配置等。

三、GPS 网的布网原则

从不同的构网形式可见,在 GPS 技术设计中应设计出一个比较实用的网形,使其既可

以满足一定的精度、可靠性要求,又有较高的经济指标。因此,为了用户的利益,GPS 网图形设计时应遵循以下原则:

(1)GPS 网应根据测区实际需要和交通状况、作业时的卫星状况、预期达到的精度、成果的可靠性以及工作效率,按照优化设计原则进行。

(2)GPS 网中不应存在自由基线。因为自由基线未构成闭合图形,不具备发现粗差的能力。

(3)GPS 网一般应按“每个观测至少应独立设站观测两次”的原则进行布网。这样不同接收机测量构成网的精度和可靠性指标比较接近。

(4)GPS 网一般应通过独立观测边构成闭合图形,例如一个或若干个独立观测环,或者附合路线形式,以增加检核条件,提高网的可靠性。

(5)GPS 网的点与点之间不要求通视,但应考虑常规测量方法加密时的应用,每点应有一个以上通视方向。另外,为了便于施测,减少多路径效应的影响,GPS 点位应选在交通便利、视野开阔的地方。

(6)在可能条件下,新布设的 GPS 网应与附近已有的 GPS 点进行联测;新布设的 GPS 网点应尽量与地面原有控制网点相连接,连接处的重合点数不应少于 3 个,且分布均匀,以便可靠地确定 GPS 网与原有网之间的转换参数。

(7)GPS 网点应利用已有水准点联测高程。C 级网每隔 3 ~ 6 点联测一个高程点,D 级和 E 级网视具体情况确定联测点数。A 级和 B 级网的高程联测分别采用三、四等水准测量的方法,C 级至 E 级网可采用等外水准或与其精度相当的方法进行。

四、布设 GPS 基线向量网时的设计指标

在布设 GPS 网时,我们除遵循一定的设计原则外,还需要一些定量的指标来指导我们的工作。在我们进行 GPS 网的设计时经常需要采用效率指标、可靠性指标和精度指标等。

(一)效率指标

在进行 GPS 网的设计时,我们经常采用效率指标来衡量某种网设计方案的效率,以及在采用某种布网方案作业时所需要的作业时间、消耗等。

在布设一个 GPS 网时,在点数、接收机数和平均重复设站次数确定后,则完成该网测设所需的理论最少观测期数(同步观测的时段数)就可以确定。但是,当按照某个具体的布网方式和观测作业方式进行作业时,要按要求完成整网的测设,所需的观测期数与理论上的最少观测期数会有所差异,理论最少观测期数与设计的观测期数的比值,称为效率指标(e),即

$$e = \frac{s_{\min}}{s_{\mathrm{d}}} \tag{5-2}$$

$$s_{\min} = \mathrm{int}\left(\frac{Rn}{m}\right)$$

式中 $s_{\min}$——理论最少观测期数;

s_{d}——设计观测期数;

R——平均重复设站次数;

m——接收机数;

n——GPS 网的点数；

int( )——凑整函数，$\text{int}(x) \geq x$。

效率指标可用来衡量 GPS 网设计的效率。

（二）可靠性指标

GPS 网可靠性可以分为内可靠性和外可靠性。所谓 GPS 网的内可靠性，就是指所布设的 GPS 网发现粗差的能力，即可发现的最小粗差的大小；所谓 GPS 网的外可靠性，就是指 GPS 网抵御粗差的能力，即未剔除的粗差对 GPS 网所造成的不良影响的大小。由于内、外可靠性指标在计算上过于烦琐，因此在实际的 GPS 网设计中采用一个计算较为简单的反映 GPS 网可靠性的数量指标，该指标就是整网的多余独立基线数与总的独立基线数的比值，称为整网的平均可靠性指标（η），即

$$\eta = \frac{l_r}{l_t} \tag{5-3}$$

式中 l_r——多余的独立基线数，$l_r = l_t - l_n$，l_n 为必要的独立基线数，$l_n = n - 1$；

l_t——总的独立基线数，$l_t = s(m-1)$，s 为观测期数，m 为同步观测接收机的台数。

（三）精度指标

当 GPS 网布网方式和观测作业方式确定后，GPS 网的网形就确定了，根据已确定的 GPS 网的网形，可以得到 GPS 网的设计矩阵 B，从而可以得到 GPS 网的协因数阵 $Q = (B^{T}PB)$，在 GPS 网的设计阶段可以采用 tr(Q)作为衡量 GPS 网精度的指标。

第三节　GPS 控制网的基准及精度设计

GPS 控制网的优化设计是实施 GPS 测量的基础性工作，它是在网的精确性、可靠性和经济性方面，寻求 GPS 控制网设计的最佳方案。根据 GPS 测量特点分析可知，GPS 网需要以一个点的坐标为定位基准，而此点的精度高低直接影响到网中各基线向量的精度和网的最终精度。同时，由于 GPS 网的尺度含有系统误差以及同地面网的尺度匹配问题，所以有必要提供精度较高的外部尺度基准。

由于 GPS 网的精度与网的几何图形结构无关，且与观测权相关甚小，而影响精度的主要因素是网中各点发出基线的数目及基线的权阵，因此提出了 GPS 网形结构强度优化设计的概念，讨论增加的基线数目、时段数、点数对 GPS 网的精度、可靠性、经济效益的影响。同时，经典控制网中的三类优化设计，即网的加密和改进问题，对于 GPS 网来说，也就意味着网中增加一些点和观测基线，故仍可将其归结为对图形结构强度的优化设计。综上所述，GPS 网的优化设计主要归结为两类内容的设计：

（1）GPS 网基准化的优化设计。

（2）GPS 网图形结构强度的优化设计，其中包括网的精度设计能力的可靠性设计，网发现系统误差能力的强度设计。

对于一个 GPS 网测量工程，在技术设计阶段必须明确 GPS 成果所采用的坐标系统和起算数据，即明确 GPS 网所采用的基准。通常将这项工作称为 GPS 网的基准设计。GPS 网的基准包括位置基准、方位基准和尺度基准。位置基准一般由 GPS 网中起算点的坐标确定。方位基准一般由给定的起算方位角值确定，也可以将 GPS 基线向量的方位作为方位基准。

尺度基准一般由 GPS 网中两起算点间的坐标反算距离确定，也可以利用地面的电磁波测距边确定，或者直接根据 GPS 基线向量的距离确定。因此，GPS 网的基准设计，实质上主要是指确定网的位置基准问题。

一、GPS 控制网的基准优化设计

经典控制网的基准优化设计是选择一个外部配置，使得 Q_{XX} 达到一定的要求，而 GPS 网的基准优化设计主要是对坐标未知参数 X 进行的设计。基准选取的不同将会对网的精度产生直接影响，其中包括 GPS 网基线向量解中的位置基准的选择，以及 GPS 网转换到地方坐标系所需的基准设计。另外，由于 GPS 尺度往往存在系统误差，因此应提出对 GPS 网尺度基准的优化设计。

（一）位置基准设计

研究表明，GPS 基线向量解算中作为位置基准的固定点误差是引起基线误差的一个重要因素，使用测量时获得的单点定位值作为起算坐标，由于其误差可达数十米以上，所以选用不同点的单点定位坐标值作为固定点时，引起的基线向量差可达数厘米。因此，必须对网的位置基准进行优化设计，并按以下顺序采用：

（1）为求定 GPS 点在国家坐标系或地方坐标系中的坐标，应联测地方控制地方点，用以坐标变换。当测区有旧的地面控制点成果时，应既考虑充分利用旧资料，又要使新建的高精度 GPS 控制网不受旧资料精度较低的影响。为此，应将新的 GPS 网与旧控制点进行联测，联测点一般不应少于 3 个。

（2）GPS 网的坐标系统应尽量与测区过去采用的坐标系统一致，一般应了解以下几个参数：所采用的参考椭球体，一般是以国家坐标系的参考椭球为基础；坐标系的中央子午线的经度值；纵、横坐标的加常数；坐标系的投影面高程及测区平均高程异常值；起算点的坐标。

实际工作中，有时难以找到说明以上参数的资料，此时，也可以通过分析计算的方法处理。

（3）GPS 网平差后得到的是大地高，为了得到 GPS 点的正常高，应使一定数量的 GPS 点与水准点重合，或者对部分 GPS 点联测水准。联测的高程点需均匀地分布于网中，对于丘陵或山区高程点，应按照高程拟合曲面的要求进行布设。

（二）尺度基准设计

尽管 GPS 观测量本身已含有尺度信息，但由于 GPS 网的尺度含有系统误差，所以还需要提供外部尺度基准。

GPS 网的尺度系统误差有两个特点：一是随时间变化，由于美国政府的 SA 政策，使广播星历误差大大增加，从而给基线带来较大的尺度误差；二是随区域变化，由区域重力场模型不准确引起的重力摄动造成。因此，如何有效地降低或消除这种尺度误差，提供可靠的尺度基准就是尺度基准优化问题。其优化有以下几种方案：

（1）提供外部尺度基准。对于边长小于 50 km 的 GPS 网，可用较高精度的测距仪（或更高）测量 2 ~ 3 条基线边，作为整网的尺度基准。对于大型长基线网，可采用 SLR 站的相对定位观测值和 VLBI 基线作为 GPS 网的尺度基准。

（2）提供内部尺度基准。在无法提供外部尺度基准的情况下，仍可采用 GPS 观测值作为 GPS 网的尺度基准，只是对作为尺度基准观测量提出一些不同要求，其尺度基准设计如下。

在 GPS 网中选一条长基线，对该基线尽可能多地长时间、多次观测，最后取多次观测段所得的基线的平均值，以其边长作为网的尺度基准。由于它是不同时期的平均值，尺度误差可以抵消，因此它的精度要比网中其他短基线高得多，可以作为尺度基准。

二、GPS 网的精度分级

对于 GPS 网的精度要求，主要取决于网的用途和定位技术所能达到的精度。精度指标通常是以相邻点间弦长标准差来表示，即

$$\sigma = \sqrt{a^2 + (bd \times 10^{-6})^2} \tag{5-4}$$

式中 σ——标准差，mm；

a——固定误差，mm；

b——比例误差系数；

d——相邻点间的距离，km。

GPS 卫星定位网虽然不存在常规控制网的那种逐级控制问题，但是由于不同的 GPS 网的应用和目的不同，其精度标准也不相同。根据传统的习惯做法，应将 GPS 卫星定位网划分成几个等级。

修订后的《规范》规定，GPS 测量按其精度划分为 A、B、C、D、E 五级，如表 5-1 所示。A 级 GPS 网由卫星定位连续运行参考站构成，用于建立国家一等大地控制网，进行全球性地球动力学研究、地壳形变测量和精密定轨等测量。B 级用于建立国家二等大地控制网，建立地方或城市坐标基准框架、区域性地球动力学研究、地壳形变测量、局部形变监测和各种精密工程测量。C 级用于建立三等大地控制网，以及建立区域、城市及工程测量的基本控制网等测量。D、E 级用于中小城市、城镇及测图、地籍、土地信息、房产、物探、勘测、建筑施工等控制网测量。

表 5-1 《规范》中的 GPS 测量精度分级

级别	相邻点间平均距离(km)	闭合环或附合路线的边数	相邻点基线分量中误差	
			水平分量(mm)	垂直分量(mm)
B	50	≤6	≤5	≤10
C	20	≤6	≤10	≤20
D	5	≤8	≤20	≤40
E	3	≤10	≤20	≤40

注：1. A 级 GPS 网的坐标年变化率中误差，水平分量≤2 mm/a、垂直分量≤3 mm/a，相对精度≤1×10^{-8}，地心坐标各分量年平均中误差≤0.5 mm。

2. 用于建立国家二等大地控制网和三、四等大地控制网的 GPS 测量，在满足表中 B、C 级和 D 级要求的基础上，其相对精度应分别不低于 1×10^{-7}、1×10^{-6}、1×10^{-5}。

为了进行城市和工程测量，《规程》规定其 GPS 网按相邻点的平均距离和精度划分为二、三、四等和一级、二级，如表 5-2 所示，并规定在布网时可以逐级布设、越级布设或布设同级全面网。

表 5-2 《规程》中的 GPS 测量精度分级

等级	平均距离(km)	固定误差 a(mm)	比例误差系数 b(1×10^{-6})	最弱边相对中误差
二等	9	≤10	≤2	1/12 万
三等	5	≤10	≤5	1/8 万
四等	2	≤10	≤10	1/4.5 万
一级	1	≤10	≤10	1/2 万
二级	<1	≤15	≤20	1/1 万

注:当边长小于 200 m 时,边长中误差应小于 20 mm。

在实际工作中,精度标准的确定还要根据用户的实际需要及人力、物力、财力等情况合理设计。由于以载波相位观测量为依据的静态相对定位可以提供很高的定位精度,这种精度对于大多数普通工程定位来说并非必要,所以应根据不同的任务要求,合理地安排精度标准,这对于提高人力和物力的利用率、加快工程进度是十分必要的。

三、GPS 点的密度

各种不同的任务要求和服务对象,对 GPS 网点的分布有着不同的要求。例如,国家特级(AA 级)基准点主要用于提供国家级基准,有助于定轨、精密星历计算和大范围大地变形监测,希望能以几百千米的平均距离而布满全国。而一般工程测量所需要的网点则应满足测图加密和工程测量的需用,平均边长需要缩短到几千米以内。考虑到这些情况,《规范》和《规程》对 GPS 网中两相邻点间距离视其需要作出了规定:相邻点间最小距离应为平均距离的 1/3 ~ 1/2,最大距离应为平均距离的 2 ~ 3 倍。《规程》还规定,在特殊情况下,个别点的间距还允许超出表 5-2 的规定。由此可以看出,对于城市和工程测量而言,《规程》比《规范》有较大的灵活性。

四、GPS 网的精度设计

精度是用来衡量网的坐标参数估值受观测偶然误差影响程度的指标。网的精度设计是根据偶然误差的传播规律,按照一定的精度设计方法,分析网中各未知点平差后预期能达到的精度,这常被称为网的统计强度设计与分析。一般常用坐标的方差——协方差阵来分析,也可用误差椭圆(球)来描述坐标点的精度状况,或用点之间方位、距离和角度的标准差来定义。

对于 GPS 网的精度要求,一般用网中点之间的距离误差来表示。其精度与网的点位坐标无关,与观测时间无明显的相关性(整周模糊度一旦被确定后),GPS 网平差的法方程只与点间的基线数目有关,且基线向量的三个坐标差分量之间又是相关的,因此很难从数学的角度和实际应用出发,建立使未知数的协因数阵逼近理想的准则矩阵。所以,目前较为可行的方法是给出坐标的协因数阵的某种纯量精度标准函数。设 GPS 网有误差方程:

$$\left.\begin{aligned} \underset{3m\times1}{V} &= \underset{3m\times n}{B}\ \underset{n\times1}{X} + \underset{3m\times1}{l} \\ D_{xx} &= \rho_0^2 P^{-1} \end{aligned}\right\} \tag{5-5}$$

式中 V、B——观测向量和改正向量;

X——坐标未知参数向量阵；

P——观测值权阵；

ρ_0^2——先验方差因子（在设计阶段取 $\rho_0^2=1$）；

m——观测基线数；

n——待定点数。

由最小二乘法可得参数估值及其协因数阵：

$$\left.\begin{aligned} x &= (B^{\mathrm{T}}PB)^{-1}B^{\mathrm{T}}Pl \\ Q_{xx} &= (B^{\mathrm{T}}PB)^{-1} \end{aligned}\right\} \tag{5-6}$$

优化设计中常用的纯量精度标准，根据其由 Q_{xx} 构成的函数形式的不同可表示成不同的最优纯量精度标准函数。现在最常用的是求 Q_{xx} 的轨迹，以此来表示纯量精度。

对于 GPS 网的精度，一般用网中点之间的距离误差来表示。然而，对于大多数工程控制网来讲，仅用点位之间距离的相对精度要求还不够，还需要提供 GPS 网中各点点位精度和网中的平均点位精度。GPS 网精度设计可按下列步骤进行：

（1）根据布网目的，进行图上选点，并到野外踏勘选点，以保证所选点满足测量任务要求和野外观测应具备的条件，用图解方法在图上获得各观测点位的概略坐标。

（2）根据将要使用的接收机台数 N，选取 $N-1$ 条独立基线设计网的观测图形，并选定网中可能追加施测的基线。

（3）根据 GPS 控制网测量的精度要求，采用解析－模拟方法，依据精度设计模型，计算将要施测的 GPS 网可达到的各项精度指标值。

（4）采用逐步增减网中独立观测基线，直至精度指标值达到网的预期精度指标，并获得最终网形及施测方案。

五、GPS 网的联测设计

GPS 卫星定位所测得的点位坐标，属于 WGS－84 世界大地测量坐标系。为了将它们转换成国家坐标系或地方坐标系，在设计 GPS 定位网时，一定要考虑联测一定数量的常规控制点和基准点。

（一）联测点的精度要求

联测点作为 GPS 成果转化到常规地面坐标系的基准点，在 GPS 测量数据处理中具有重要的意义。联测点的地面实用坐标是将 GPS 定位结果的 WGS－84 坐标系转换至地面坐标系时的起算数据，所以要求联测点的地面坐标具有较高的精度。

为此，联测点应是下列几种点之一：测区内现有的最高等级的常规地面控制点，地方坐标系中控制网定位定向的起算点，连接国家坐标系和地方坐标系的连接点、水准点。

（二）联测点的密度和分布

GPS 网与地面网的联测点最少应有两个。其中一个作为 GPS 在地面网坐标系内的定位起算点，两个点间的方位和距离作为 GPS 网在地面坐标系内定向、尺度的起算数据。

为了更好地解决 GPS 网与地面网两者成果的转换问题，应有更多的联测点。分析研究和作业实践表明，一个 GPS 网应联测 3～5 个精度较高、分布合理的地面点作为 GPS 网的一部分。当测区较大时，还应适当增加联测点。

(三)GPS 网中水准点的选择和分布

GPS 网一般是求得测站点的三维坐标,其中高程为大地高,而实际应用的高程系统为正常高系统。为此,通常是在 GPS 网中施测或重合少量的几何水准点,用数值拟合法拟合出测区的似大地水准面,继而内插出其他 GPS 点的高程异常,再求出其正常高。

根据研究,在平原地区布测的 GPS 网中,只要用三等水准测量实测并重合全网 1/5GPS 点的几何水准,用数值拟合法求定 GPS 点的正常高,即可代替四等水准测量。所以,实测的水准点大部分应布设在网的周围点上,少量放在网的中间,以求获得最佳效果。

第四节　GPS 测量纲要设计

一、确定测量模式

测量模式的确定主要包括定位方式的确定和控制网网形的确定。如某计划采用静态差分定位,投入 3 台接收机作业,同步网之间以边连式连接。

二、选定最佳观测时段

GPS 卫星的观测是待 GPS 卫星升离地平线一定的角度才开始的,这个角度就是卫星高度截止角。高度截止角愈小,愈有利于减小三维位置图形强度因子 *PDOP* 的数值,从而延长最佳观测时间。但是卫星高度截止角愈小,对流层影响愈显著,测量误差随之增大。在精密定位测量时,卫星高度截止角宜选定在 15°左右。

通常用一个子环路的平均经纬度和最接近观测时日的 GPS 卫星星历绘制 *PDOP* 变化曲线,以此选择测量该子环路的公共观测时段,而不是依每一个测站选择最佳观测时段。如图 5-5 所示是某子环路的平均纬度和最近观测时日的 GPS 卫星 *PDOP* 变化曲线,整个作业

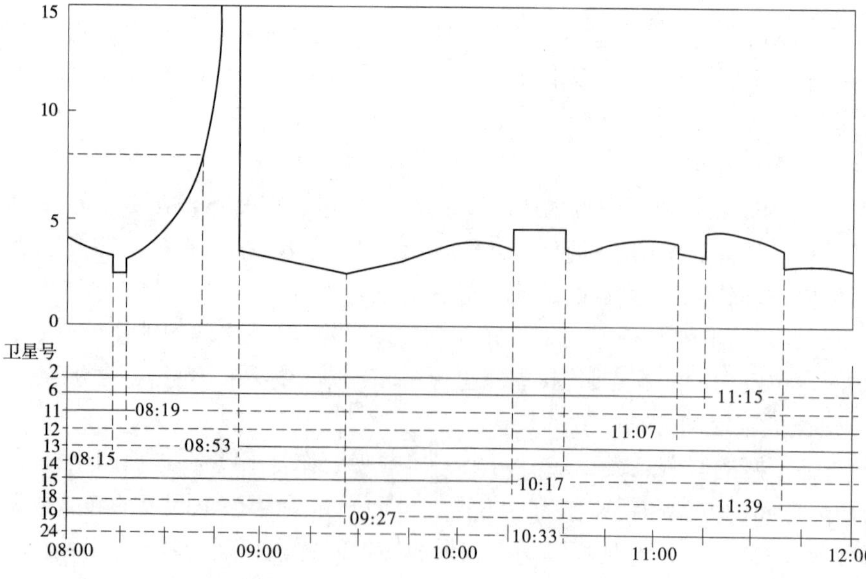

图 5-5　*PDOP* 变化图及卫星可见数目

时段上除 10:17 至 10:33 间 16 min 只有 4 颗卫星外,均有 5 颗以上卫星可供观测。除08:42 至 08:53 约 11 min 内 *PDOP* 值≥8 外,其余时间的几何图形处于良好状态或一般状态。

三、确定同步观测时段长度及起止时分

确定同步观测时段长度及起止时分可在技术规范的基础上参考星历预报结果进行。各级 GPS 测量作业的基本技术规定如表 5-3 和表 5-4 所示。

表 5-3 《规范》中 B ~ E 级 GPS 网观测的基本技术规定

项目	级别			
	B 级	C 级	D 级	E 级
卫星高度截止角	10°	15°	15°	15°
同时观测有效卫星数	≥4	≥4	≥4	≥4
观测有效卫星总数	≥20	≥6	≥4	≥4
观测时段数	≥3	≥2	≥1.6	≥1.6
时段长度	≥23 h	≥4 h	≥60 min	≥40 min
采样间隔	30 s	10 ~ 30 s	10 ~ 30 s	10 ~ 30 s

注:1. 计算有效观测卫星总数时,应将各时段的有效观测卫星数扣除其间的重复卫星数。

2. 观测时段长度,应为开始记录数据到结束记录的时间段。

3. 观测时段数≥1.6,指采用网观测模式时,每站至少观测一时段,其中二次设站点数应不少于 GPS 网总点数的 60%。

4. 采用基于卫星定位连续运行参考站点观测模式时,可连续观测,但观测时间应不低于表中规定的各时段观测时间的和。

表 5-4 《规程》规定的 GPS 测量各等级的作业基本技术要求

项目	观测方法	二等	三等	四等	一级	二级
卫星高度截止角(°)	静态	≥15	≥15	≥15	≥15	≥15
	快速静态					
有效观测卫星数	静态	≥4	≥4	≥4	≥4	≥4
	快速静态	—	≥5	≥5	≥5	≥5
平均重复设站数	静态	≥2	≥2	≥1.6	≥1.6	≥1.6
	快速静态	—	≥2	≥1.6	≥1.6	≥1.6
时段长度(min)	静态	≥90	≥60	≥45	≥45	≥45
	快速静态	—	≥20	≥15	≥15	≥15
数据采样间隔(s)	静态	10 ~ 60	10 ~ 60	10 ~ 60	10 ~ 60	10 ~ 60
	快速静态					
PDOP	静态、快速静态	<6	<6	<6	<6	<6

四、编制观测调度表

作业小组应在观测前根据测区地形、交通状况、控制网的大小、精度的高低、仪器的数

量、GPS 网的设计、星历预报表和测区的天气、地理环境等编制作业调度表,以提高工作效益。GPS 测量作业调度表的编写格式如表 5-5 所示。

表 5-5　CPS 测量作业调度表的编写格式

时段编号	观测时间	测站号/名	测站号/名	测站号/名	测站号/名	测站号/名
		机号	机号	机号	机号	机号
0						
1						

【例 5-1】　根据图 5-6 所示的 GPS 控制网图形,用 3 台双频 GPS 接收机作业,相邻点之间的距离约 1 km,仪器迁移时间为 20 ~ 30 min,已知接收机的使用序号和天线编号(见表 5-6),请回答下列问题。

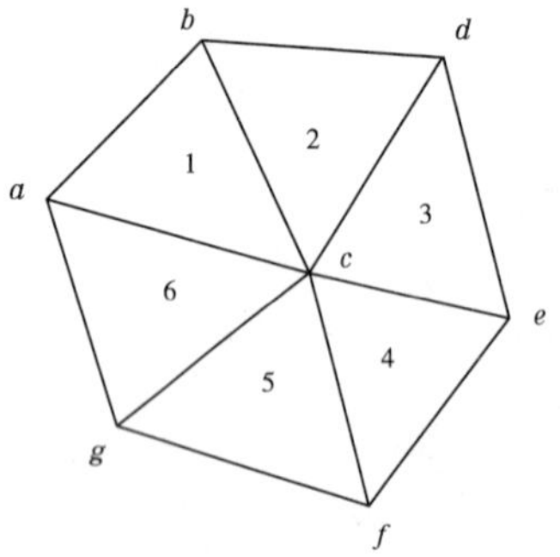

图 5-6　GPS 控制网图

表 5-6　接收机的使用序号和天线编号

序号	机号
1	101
2	102
3	103

(1)该 GPS 控制网由几个同步网组成?它们之间以什么方式连接?

(2)根据图 5-7 中的 *PDOP* 值选择最佳的观测时段。

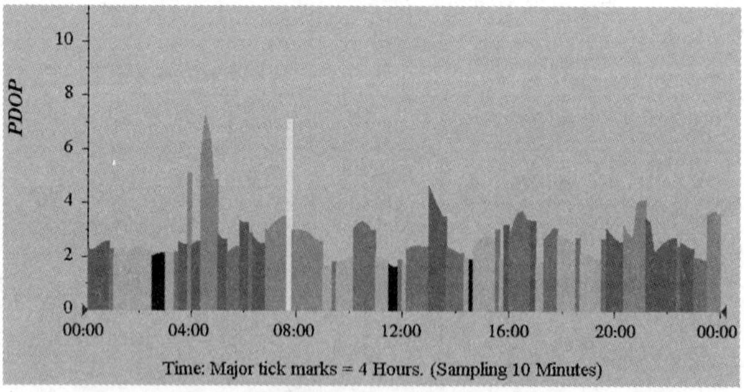

图 5-7　GPS 控制网图形、接收机机号及 *PDOP* 变化图

(3)根据控制网的图形的观测顺序和观测时间填写 GPS 观测调度表。

解:(1)由于投入作业的接收机的台数为 3,故一次同步观测形成的同步网图形是一个三角形,所以该 GPS 网由 6 个同步网组成,分别是△*abc*、△*bcd*、△*dce*、△*ecf*、△*fcg*、△*gca*。它们之间以边连式连接。

（2）除 04:00 时和 08:00 时左右外，观测时间可以任选。

（3）观测调度表的填写如表 5-7 所示。

表 5-7 观测调度表

时段编号	观测时间	测站号/名	测站号/名	测站号/名
		机号	机号	机号
0	08:20～08:50	a	b	c
		101	102	103
1	09:00～09:30	d	b	c
		101	102	103
2	09:40～10:10	d	e	c
		101	102	103
3	10:20～10:50	f	e	c
		101	102	103
4	11:00～11:30	f	g	c
		101	102	103
5	11:40～12:10	a	g	c
		101	102	103

第五节　GPS 测量的技术设计书的编写

一、GPS 测量的技术设计书的编写内容

（一）项目来源

介绍项目的来源、性质，即项目由何单位、部门下达、发包，属于何种性质的项目等。

（二）测区概况

介绍测区的地理位置、气候、人文、经济发展状况、交通条件、通信条件等。这可为今后工程施测工作的开展提供必要的信息。如在施测时作业时间、交通工具的安排，电力设备、通信设备的使用等。

（三）工程概况

介绍工程的目的、作用、要求、GPS 网等级（精度）、完成时间、有无特殊要求等在进行技术设计、实际作业和数据处理中所必须要了解的信息。

（四）技术依据

介绍工程所依据的测量规范、工程规范、行业标准及相关的技术要求等。

（五）现有测绘成果

介绍测区内及与测区相关地区的现有测绘成果的情况，如已知点、测区地形图等。

（六）施测方案

介绍测量采用的仪器设备的种类、采取的布网方法等。

（七）作业要求

规定选点埋石要求、外业观测时的具体操作规程、技术要求等，包括仪器参数的设置（如采样率、高度截止角等）、对中精度、整平精度、天线高的量测方法及精度要求等。

（八）观测质量控制

介绍外业观测的质量要求，包括质量控制方法及各项限差要求等，如数据删除率、RMS 值、RATIO 值、同步环闭合差、异步环闭合差、相邻点相对中误差、点位中误差等。

（九）数据处理方案

详细的数据处理方案包括基线解算和网平差处理所采用的软件与处理方法等内容。

对于基线解算的数据处理方案，应包含如下内容：基线解算软件、参与解算的观测值、解算时所使用的卫星星历类型等。

对于网平差的数据处理方案，应包含如下内容：网平差处理软件，网平差类型，网平差时的坐标系、基准及投影、起算数据的选取等。

（十）提交成果要求

规定提交成果的类型及形式；若国家质量监督检验检疫总局或行业发布新的技术设计规定，应据之编写。

二、GPS 测量的技术设计书实例

××市 GPS 三等平面控制网测量技术设计书

为了满足××市规划发展的需要，受××市规划管理处委托，××省地质测绘院承担该市三等 GPS 平面控制网测量任务，测量日期定于××××年××月～××月。为使该项任务顺利实施，特制定本技术设计书。

（一）测区及任务概况

本测区位于××市××区东南部，北止于××，南起于××，东以××为界，西以××为界，平均宽度约××km，长约××km，面积约××km^2。气候属于中亚热带季风性湿润气候，热量和水分资源丰富，最冷月平均气温××℃，最热月平均气温××℃，年平均气温××℃，无霜期××d，具有冬暖夏热和春秋多变的特点。降水充沛，全年降水量××mm。测区地形复杂，地质条件良好，东端有××铁路通过，××高速横跨整个测区，交通极其方便，物资资源丰富。

该 GPS 三等控制网选点埋石已由××市规划局先期完成，全网待求点××点，联测已知大地点××点，共××点，控制网联测按附图实施。

该网联测的 3 个已知大地点为：

Ⅰ等“××”，位于测区南部约××km 处，觇标已破坏，标石良好。

Ⅰ等“××”，位于测区北部边缘，寻常钢标，标石完好。

Ⅱ等“××”，位于测区西南角边缘××m，双锥钢标，标石完好。

该网设计联测图以三角形点传递形式为主，全网有××个传递环路，环内侧边数不超过××条，测区东部因距已知点较远，则特辅设一个直接联测Ⅰ等“××”的三角形以加强之。全网待求点均至少与两个三角形相连，加之Ⅰ等“××”必须两次设站，则全网重复设站率

100%，≥3 的设站率为 47%，可形成充分的多余观测条件。

该网 6°带坐标采用 20 带，其中央子午线经度为 × × ×°。3 个已知点有 1954 年北京坐标系成果及 1980 年西安坐标系成果，可利用其计算出该网两套坐标。此外，根据 × × 市规划管理局要求，计算出一套全网" × × 市独立坐标系"成果。其换算公式由 × × 市规划管理局提供。

该网位于地面上的待求点高程均由" × × 市规划管理局"采用Ⅱ等直接水准联测，可适当选择作为网平差的高程约束点。

（二）技术依据及精度指标

1. 技术依据

（1）中华人民共和国行业标准《全球定位系统城市测量技术规程》（CJJ 73—97）。

（2）中华人民共和国国家质量监督检验检疫总局和中国国家标准化管理委员会共同发布的《全球定位系统（GPS）测量规范》（GB/T 18314—2009）。

（3）本技术设计书。

2. 精度指标

（1）相邻点几何精度应符合下式要求：

$$m = e + ps \tag{5-7}$$

式中 e——固定误差，取仪器标称精度 10 mm。

p——比例误差，取仪器标称精度 2 mm。

s——相邻点间距离，km。

（2）该 GPS 网为城市三等平面控制网，其定位精度应符合下式要求：

$$m = 10 \text{ mm} + 5 \times 10^{-6}$$

（三）观测纲要

（1）观测的基本技术规定如下：

①卫星高度截止角≥15°。

②最少观测卫星数为 4 颗。

③每点观测时段数≥2。

④观测时段长度≥90 min。

⑤数据采样间隔 15 s。

（2）观测前需将接收机安置在室外采集若干信息，利用配套软件打印出当地星历预报，认真比较分析有关数据和图表，选择 *PDOP* 值小且变化较平缓的星座，制订好观测计划。

（3）GPS 观测所选的有效观测卫星与测站组成的几何图形应尽可能坚强，其图形强度因子 *PDOP* 值应≤8。

（4）观测作业时宜从起点开始循图形逐点或逐边顺序观测，一般不宜跳跃前进。

（5）Ⅱ等" × ×"觇标高大，须事先将标头拆除。在架顶安装仪器，用 5 kg 以上重锤强制对中；Ⅰ等" × ×"为寻常钢标，须将能遮挡接收机的部分拆除，直接将仪器架设在标石上方。此外，该网中有相当一部分点设在水塔顶部，安置脚架时应注意脚部牢固，必要时将水塔顶部部分打毛。无论是高层水塔还是高标，攀登及吊装仪器时都应格外小心谨慎，以免发生安全事故，风力较大的天气，不可在高标和水塔上作业。

（6）GPS 接收机所使用的光学对中器一般应每隔 5 d 检校一次，以确保对中的准确性，对中误差应满足1 mm的要求。

(7)安置接收机时,应精心对中整平,并利用罗盘,使天线定向标志线指向正北,其偏差不应大于5°。

(8)个别点可能距障碍物较近,为保证卫星高度截止角≥15°,须将接收机架高,但需用重锤强制对中,并慎重考虑仪器高量测方法。

(9)当遇到雷雨天气时,不要强行作业,以确保仪器和人身安全。

(10)观测员须遵循事先制订的作业计划,提前赶到预定点位,按规定的时间作业,同步观测同一组卫星。

(11)接收机开始记录数据后,观测员可使用专用功能键和选择菜单查看测站信息,接收卫星数量、卫星号、各通道信噪比、*PDOP*值、实时定位结果及其变化等情况。

(12)每时段观测前后应各量取天线高一次,两次高差不应大于3 mm,取平均值作为最后天线高,若互差超限,应查明原因,提出处理意见,记入测量记录观测记事栏。

(13)观测员应细心操作,精心守护仪器,静置和观测期间防止接收机震动、碰动和无关人员接近,尽可能保持净空,若发现信号周跳或失锁,应查明原因,及时处理。

(14)一时段观测过程中不允许进行以下操作:

①接收机关闭又重新启动。

②进行自测试(除发现故障外)。

③改变卫星高度截止角限值。

④改变接收机位置,修改输入天线高。

(15)当站观测完毕后,经认真检查,所有规定作业均已全面完成,并符合要求,记录与资料完整无误,方可迁站。不允许事后补记测量手簿内容。

(16)测量手簿的记录项目参照《规范》,应顺序装订成册,不得缺损。

(四)数据处理

(1)每一观测日结束回到驻地后,应及时将接收机获取的数据文件传输拷贝到计算机软盘上,并在软盘外面贴上标签,标签所注内容及形式为:

文件名—网名—点名—软盘序号

其中,文件名形式取观测日期和当日时段号,如0805—3,表示8月5日第三时段。

(2)数据存储软盘应专人精心保管,不得接近水、静电、磁场、油污等,不允许对其进行任何剔除、删改或重新加工组合。

(3)每一观测工程结束后,应当日进行基线处理,及时对已完成的重复测量基线进行比较,发现问题,及早查明原因,采取对策。

(4)全网正式平差前,应利用配套软件对同步边观测数据进行检核,分析观测值残差;计算出观测值的剔除率(应<10%);计算各时段差值的中误差及相对中误差。

(5)同一条边两个以上时段的成果互差应小于前述几何精度的$\sqrt{2}$倍。

(6)非独立观测的闭合环应以较合理、较重要的若干关键环组合检核,检核项目参照《规范》进行。

(7)补测与重测:

①未按实测方案要求,外业有缺测、漏测或经质量检查与数量处理后,观测数据不足时,有关成果应予补测。

②当检核发现边长观测数据或闭合差超出规定要求时，应对其中某些质量较差的成果进行重测。

③凡需补测或重测的边，应尽量安排一起进行同步观测。

(8)经检核分析，各种数据无误后，方可进行全网平差，平差软件使用配套的平差软件系统。

该网××个待定点的1954年北京坐标系和1980年西安坐标系两套成果平差解算后，还应计算出一套××市独立坐标成果。

(五)上交资料

(1)网中待求点的1954年北京坐标系6°带坐标，1980年西安坐标系坐标及城市独立坐标系统成果表。

(2)网中待求点的WGS－84系坐标成果表。

(3)GPS控制网展点图。

(4)GPS测量外业记录及检核计算成果。

(5)技术总结。

第六章 GPS 测量外业实施

GPS 测量的外业实施主要包括 GPS 点位的选定、标志的埋设、观测数据的采集、数据传输以及数据预处理等工作。

第一节 GPS 控制点的选择与标石埋设

一、GPS 控制点位的选择

由于 GPS 测量中不要求测站之间相互通视，网的图形结构也比较灵活，所以选点的野外工作比较简便。但是，点位的正确选择对观测工作的顺利进行和测量结果的可靠性具有重要意义。所以，在选点工作开始之前，必须收集测区的有关资料，如已有的小比例尺地形图（1∶1万～1∶10 万）、行政区划图和已有的测绘成果资料。要充分了解和研究测区情况，特别是交通、通信、供电、气象及原有控制点分布与标架、标型、标石的完好状况，除决定其适宜的点位外，选点工作还应遵循以下原则：

（1）点位应选设在易于安置接收设备和便于操作的地方，视野应开阔。被测卫星的地平高度角一般应大于 10°～15°，以减弱对流层折射影响。

（2）点位应远离大功率无线电发射源（如电视台、微波站等，其距离不得小于 200 m，并应远离高压输电线，其距离不得小于 50 m），以避免周围磁场对 GPS 卫星信号的干扰。

（3）点位附近不应有强烈干扰接收卫星信号的物体（接打手机、对讲机最好在 10 m 以外），并尽量避免大面积水域，以减弱多路径误差的影响。

（4）点位应选在交通方便的地方，有利于用其他测量手段联测或扩展。

（5）地面基础稳定，利于点位保存。

（6）选点人员按照技术设计图形进行实地踏勘，在现场选定点位。

（7）网形应有利于观测及边、点连接。

（8）应充分利用符合要求的旧有控制点。

选点人员在实地选定的点位上，打一木桩或以其他方式加以标定，同时树立测旗，以便埋石及观测人员能迅速找到点位，开展后续工作。选点人员还应按技术设计的要求，最后确认该点是否进行水准联测，并应实地踏勘水准路线，提出有关建议。

选点工作结束后，应上交的资料有：

（1）点之记、环视图（点周围有高于 10°的障碍物时，可用平板仪和罗盘仪等仪器绘制）。

（2）GPS 选点图。

（3）选点工作总结，包括详细的交通情况，车的种类、车次以及通信、供电、充电情况等。

二、GPS 点标志和标石埋设

中心标石是地面 GPS 点的永久性标志，为了长期使用 GPS 测量成果，点的标石必须稳定、坚固,以利长期保存和利用。目前,GPS 点的永久性标志及普通标石的规格及埋设如图 6-1 所示。

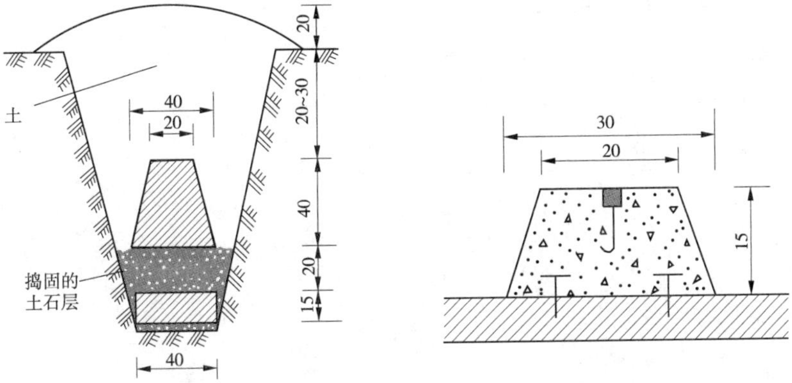

(a)普通标石　　(b)建筑物上的标石

图 6-1 《规范》中部分标石埋设图

各等级 GPS 点的标石用混凝土灌制。一般普通标石分上标石和下标石两层,其上均设有金属的中心标志。

埋设标石时,须使各层标志中心在同一铅垂线上,其偏差不得大于 2 mm。新埋标石时,应依法办理征地手续和测量标志委托保管书。

不论是新埋设的点还是利用原有点位,均应按规范或规程中规定的格式在实地绘制 GPS 点点之记,如表 6-1 和表 6-2 所示,并提交以下资料:

表 6-1 GPS 点点之记(规范)

点名	南疙疸	类级	B	概略位置	$B=34°50'$　$L=111°10'$　$H=484$ m		
所在地	山西省平陆县城关镇上岭村			最近住所及距离	平陆县城县招待所,距点位 8 km		
地类	山地	土质	黄土	冻土深度		解冻深度	
最近电信设施		平陆县城邮电局(电报、电话)		供电情况	上岭村每天有交流电		
最近水源及距离		上岭村有自来水,距点位 800 m		石子来源	点位附近	沙子来源	县城建筑公司
本点交通情况(至本点通路与最近车站、码头名称及距离)	由三门峡搭车轮渡过黄河向北到山西平陆县城约 8 km,再由平陆县城搭车向东南到上岭村 7 km(每天有两班车),再步行到点上约 800 m,两轮人力车可到达点位			交通路线图	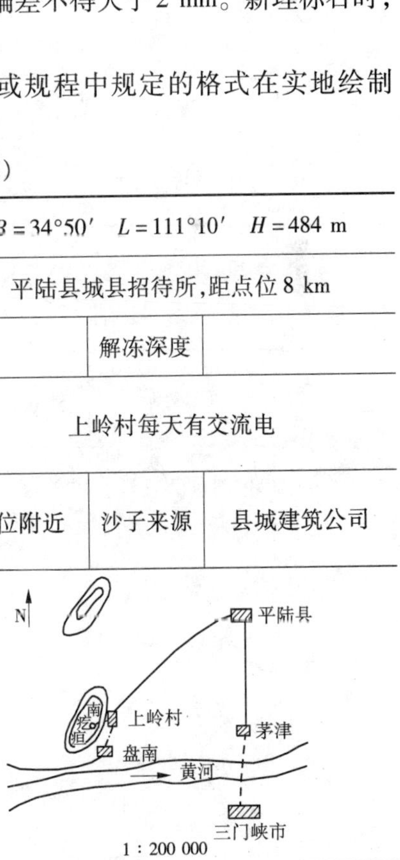		

续表 6-1

<table>
<tr><td colspan="4">选点情况</td><td>点位略图</td></tr>
<tr><td>单位</td><td colspan="3">国家测绘局第 大地测量队</td><td rowspan="6">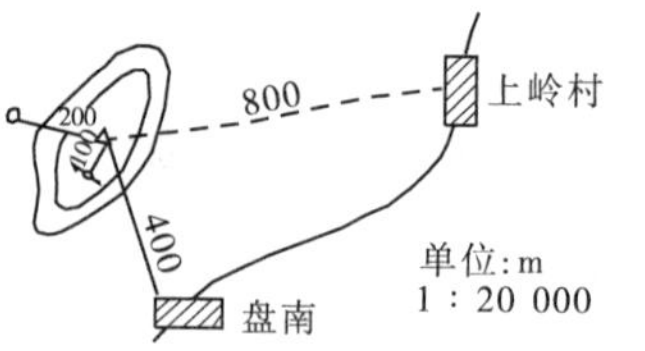
</td></tr>
<tr><td>选点员</td><td>李纯</td><td>日期</td><td>2000. 6. 5</td></tr>
<tr><td colspan="2">是否需联测坐标与高程</td><td colspan="2">联测高程</td></tr>
<tr><td colspan="2">联测等级与方法</td><td colspan="2">二等水准测量</td></tr>
<tr><td colspan="2">起始水准点及距离</td><td colspan="2">点号为Ⅱ西三 023，
距离本点 1. 5 km，
联测里程大约 2 km</td></tr>
</table>

<table>
<tr><td colspan="4">地质概要、构造背景</td><td colspan="2">地形地质构造略图</td></tr>
<tr><td colspan="4"></td><td colspan="2"></td></tr>
<tr><td colspan="4">埋石情况</td><td>标石断面图</td><td>接收天线计划位置</td></tr>
<tr><td>单位</td><td colspan="3">国家测绘局第一大地测量队</td><td rowspan="6">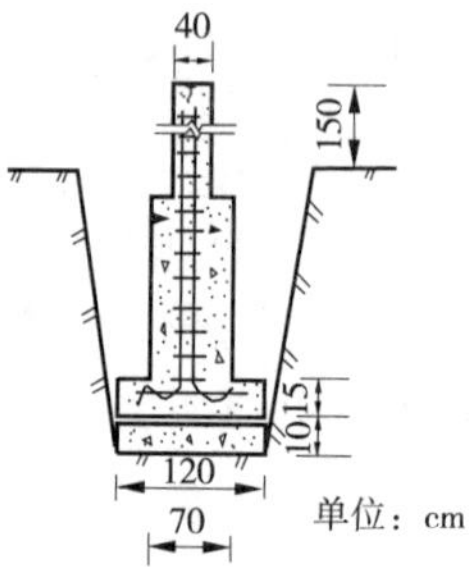
</td><td rowspan="6">天线可直接安置在墩标顶面上</td></tr>
<tr><td>埋石员</td><td>张勇</td><td>日期</td><td>2000. 7. 12</td></tr>
<tr><td colspan="2">利用旧点及情况</td><td colspan="2">利用原有的墩标</td></tr>
<tr><td colspan="2">保管人</td><td colspan="2">陈生明</td></tr>
<tr><td colspan="2">保管人单位及职务</td><td colspan="2">山西省平陆县上岭村会计</td></tr>
<tr><td colspan="2">保管人住址</td><td colspan="2">山西省平陆县上岭村</td></tr>
<tr><td colspan="2">备注</td><td colspan="4"></td></tr>
</table>

表 6-2　GPS 点点之记(规程)

日期:20　　年　　月　　日　　记录者:　　　　　　　　绘图者:　　　　　　　　校对者:

<table>
<tr><td rowspan="4">点名及种类</td><td rowspan="2">GPS 点</td><td>名</td><td></td><td rowspan="2">土质</td><td rowspan="2" colspan="2"></td></tr>
<tr><td>号</td><td></td></tr>
<tr><td rowspan="2">相邻点(名、号、里程、通视否)</td><td rowspan="2"></td><td rowspan="2"></td><td>标石说明(单、双层,类型)旧点</td><td colspan="2"></td></tr>
<tr><td>旧点名</td><td colspan="2"></td></tr>
<tr><td colspan="2">所在地</td><td colspan="5"></td></tr>
<tr><td colspan="2">交通路线</td><td colspan="5"></td></tr>
<tr><td colspan="2" rowspan="2">所在图幅号</td><td colspan="2" rowspan="2"></td><td rowspan="2">概略位置</td><td>X</td><td>Y</td></tr>
<tr><td>L</td><td>B</td></tr>
<tr><td colspan="7">(略图)</td></tr>
<tr><td colspan="2">备注</td><td colspan="5"></td></tr>
</table>

(1)填写了埋石情况的点之记。

(2)土地占用标准文件与测量标志委托保管书。

(3)埋石工作技术总结。

GPS 点名可取村名、山名、地名、单位名,应向当地政府部门或群众进行调查后确定。当利用符合要求的旧有控制点时,点名不宜更改。

第二节　GPS 接收机

一、GPS 接收机概述

GPS 信号接收机是能够接收、跟踪、变换和测量 GPS 导航定位信号的无线电接收设备的用户部分。卫星不间断地发送自身的星历参数和时间信息,用户接收到这些信息后,经过计算求出接收机的三维位置、三维方向以及运动速度和时间信息。目前,GPS 信号接收机体积越来越小,质量越来越轻,便于野外观测。

GPS 信号接收机的形态各异,如图 6-2 所示,其类型也有很多种,其分类如图 6-3 所示。按用途的不同,GPS 信号接收机可分为导航型、测地型和授时型等三种;按携带形式的不同可分为袖珍式、背负式、车载式、舰用式、空(飞机)载式、弹载式和星载式等七种;按工作原理可分为有码接收机和无码接收机,前者动态、静态定位都能用,后者只能用于静态定位;按使用载波频率的多少可分为单频接收机(用一个载波频率 L_1)和双频接收机(用两个载波频率 L_1、L_2),以双频接收机为今后精度定位的主要用机。按型号分,种类就更多,因不同的生产厂家而异。

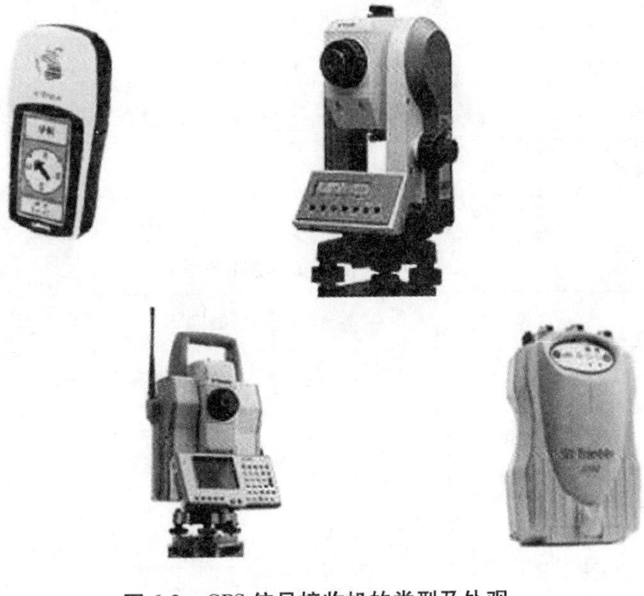

图 6-2　GPS 信号接收机的类型及外观

近年来,国内引进了许多种类型的 GPS 测地型接收机。各种类型的 GPS 测地型接收机用于精密相对定位时,其双频接收机精度可达 $5\ \text{mm} + 1 \times 10^{-6}D$,单频接收机在一定距离内

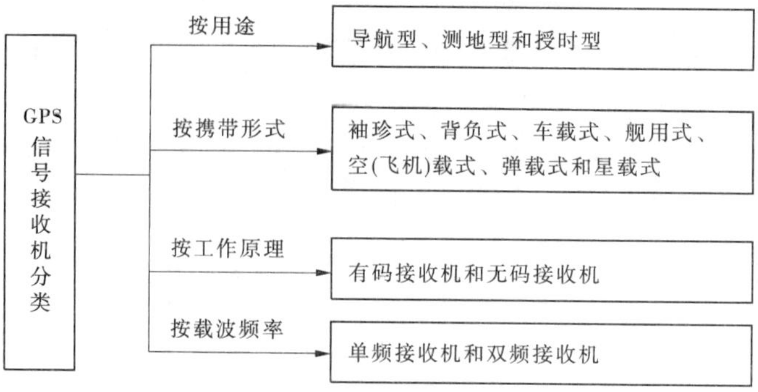

图 6-3　GPS 信号接收机的分类

精度可达 10 mm + $2\times10^{-6}D$。用于差分定位时,其精度可达亚米级至厘米级。GPS 和 GLONASS 兼容的全球导航定位系统接收机也已经被一些部门采用。

GPS 信号接收机主要包括 GPS 接收机及其天线、微处理机及其终端设备和电源等。其中接收机及其天线是用户设备的核心部分。GPS 接收机一般用蓄电池作电源,同时采用机内、机外两种直流电源。设置机内电池的目的在于更换外电池时不中断连续观测。在用机外电池的过程中,机内电池自动充电。关机后,机内电池为 RAM 存储器供电,以防止丢失数据。

GPS 接收机是完成测量定位的关键设备,可根据需要按表 6-3(规范)和表 6-4(规程)选用。

表 6-3　接收机选用(规范)

级别	B 级	C 级	D、E 级
单频/双频	双频	双频	双频或单频
观测量至少有	L_1、L_2 载波相位	L_1、L_2 载波相位	L_1 载波相位
同步观测接收机数	≥4	≥3	≥2

表 6-4　接收机选用(规程)

项目	二等	三等	四等	一级	二级
接收机类型	双频或单频	双频或单频	双频或单频	双频或单频	双频或单频
标称精度	≤(10 mm + $2\times10^{-6}D$)	≤(10 mm + $5\times10^{-6}D$)	≤(10 mm + $5\times10^{-6}D$)	≤(10 mm + $5\times10^{-6}D$)	≤(10 mm + $5\times10^{-6}D$)
观测量	载波相位	载波相位	载波相位	载波相位	载波相位
同步观测接收机数	≥3	≥3	≥2	≥2	≥2

最佳 GPS 接收机应具备以下条件:

(1)可靠性高。接收机本身产生的周跳、半周跳和 1/4 周跳极少。

(2)耐用性强。耐用性强表现在平均无故障工作时间上。平均无故障时间(MTBF, Mean Time Been without Failure)表征 GPS 信号接收机的耐用性。美国军用标准定为 MTBF≥13 000 h,而现行 GPS 信号接收机的平均无故障时间为 5 000 ~ 6 000 h。

(3)测量精度高。现行 GPS 信号接收机的 C/A 码测距精度最高可达 ±20 cm,最低仅为几米。单频机的出厂精度达到 $5\ mm + 2 \times 10^{-6} D$,双频机达到 $5\ mm + 1 \times 10^{-6} D$。

(4)具有同时跟踪和测量 4 颗以上 GPS 卫星的能力。一台 GPS 信号接收机能否同时跟踪和测量多颗 GPS 卫星,取决于它具有的波道数,其最少不能够低于 8 个波道,最佳者为 24 个波道,甚至 48 个波道(对于双星集成接收机而言)。卫星跟踪性能良好,不易失真,最好还具有 WAA 信号和无线电信标的接收波道。

(5)作业适应性强。一台较理想的 GPS 信号接收机,既能作静态定位,又能作快速静态和动态测量,亦即,既能在高低动态环境条件下作七维状态参数测量,又具有极微弱信号的探测能力和抗客体干扰能力。例如,能够在森林或街区正常作业,又能担任 DGPS 和 GIS 任务。

(6)具有双频甚至三频的接收能力。单频接收机的制作成本和售价虽较低,但它们不适宜用于过长距离和厘米级精度的 DGPS 测量。一台理想的 GPS 信号接收机应具有双频甚至三频(对于 GPS IIF 卫星而言)的接收能力,这样在海、陆、空应用时,都能跟踪全部可见卫星。

(7)较低的 C/A 码测距噪声(≤10 cm)和载波相位噪声(<1 mm)。

(8)具有削弱多路径误差的功能。

(9)较高的原始数据率。原始数据率最好是 20 次/s,以便在高动态条件下应用。

(10)较大的存储器。测地型 GPS 信号接收机,其内存容量一般为 0.5 ~ 80 Mbit,它们的存储时间的长短,既取决于 GPS 定位数据的更新率,又取决于被测 GPS 卫星的多少。例如,当内存容量为 1 Mbit,被测卫星为 5 颗,采用 15 s 数据更新率时,可存储 14 h 的 GPS 数据。若其他条件不变,仅改用 1 s 数据更新率,则只能存储 56 min 的 GPS 数据。新近问世的 Trimble 5700 GPS 信号接收机,采用内置小型的 48 MB Flash 存储器,可以存储对 6 颗卫星以 15 s 更新率作双频(L_1/L_2)观测的 1 080 h(45 d)的 GPS 数据。若连续运行的参考站(CORS)采用 Trimble 5700 GPS 信号接收机,则可选用能够存储 2 750 h 观测数据的 Flash 存储器,其所存储的数据仍为对 6 颗卫星以 15 s 更新率作双频(L_1/L_2)观测的 GPS 数据,以便用于动态测量。

(11)数据处理软件功能强。GPS 信号接收机的内置软件,既能解算用户的位置、速度和时间,又能作数据编辑、数据压缩、数据管理、周跳探测及其注记、仪器自诊断及其控制。

GPS 信号接收机的测后数据处理软件,能够作观测数据的初加工、预处理、基线向量解、网平差计算、坐标变换(包括从通用横轴墨卡托平面坐标变换成高斯平面坐标)等。

(12)体积小、功耗低。非手持式的 GPS 信号接收机应具有交、直流电的适应能力,而且对供电电源的电压范围不作过高要求。最好在 GPS 信号接收机内部安设有锂电池,可供 GPS 信号接收机在野外作业 10 h 以上,而且整机的功耗小,质量轻,以便野外作业使用。质量小于 2 kg,功耗小于 1 ~ 3 W。

(13)工作温度。在 -40 ~ +65 ℃之间,以便在炎热和酷寒地区均能工作。

目前的民用 GPS 设备包括测地型和导航型。其中,测地型产品的精度可达到米级甚至毫米级，但至少需要两台（套）才能达到设计精度要求，而且其内部结构复杂，单机成本一般在几万到几十万，适合在专业高精度测量环境中使用。导航型产品，由于其使用者对精度要求不高，一般为几十米，因此机器内部硬件相对简单，只需一台就可以完成导航工作，加之其价格相对较低，因而更有普及和推广价值。

二、测地型接收机的类型选择

（一）单频接收机的选择

单频接收机只能接收经调制的 L_1 信号。它虽然可以利用导航电文提供的参数，对观测量进行电离层影响的改正，但由于改正模型的不完善，误差较大，所以单频接收机主要用于基线较短（如 <10 km）的精密定位工作。

但是，单频接收机的优点是工艺成熟，所用的电子元件较少，对微处理器的要求较低，不需要昂贵的互相关器，不受 P 码保密的限制，产量大，价格比双频接收机便宜得多，只有双频接收机售价的 40% 左右。一般情况下，若生产作业的最远站间距离 <20 km，只需购买单频接收机。若超过 20 km，则应购买双频接收机，以确保 GPS 定位测量的精度要求。

目前，单频接收机（见图 6-4、图 6-5）已经历经三代，其中第三代的窄距相关接收机使 C/A 码达到了 P 码精度，加之第三代的先进软件，即使基线长度为 30～300 km，精度也能达到 $7\ \text{cm} + 2 \times 10^{-6} D$。所以，在我国工矿地区，测区范围有限，从单位的实情出发，为完成一般控制测量和工程测量任务，采用第三代单频接收机的硬、软件是可取的。

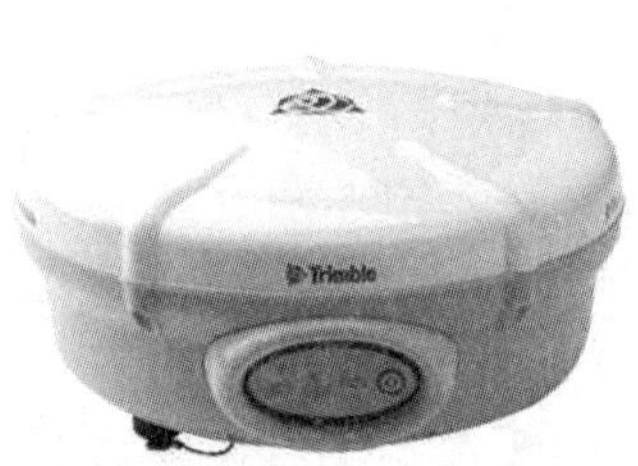

图 6-4　Trimble 4600LS 单频接收机

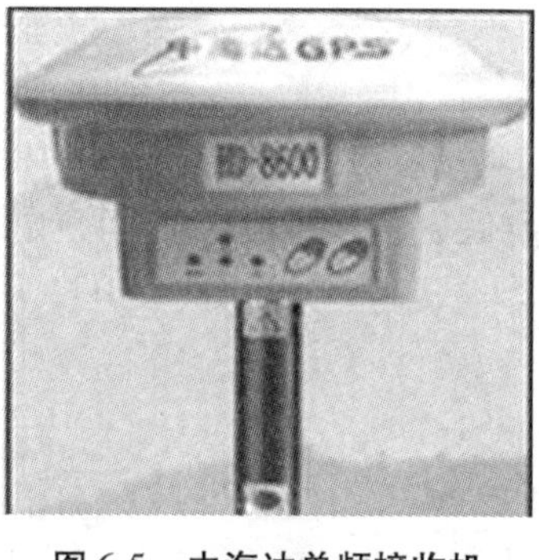

图 6-5　中海达单频接收机

（二）双频接收机的选择

双频接收机（见图 6-6、图 6-7）可以同时接收 L_1 和 L_2 信号，利用双频技术可以消除或减弱电离层折射对观测量的影响，所以定位精度较高，基线长度不受限制。同时，解算整周未知数的时间较短，约为单频机的一半，所以作业效率较高。

图 6-6　徕卡双频接收机

图 6-7　苏一光双频接收机

（三）信号通道类型的选择

接收机的通道类型有三种：多通道接收机、序贯通道接收机、多路复用通道接收机。

1. 多通道接收机

多通道接收机具有多个卫星信号通道，一个通道仅连续跟踪一个卫星信号，所以也称为连续跟踪型接收机。它可以将来自不同卫星的信号分离开来进行处理，实现对各卫星信号的跟踪、处理和测量。由于实现了对不同卫星信号的隔离，所以其观测比较可靠，并且具有良好的信噪比，能够接收较弱的信号，但可能产生通道间的干扰。

2. 序贯通道接收机

序贯通道接收机通常只有1～2个通道。为了跟踪多个卫星信号，在其软件控制下，按时序依次轮换（切换）跟踪不同的卫星，一次跟踪和量测时间大于20 ms，所以它对卫星的跟踪是不连续的。这样，序贯通道在对一个卫星信号测量时，必将丢失其他一些卫星信号的信息，无法获得一个卫星完整的导航电文，这就需要另备额外通道来获取卫星电文。这种接收机的优点是结构简单，利于减小接收机的体积和质量；其缺点是难于保持载波信号的跟踪，其通道控制软件比较复杂。

3. 多路复用通道接收机

多路复用通道接收机与序贯通道接收机相似，一般也只有1～2个通道。但是，它在相应软件控制下，对其跟踪的卫星信号量测一个循环时间较短（≤20 ms），实现了在不同的卫星信号之间以及两个频率 L_1 和 L_2 信号之间的高速转换，而且转换的速率同导航电文的比特率（20 ms）同步，所以这种通道不仅能获得所跟踪卫星的完整导航电文，还可以连续地跟踪载波信号，对载波相位进行连续测量。多路复用通道接收机的主要缺点是信噪比较低，通道的控制软件比较复杂。

（四）码相关型和码相位型的选择

根据接收机信号通道的工作原理，接收机可以分为码相关型接收机、平方型接收机和混合型接收机。

1. 码相关型接收机

码相关型接收机的特点是采用了码相关技术，所以它能够产生与卫星发射的测距码结构完全相同的复制码，在相关器中对接收到的卫星测距码和接收机产生的复制码进行相关分析，当两码达到最大相关时，便可测定出两信号间的时间延迟。码相关型接收机可利用C/A码，也可利用P码，其要求是必须掌握测距码的结构，所以又称为有码接收机。

码相关型接收机的优点是，既可进行伪距测量，又可进行载波相位测量，并能获得导航电文。它的主要缺点是要求用户必须掌握测距码的结构，由于美国政府对P码的保密政策，所以一般用户无法采用码相关技术获得 L_2 载波的相位观测值。

2. 平方型接收机

平方型接收机是利用载波信号的平方技术，将接收的卫星信号进行自乘，去掉载波上的调制码，得到一个载波的二次谐波，以便进行载波相位测量。这种接收机只利用卫星信号无须解码，所以不必掌握测距码的结构，故也称为无码接收机。

平方型接收机的主要优点是无须掌握测距码（C/A码、P码）的结构便能获得 L_1、L_2 载波信号，这就可以通过双频技术，减弱电离层折射的影响，提高定位的精度。它的缺点是卫星信号经平方后，完全消掉了其中的测距码和数据码，无法获得卫星的导航电文和时间信息，必须通过其他方法获取卫星星历和时间信息。

3. 混合型接收机

所谓混合型接收机，是综合利用相关技术和平方技术的优点，可以同时获得码相位和载波相位观测量，提供多种导航和定位信息，如导航电文和时间信息等。目前，在测量工作中广泛使用的多属这种类型的接收机。

三、导航型接收机的类型选择

导航型接收机主要用于运动载体的导航，它可以实时给出载体的位置和速度。这类接收机一般采用 C/A 码伪距测量，单点实时定位精度较低，一般为 ±25 mm，有 SA 影响时为 ±100 mm。这类接收机价格便宜，应用广泛。根据应用领域的不同，此类接收机还可以进一步分为：车载型——用于车辆导航定位；航海型——用于船舶导航定位；航空型——用于飞机导航定位，由于飞机运行速度快，因此在航空上用的接收机要求能适应高速运动；星载型——用于卫星的导航定位。由于卫星的速度高达 7 km/s 以上，因此对接收机的要求更高。

四、接收机检验步骤

新购置的 GPS 接收机或经过维修的接收机应按规定进行全面检验，合格后方能参加作业。检验项目包括以下几个方面。

（一）一般检视

接收机及天线型号应正确，外观是否良好；各种部件及其附件是否齐全、完好；紧固部件不得松动和脱落；设备的使用手册应齐全。

（二）通电检验

正确连接电缆，然后通电检验有关信号灯、按键、显示系统以及仪表、测试系统是否正常。最后按操作步骤进行卫星捕获与跟踪，检验其工作情况。

（三）实测检验

应在不同长度的标准基线上或专设的 GPS 测量检验场上进行。对广大用户而言，可采用较为简单的超短基线（准确测得它的实际长度），作为检测的标准值。

检测时将受检接收机按照全组合方式对超短基线做双差定位测量。在这种几米长的超短基线上作双差定位测量时，既可不顾及对流层和电离层时延改正的残差影响，又可消除星历和星钟误差以及接收机钟差。各站际双差成果和基线标准值之差，能较客观地反映各接收机对的仪器误差极其稳定性。

除上述三项检验外，天线底座的圆水准器和光学对点器也都要在出测前进行检验和校正。作业中所用的测量作业仪表，如通风干湿表、空盒气压表、温度计等，也应定期送气象部门检验，以保证正常工作。

GPS 接收机是贵重的精密电子仪器，对于它的运输、使用、存放，用户均需制定严格的维护办法。

五、几种测地型 GPS 信号接收机

（一）A20 型双频 GPS 接收机

A20 型 GNSS 是苏州一光仪器有限公司在 SGS220 型双频 GPS 接收机的基础上独立研

制的一款高度集成、采用模块化设计、半开放架构的 RTK 测量系统(下称 A20)。它将双星 GNSS 天线、双星主板、UHF/GPRS/CDMA 数据链、蓝牙、锂电池和数据存储等功能集成于一体,而 GNSS、数据链、电源三部分又各构成方便拆换的独立模块,更方便产品的升级和维修。

A20 标配的工业级蓝牙手簿在坚固可靠的同时,可选配内置或外置 GPS 接收天线和高清摄像功能,升级为一般精度的 GIS 采集器使用。还可以进一步选配手簿内置 3G 模块,将手簿升级为高精度的 GIS 采集器使用。同时,主机除支持常规的 GPRS/CDMA 和数传电台两种数据链外,也可以通过手簿的 3G 模块进行 RTK 作业,使 A20 跨入了 3G 网络应用时代。

A20 内置的高精度 GNSS 接收板,最高同时可以跟踪 220 个通道的卫星信号,跟踪性能极为优越。A20 整机高度密封,防水、防尘、防震、低功耗都非常优秀。

A20 用户界面也极为出色,超高亮 LED 显示屏、4 个指示灯、6 个控制按键及主机操作语音提示,使得该机可直接通过主机显示界面进行观察和设置。主机内置可拔插 SD 卡插槽,使得静态数据下载和备份更为便捷,让用户不用再为内存不足而烦恼。A20 参考站和流动站如图 6-8 所示。

(a) 参考站

(b) 流动站

图 6-8　A20 参考站和流动站

A20 的兼容性很好,不但能够兼容各品牌 GNSS 接收机静态测量,还能兼容各品牌的 CORS 基站网,更独具通过半开放架构很方便地升级内置电台,从而兼容各大进口品牌接收机的 RTK 作业。

A20 的电源设计也非常先进,内置可拆卸的 4 400 mAh 大容量锂电池(通用 800 系列全站仪),具有外置座充和内置直充两种充电方式,并可外接直流电压 10 ~ 18 V 的电源供电使用。

A20 可广泛应用于控制测量、工程测量、地形测绘、GIS 数据采集及勘界测量、面积测量和变形监测等工程的勘察设计及施工,以及各种 GNSS 设备测量教学科目。

A20 系统特性如下：

内置 GPS 测量模块支持并行 220 通道，实行不同系统的卫星跟踪，包括美国 GPS 卫星、俄罗斯 GLONASS 卫星、欧盟伽利略卫星。

具有先进的天宝 MAXWELL 6 Custom Survey GNSS 技术，以多重相关算法确保接收机在一定范围内移动的情况下，达到更高的定位精度。并能够使得原始数据的干扰更小，得到更好的抗多路径效果，从而使得接收机能以更快的速度得到高精度的动态差分解。

在干扰非常小的时候，以 1 s 每次的解算速度，GNSS 能够达到最高 1 mm 的精度。同时，可提供查看卫星信号信噪比（单位 DB）功能，以及天宝专利的低仰角卫星接收技术等。

定位信息的更新率最高可达 50 Hz（1 Hz、2 Hz、5 Hz、10 Hz、20 Hz、50 Hz），满足用户高精度高速度定位控制的需求。

支持标准 CMR、CMR +、RTCM2. X 和 RTCM3. X 差分格式。

支持 NMEA－0813 版本 ASCII 信号输出。

A20 精度指标如下：

静态测量：平面精度（RMS）为 $\pm 2.5\ \text{mm} + 1 \times 10^{-6}$，高程精度（RMS）为 $\pm 5\ \text{mm} + 1 \times 10^{-6}$；

动态 RTK 测量：平面精度（RMS）为 $\pm 1\ \text{cm} + 1 \times 10^{-6}$，高程精度（RMS）为 $\pm 2\ \text{cm} + 1 \times 10^{-6}$；

码差分定位精度：$\pm 0.45\ \text{m} + 1 \times 10^{-6}$；

单机（SBAS）定位精度：1.5 m。

（二）Trimble R8 GNSS 型 GPS

美国天宝（Trimble）导航有限公司是 1978 年成立的专门从事生产和销售 GPS 接收机的股份公司。该公司迄今已生产有测地型、导航型和授时型三大类 20 多种型号的 GPS 接收机。

测地型接收机均称为 4000 系列，其型号经历了 A/AX、S/SX、SL/SD、ST/SST、SE/SSE、4600、4700、4800 的发展过程。2000 年以来，5000 系列的 5700、5800 接收机也已相继问世，更新的 R8、R7 也已推向市场。我国前些年引进的主要是 ST/SST 型，其中单频机（4600）标称精度为 $5\ \text{mm} + 1 \times 10^{-6}D$，双频机（4800）标称精度为 $5\ \text{mm} + 1 \times 10^{-6}D$。

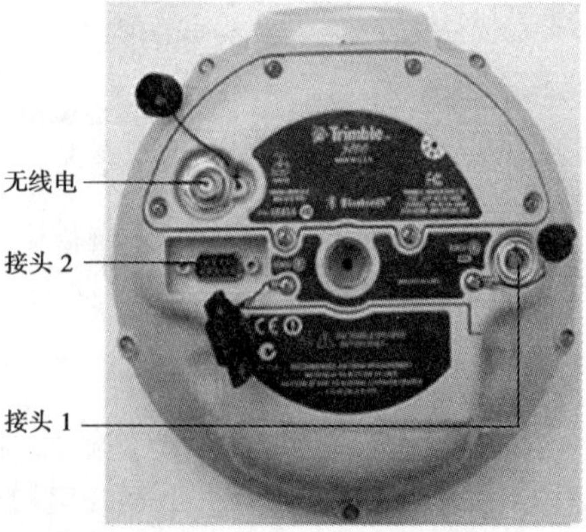

图 6-9　Trimble R8 GNSS 接收机面板

如图 6-9 所示，Trimble R8 GNSS 是一款多通道、多频带的集接收机、天线和数传电台于一体的 GNSS（Global Navigation Satellite System）系统。R8 接收机可以内置 GSM 模块，提供 24 个通道的 L_1/L_2 卫星跟踪，增强的 R－Track 技术，支持 L_2 的 C、L_5 和 GLONASS，并支持把 GPS 原始观测值记录到手持控制器或接收机内部，从而进行后处理。R8 静态测量和 R8 动态测量流动站如图 6-10、图 6-11 所示。

R8 接收机具有以下特点：

(1)Trimble R－Track 技术，可以跟踪 L_2 的 C。

图 6-10　R8 静态测量流动站

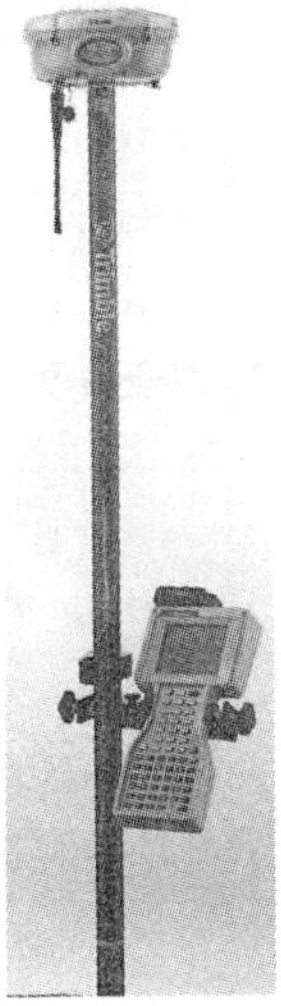

图 6-11　R8 动态测量流动站

(2)厘米级的精度实时定位，RTK/OTF 数据更新率可达 10 Hz。

(3)亚米级精度的伪距改正实时定位。

(4)适应型双频 RTK 引擎。

(5)运动过程中的自动 OTF 初始化。

(6)单锂充电电池。

(7)与 Trimble Attachable Control Unit(ACU)或带 Bluecap 模块的 TSCe 进行无电缆蓝牙通信。

(8)两个 RS－232 串口，用于 NMEA 输出、RTCM SC－104 输入和输出、Trimble Format (CMR & CMR Plus)输入和输出。

(9)与无线电天线连接的一个 TNC 端口。

(10)内置 450 MHz 的 Tx 电台或 GSM 模块。

R8 接收机精度如下：

码相位差分 GPS 定位：水平：±0.25 m＋1×10^{-6}RMS，垂直：±0.50 m＋1×10^{-6}RMS，WAAS 差分定位精度：一般＜5 m 3DRMS；

静态和快速静态 GPS 测量：水平：±5 mm＋0.5×10^{-6}RMS，垂直：±5 mm＋1×10^{-6}RMS；

RTK 动态测量精度：水平：±10 mm＋1×10^{-6}RMS，垂直：±20 mm＋1×10^{-6}RMS。

第三节　GPS 数据的采集

一、观测工作依据的主要技术指标

GPS 观测与常规测量在技术要求上有较大差别，各级 GPS 测量基本技术要求按表 6-5 规定执行，对城市及工程 GPS 控制在作业中应按表 6-6 有关技术要求执行。

表 6-5　各级 GPS 测量基本技术要求规定

项目		AA 级	A 级	B 级	C 级	D 级	E 级
卫星高度截止角(°)		10	10	15	15	15	15
同时观测有效卫星总数		≥4	≥4	≥4	≥4	≥4	≥4
有效观测卫星总数		≥20	≥20	≥9	≥6	≥4	≥4
观测时段数		≥10	≥6	≥4	≥2	≥1.6	≥1.6
时段长度(min)	静态	≥720	≥540	≥240	≥60	≥45	≥40
	快速静态	—	—	—	≥10	≥5	≥2
	双频 + P(Y)码 双频全波	—	—	—	≥15	≥10	≥10
	单频或双频半波	—	—	—	≥30	≥20	≥15
采样间隔(s)	静态	30	30	30	10 ~ 30	10 ~ 30	10 ~ 30
	快速静态	—	—	—	5 ~ 15	5 ~ 15	5 ~ 15
时段中任意卫星有效观测时间(min)	静态	≥15	≥15	≥15	≥15	≥15	≥15
	快速静态	—	—	—	≥1	≥1	≥1
	双频 + P(Y)码 双频全波	—	—	—	≥3	≥3	≥3
	单频或双频半波	—	—	—	≥5	≥5	≥5

注:1. 在时段中观测时间符合表中第七项规定的卫星,为有效观测卫星。

2. 计算有效观测卫星总数时,应将各时段的有效观测卫星数扣除其间的重复卫星数。

3. 观测时段长度,应为开始记录数据到结束记录的时间段。观测时段数≥1.6,指每站观测一时段,至少 60% 测站再观测一时段。

表 6-6　各级 GPS 测量作业的基本技术要求

项目	等级方法	二等	三等	四等	一级	二级
卫星高度截止角(°)	相对、快速	≥15	≥15	≥15	≥15	≥15
有效观测卫星数	相对、快速	≥4	≥4 ≥5	≥4 ≥5	≥4 ≥5	≥4 ≥5
观测时段数	相对	≥2	≥2	≥2	≥2	≥1
重复设点数	快速		≥2	≥2	≥2	≥2
时段长度(′)	相对、快速	≥90	≥60 ≥20	≥45 ≥15	≥45 ≥15	≥45 ≥15
数据采样间隔(″)	相对、快速	10 ~ 60	10 ~ 60	10 ~ 60	10 ~ 60	10 ~ 60
PDOP	相对、快速	<6	<6	<6	<6	<6

二、天线安置和天线高量取

为了避免严重的重影及多路径现象干扰信号接收,确保观测成果质量,必须妥善安置天线。天线底盘的圆水准器气泡必须居中。

天线要尽量利用脚架安置，直接在点上对中。当控制点上建有寻常标时，应在安置天线之前先放倒觇标或采取其他措施。只有在特殊情况下，方可进行偏心观测，此时归心元素应以解析法精确测定。

天线的定向标志线应指向正北，偏离不得超过左右 10°，以减弱天线相位中心的误差。对无标志线的天线，可预先设置标志位置，在同一测区内作业期间，标志指向应每次做到基本一致。

随着接收机天线的制作工艺日趋成熟，目前 GPS 接收机大多为一体机，即接收单元与天线单元合为一体，以便携带。对这一类型的 GPS 接收机进行天线安置，实际上就是将这类接收机连同基座固定在三脚架上，使基座对中整平。一般情况下，对中误差 $\Delta \leqslant 2$ mm。

天线高是指观测时接收机天线相位中心至测站中心标志面的高度。用三脚架将天线安置后，应在每时段观测前、后各量取天线高一次。对于备有专门测高标尺的接收设备，将标尺插入天线的专用孔中，下端垂准中心标志，直接量取得出天线高。对于其他接收设备，可采用倾斜测量方法。从脚架互成 120°的三个空当测量天线底盘下表面至中心标志面的距离，当互差小于 3 mm 时，取平均值 L，若天线底盘半径为 R，再利用厂方提供的平均相位中心至底盘下表面的高度 h_c，按式(6-1)求出天线高。

$$h = \sqrt{L^2 - R^2} + h_c \tag{6-1}$$

在实际作业中，若接收机和数据处理软件的来源相同，则不必进行手工计算，而量取至某一特定部位。在数据处理时可直接将该量取值输入华测处理软件中，软件将根据计算公式自动修正至天线高的值。但若处理软件与接收机型号不同，应视实际情况来处理天线高。

三、观测作业

观测作业的主要任务是捕获 GPS 卫星信号，并对其进行跟踪、处理和量测，以获得所需要的定位信息和观测数据。

利用接收机进行作业的具体方法步骤，因接收机的类型不同而异。对于目前常见的接收机，其操作自动化程度较高，一般只需按若干功能键就能进行测量。对某种具体接收机的操作方法，用户应按配套的操作手册进行。

在外业观测过程中，作业人员应遵守如下要求：

(1)观测组必须严格遵守调度命令，按规定时间同步观测同一组卫星。当没按计划到达点位时，应及时通知其他各组，并经观测计划编制者同意对时段作必要调整，观测组不得擅自更改观测计划。

(2)一个时段观测过程中严禁进行以下操作：关闭接收机重新启动；进行自测试(发现故障除外)；改变接收设备预置参数等；改变天线位置；按关闭和删除文件功能等。

(3)观测期间作业人员不得擅自离开测站，并应防止仪器受震动和被移动，要防止人员或其他物体靠近、碰动天线或阻挡信号。

(4)在作业过程中，不应在天线附近使用无线电通信工具。当必须使用时，无线电通信工具应距天线 10 m 以上。雷雨过境时应关机停测，并卸下天线，以防雷击。

四、外业观测记录

在外业观测过程中，所有信息资料和观测数据都要妥善记录。记录的形式主要有以下两种。

（一）观测记录

观测记录由接收设备自动完成，均记录在存储介质（如磁带、磁卡等）上，记录项目主要有：载波相位观测值及其相应的 GPS 时间，GPS 卫星星历参数，测站和接收机初始信息（测站名、测站号、时段号、近似坐标及高程、天线及接收机编号、天线高）。

（二）测量手簿

测量手簿是在接收机启动前与作业过程中，由测量员随时填写的。对于 D、E 级测量记录格式如表 6-7 所示。其中图幅编号，可填写 1∶50 000 地形图图幅编号，近似经纬度填至 1′，近似高程填至 100 m。整个观测过程出现的重要问题及其处理情况亦应如实地填写在记事栏内。

测量手簿记录要求如下：

（1）测站名的记录。测站名应符合实际点位。

（2）时段号的记录。时段号应符合实际观测情况。

（3）接收机号的记录。应如实反映所用接收机的型号。

（4）起止时间的记录。起止时间宜采用协调世界时（UTC），填写至时、分。当采用北京标准时（BST）时，应与 UTC 进行换算。

（5）天线高的记录。观测前后量取天线高的互差应在限差之内，取平均值作为最后结果，精确至 0.001 m。

（6）预测 GPS 数据文件格式。根据观测当天的日期、接收机号和时段号写出的数据文件应与数据传输出来的格式一致。

（7）测量手簿必须使用铅笔在现场按作业顺序完成记录，字迹要清楚、整齐美观，不得连环涂改、转抄。若有读、记错误，可整齐画掉，将正确数据写在上面并注明原因。

（8）严禁事后补记或追记，并按网装订成册，交内业验收。

五、静态数据传输

GPS 接收机采集的数据可以记录在专用盒式磁带上或接收机的内存模块内。目前，大多数 GPS 接收机采集的数据都是记录在内存模块内，以方便外业观测。以 Trimble 4800 接收机为例，其内存可连续存储 50 h（6 颗卫星，15 s 采样间隔）的观测数据。在进行数据处理之前，首先要将观测数据从 GPS 接收机的内存模块传输至计算机。数据传输主要有以下步骤：

（1）在计算机上安装数据下载软件。

（2）用数据线连接接收机至计算机主机。

（3）打开下载软件，配置通信参数。

（4）连接成功后，对照外业观测手簿添加测站信息。

（5）设置下载路径及数据格式。

（6）导出数据。

GPS 外业观测手簿记录格式如表 6-7 所示。

表 6-7　GPS 外业观测手簿记录格式

<table>
<tr><td>点号</td><td></td><td>点名</td><td></td><td>图幅编号</td><td></td></tr>
<tr><td>观测记录员</td><td></td><td>观测日期</td><td></td><td>时段号</td><td></td></tr>
<tr><td>接收机型号
及编号</td><td></td><td>天线型号
及编号</td><td></td><td>存储介质类型
及编号</td><td></td></tr>
<tr><td>原始观测数据
文件名</td><td></td><td>RINEX 格式
数据文件名</td><td></td><td>备份存储介质
类型及编号</td><td></td></tr>
<tr><td>近似纬度</td><td>°　′　″N</td><td>近似经度</td><td>°　′　″E</td><td>近似高程</td><td>m</td></tr>
<tr><td>采样间隔</td><td></td><td>开始记录时间</td><td>h　　min</td><td>结束记录时间</td><td>h　　min</td></tr>
<tr><td colspan="2">天线高测定</td><td colspan="2">天线高测定方法及略图</td><td colspan="2">点位略图</td></tr>
<tr><td colspan="2">测前：　　　测后：
测量值：________m　________m
修正值：________m　________m
天线高：________m　________m
平均值：________m　________m</td><td colspan="2"></td><td colspan="2"></td></tr>
<tr><td colspan="2">时间(UTC)</td><td colspan="2">跟踪卫星数</td><td colspan="2">PDOP</td></tr>
<tr><td colspan="2"></td><td colspan="2"></td><td colspan="2"></td></tr>
<tr><td colspan="2"></td><td colspan="2"></td><td colspan="2"></td></tr>
<tr><td>记
事</td><td colspan="5"></td></tr>
</table>

六、华测 X－90 接收机使用方法及数据传输

华测 X－90 是完全一体化、无需电缆的双频接收机。接收机本身把双频 GPS 接收机、高性能双频测量型 GPS 天线、UHF 无线电、蓝牙模块和电池组合在一个小型单元中。数据存储容量为 32 MB 闪存，静态可满足连续 160 h 以上数据采集的需求，在掉电情况下保存数据 10 年。防 1 m 水下浸泡，抗 2 m 水泥地坠落，工作温度为－30～75 ℃。

（一）华测 X－90 接收机各部件的认识

华测 X－90 接收机（如图 6-12 所示）的所有操作控制装置都位于前面板，包括 4 个 LED、1 个电源按钮和 1 个切换键。串口和接头位于单元底部。

1. 卫星灯

卫星灯指示 X－90 接收卫星信号情况。如果接收到卫星信号，则交替闪烁，每秒钟一次，闪烁的次数表示跟踪的卫星数，每次交替闪烁有 5 s 的间隙；如果每个间隔只闪烁一次，表示没有跟踪上卫星，或者仅跟踪上一颗卫星；如果根本没有闪烁，则表示接收机工作不正常，需要重新开机。

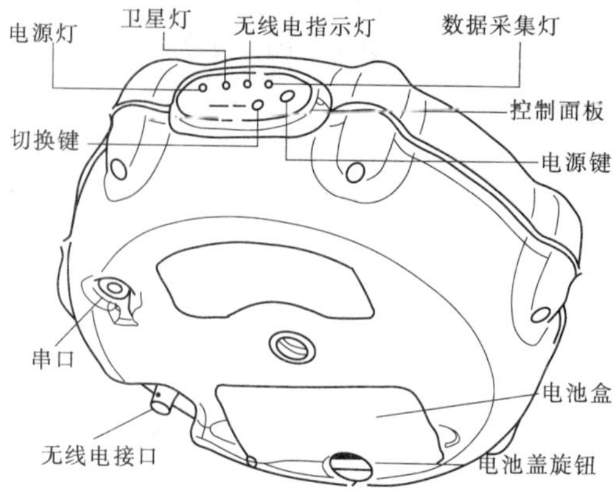

图 6-12　华测 X－90 接收机外观

2. 数据采集灯

在静态采集模式下，闪烁一次表示正在存储一个历元数据，闪烁间隔与采集间隔一致，如果采样间隔 5 s/次，则存储灯每隔 5 s 闪烁一次。

3. 无线电指示灯

无线电指示灯指示 X－90 接收电台数据情况，闪烁表示 X－90 正在接收电台数据。

4. 电源灯

电源灯指示 X－90 电池使用状态。在电池供电模式下，长亮表示当前 X－90 由电池供电且电量充足；闪烁表示电池电量不足。

5. 切换键

切换键用于 X－90 工作模式切换。X－90 开机后处于 RTK 模式，若需切换到静态采集模式，按下切换键，数据采集灯亮，当数据采集灯熄灭时即可松开切换键完成切换。若需从静态采集模式切换到 RTK 模式，按下切换键，无线电指示灯亮，当无线电指示灯熄灭时即可松开切换键，此后卫星灯、数据采集灯、无线电指示灯点亮，然后熄灭，此时完成切换。

按下切换键，如果无线电指示灯亮，则表明接收机处于静态模式；如果按下切换键，数据记录灯亮，表明接收机处于 RTK 模式。

6. 串口和无线电端口

串口主要用于连接手簿和计算机，无线电端口用于连接棒状无线电接收天线。

（二）操作注意事项

安装接收机时，应注意以下事项：

（1）插上 Lemon 电缆后，要确保接收机端口的红点与电缆接头对齐。千万不要用力插电缆，以防损坏接头的插脚。

（2）断开 Lemon 电缆后，拉动滑动轴环，然后从端口直拔电缆接头，不要扭动接头或拉拽电缆。

（3）要安全地连接 TNC 电缆，把电缆接头与接收机插座对齐，再把电缆接头小心地插到插座上，直到完全吻合。

（4）X－90 内置电池放到电池舱内时，确保接触点的位置准确地与接收机的接触点对齐，把电池和电池舱作为一个整体滑入到接收机内，直到电池舱安置到位并卡定。

(5)收起电缆时,一定要把电缆盘成环状,避免电缆扭折。

(6)夏天工作时,尽量避免仪器直接暴晒在阳光下。

(三)数据传输时所需物品

(1)华测 X-90 双频 GPS 接收机 1 台。

(2)数据传输线 1 根。

(3)安装有数据传输软件的计算机 1 台。

(四)华测 X-90GPS 接收机数据传输

华测 X-90GPS 接收机数据下载软件为 Hcloader。

(1)用数据线连接 GPS 主机(开机状态)和电脑,如图 6-13 所示。

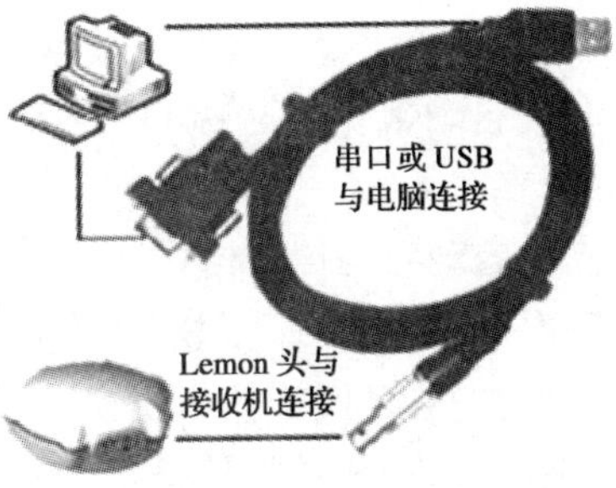

图 6-13　数据线连接

(2)打开数据传输软件。

方法 1:点击"开始→程序→华测软件→数据下载"命令。

方法 2:双击桌面上的图标打开。

(3)数据下载界面,先选择好左端的文件下载路径,如图 6-14 所示。

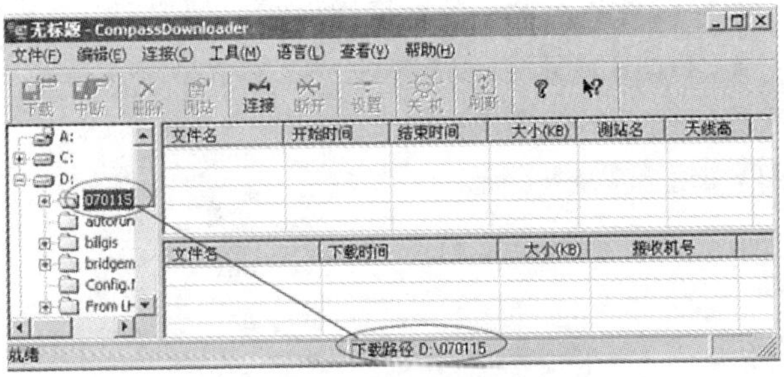

图 6-14　选择下载路径

(4)接收机设置。

选择"工具→接收机设置"命令,查看接收机的相关信息(灰色为不可更改部分),如图 6-15所示。

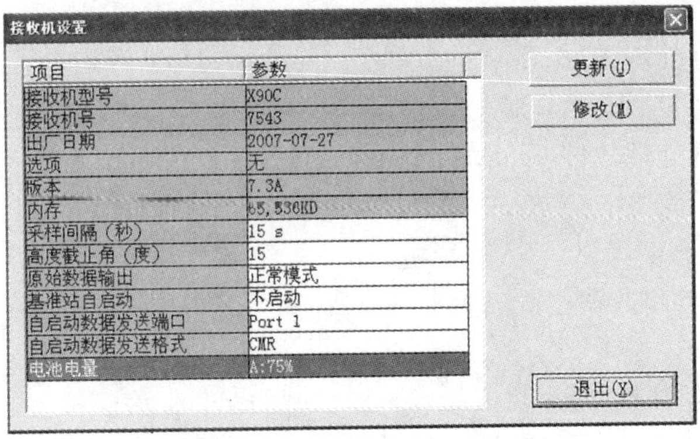

图 6-15　接收机设置信息

①采样间隔:可根据实际情况修改(根据作业要求、方式的不同可做一定量的修改),一般修改范围为 1 ~ 60 s,默认值为 5 s。

②卫星高度截止角:根据作业地区、作业时间的不同可做一定量的修改,但不要太大,默认值为 10°,该项只对做静态时起作用。

③原始数据输出:一般为“正常模式”选项,否则不能记录静态数据,“原始数据输出”模式是为了外接 PDA 而设计的。

④参考站自启动:是针对 RTK 来设计的,参考站主机只要连接好后直接开机就可以正常工作,不需要手簿对参考站设置。

⑤自启动数据发送端口:选项有 Port1、Port2、GPRS/CDMA、Port2 + GPRS/CDMA,默认为 Port1。

⑥自启动数据传送格式:CMR、CMR + 、RTCM2、RTCM3、RTCA,默认为 CMR。

每次观测相同时间所采集的数据所占内存空间是不同的,与接收到的卫星个数和采样间隔有关,一般来说按默认设置,接收 8 颗卫星是可以连续工作 300 多个小时。如果内存已满,是不记录数据的(现象是主机开机后数据记录灯和卫星灯一秒闪烁一次),可以通过“工具→内存维护”命令,格式化内存或删除文件的方式来清空内存。

(5)设置文件数据格式。

一般情况下,不同型号的接收机输出的数据文件在记录类型、记录长度和存取方式方面采用不同的记录格式,如图 6-16 所示。因华测 X - 90 的数据格式可与天宝系列接收机的数据格式兼容,故可根据需要选择不同的数据格式。

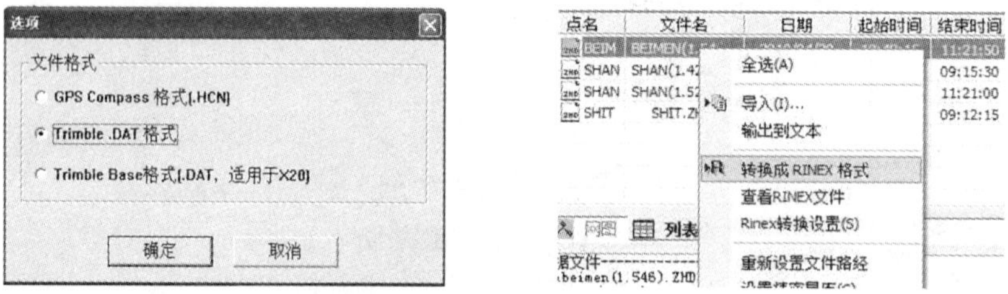

图 6-16　数据格式设置

通过“工具→选项”命令进行数据格式设置。

①＊. DAT 格式。

若采用天宝数据处理 TGO,下载的数据格式选为＊. DAT 格式。

②＊. HCN 格式。

若采用华测数据处理软件 Compass Solution,选用 GPS Compass 格式(＊. HCN),也可在软件中导入数据后转为 RINEX 格式。

③RINEX 格式。

通常情况下,需要将数据格式转换成 RINEX 格式,即国际通用的与接收机无关的 GPS 数据标准交换格式。

(6)选择“连接 + 设置”命令进入设置界面,如图 6-17 所示。

①通信串口:一般选择“COM1”选项,若安装了 USB 驱动,也可选择“USB”选项。

②波特率:一般为 115 200。

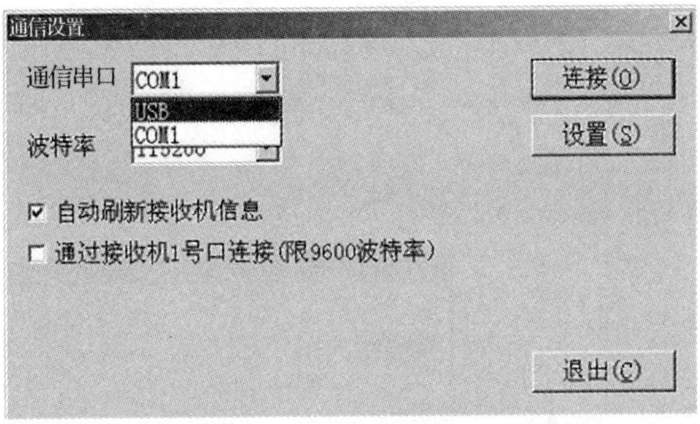

图 6-17　设置传输参数并连接

③自动刷新接收机信息:默认勾选。

设置完成后按下"连接"命令。数据下载界面显示接收机内所有数据。

(7)选择需要下载的数据文件,单击鼠标右键选择"输入测站信息"命令,如图 6-18 所示。

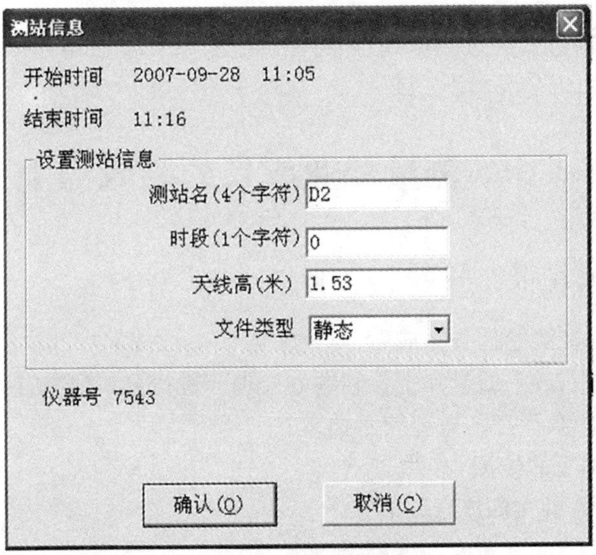

图 6-18　输入测站信息

①测站名:输入仪器在开始时间与结束时间内设站的测点点名。

②时段:区分一个仪器在同一测站内观测多次。

③天线高:天线到测点的倾斜距离。

④文件类型:默认为"静态"选项。

(8)选中数据文件,点击菜单栏内的下载工具,或者单击鼠标右键选择"数据导出"命令,如图 6-19 所示。

七、数据存储与管理

(1)及时将当天观测记录结果录入计算机,并拷贝成一式两份。

(2)数据文件备份时,宜以观测日期为目录名,各接收机为子目录名,把相应的数据文

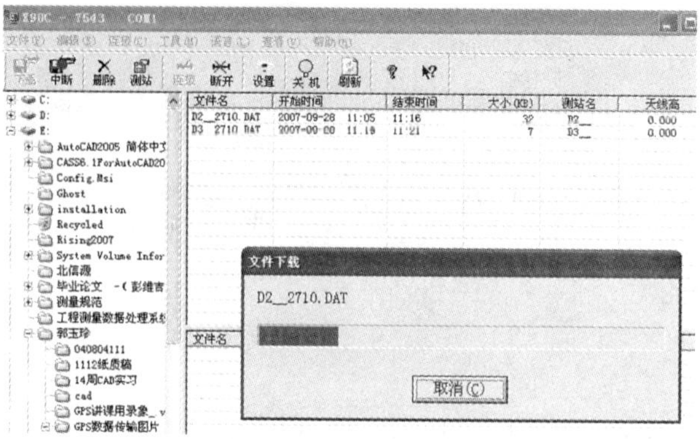

图 6-19　数据导出

件存入其子目录下。存放数据文件的存储器应制贴标签，标明文件名、网名、点名、时段号和采集日期，测量手簿应编号。

（3）制作数据文件备份时，不得进行任何剔除或删改，不得调用任何对数据实施重新加工组合的操作指令。

（4）数据在备份后，宜通过数据处理软件转换至 RINEX 通用数据格式，以便与各类商用数据处理软件兼容。

第四节　GPS 测量外业成果的验收与上交资料

一、编写技术总结报告书

测绘技术总结是在测绘任务完成后，对技术设计书和技术标准执行情况，技术方案、作业方法、新技术的应用，成果质量和主要问题的处理等进行分析研究、认真总结，并作出客观的评价与说明，是应永久保存的重要技术档案。

（一）技术总结编写的依据

（1）上级下达任务的文件或合同书。

（2）技术设计书、有关法规和技术标准。

（3）有关专业的技术总结。

（4）测绘产品的检查、验收报告。

（5）其他有关文件和材料。

（二）技术总结编写的要求

（1）内容要真实、完整、齐全。对技术方案、作业方法和成果质量应作出客观的分析和评价。对应用的新技术、新方法、新材料和生产的新品种要认真细致地加以总结。

（2）文字要简明扼要，公式、数据和图表应准确，名词、术语、符号、代号和计量单位等均应与有关法规和标准一致。

（3）项目名称应与相应的技术设计书及验收（检查）报告一致。

（三）技术总结报告的内容

在 GPS 测量工作完成后，应按要求编写技术总结报告，其编写的内容包括：

(1)测区范围与位置，自然地理条件，气候特点，交通及通信、供电等情况。

(2)任务来源，测区已有测量情况，项目名称，施测目的和施测的基本精度要求。

(3)施测单位，施测起讫时间，作业人员数量，技术状况，工作量、工日及定额计算。

(4)作业仪器类型、精度以及检验和使用情况。

(5)选点所遇障碍物和环境影响等点位观测条件的评价，埋石与重合点的情况。

(6)联测方法、完成各级点数等观测方法要点与补测、重测情况，以及野外作业发生与存在问题的说明。

(7)外业观测数据质量分析与野外数据检核情况。

(8)数据处理方案、所采用的软件、所采用的星历。

(9)方案实施与规范执行情况。

(10)上交成果尚存问题和需要说明的其他问题、建议或改进意见。

二、成果资料整理

(一)静态 GPS 定位观测计划制订

(1)GPS 点点之记。

(2)布设的 GPS 网略图。

(3)星历预报图表。

(4)观测调度表。

(5)技术设计书。

(二)静态 GPS 外业观测

(1)外业观测记录手簿。

(2)数据文件。

(三)静态 GPS 数据处理

(1)测区和各测站信息。

(2)观测值数量、时段起止时刻和持续时间。

(3)基线质量检验与分析。

(4)平差计算的坐标系统、高程系统、基本常数、起算数据、观测值类型和数据处理方法。

(5)平差采用的约束条件、先验误差。

(6)平差结果及精度。

三、成果验收与上交资料

(一)成果验收

(1)成果验收按《测绘产品检查验收规定》(CH 1002—1995)进行。交送验收的成果，包括观测记录的存储介质及其备份，内容与数量必须齐全、完整无损，各项注记、整饰应符合要求。

(2)验收重点包括：

①实施方案是否符合规范和技术设计要求；

②补测、重测和数据剔除是否合理；

③数据处理的软件是否符合要求,处理的项目是否齐全,起算数据是否正确;

④各项技术指标是否达到要求。

(3)验收完成后,应写出成果验收报告。在验收报告中应按《测绘产品检查验收标准》(CH 1003—1995)对成果的质量作出评定。

(二)上交资料

(1)测量任务书(或合同书)、技术设计书;

(2)点之记、环视图、测量标志委托保管书、选点资料和埋石资料;

(3)接收设备、气象及其他仪器的检验资料;

(4)外业观测记录、测量手簿及其他记录;

(5)数据处理中生成的文件、资料和成果表;

(6)GPS 网展点图;

(7)技术总结和成果验收报告。

第七章　GPS 测量数据处理

GPS 数据处理是从原始的观测值出发得到最终的测量定位成果，其数据处理过程大致分为数据传输、格式转换（可选）、基线解算和网平差以及 GPS 网与地面网联合平差等几个阶段。GPS 测量数据处理的基本流程如图 7-1 所示。

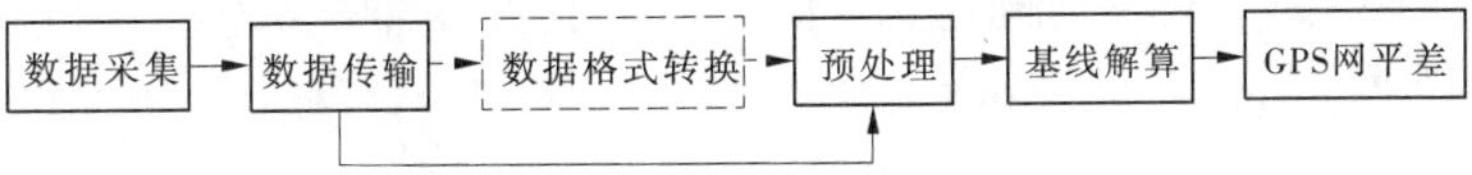

图 7-1　GPS 数据处理的基本流程

第一节　数据预处理

GPS 数据预处理的目的是：对数据进行平滑滤波检验，剔除粗差；统一数据文件格式，并将各类数据文件加工成标准化文件（如 GPS 卫星轨道方程的标准化，卫星时钟钟差标准化，观测值文件标准化等）；找出整周跳变点并修复观测值；对观测值进行各种模型改正。

一、GPS 卫星轨道方程的标准化

数据处理中要多次进行位置的计算，而 GPS 广播星历每小时有一组独立的星历参数，使得计算工作十分繁杂。因此，需要将卫星轨道方程标准化，以便计算简便，节省内存空间。GPS 卫星轨道方程标准化一般采用以时间为变量的多项式进行拟合处理。

将已知的多组不同历元星历参数所对应卫星位置 $P_i(t)$ 表达成时间 t 的多项式形式

$$P_i(t) = a_{i0} + a_{i1}t + a_{i2}t^2 + \cdots + a_{in}t^n \tag{7-1}$$

利用拟合法求解多项式系数，解出的系数 a_{in} 记入标准化星历文件，用它们来计算任一时刻的卫星位置。多项式的阶数 n 一般取 8 ~ 10 就足以保证米级轨道拟合精度。拟合计算时，时间 t 的单位需规格化，规格化时间 T_i 为：

$$T_i = \frac{2t_i - (t_1 + t_m)}{t_m - t_1} \tag{7-2}$$

式中　T_i——对应于 t_i 的规格化时间；

t_1 和 t_m——观测时段开始和结束的时间。

很显然，对应于 t_1 和 t_m 时刻，T_1 和 T_2 分别为 -1 和 $+1$。对任意时刻 t_i 有 $|T_i| \leqslant 1$。

需要指出的是，拟合时引进了规格化的时间，则在实际轨道计算时也应使用规格化的时间。

二、卫星钟差的标准化

来自广播星历的卫星钟差（即卫星钟钟面时间与 GPS 标准时间系统之差 Δt_s）是多个数值，需要通过多项式拟合求得唯一的、平滑的钟差改正多项式，用于确定真正的信号发射时

刻并计算该时刻的卫星轨道位置，同时用于将各站对各卫星的时间基准统一起来，以估算它们之间的相对钟差。当多项式拟合的精度优于 ±0.2 ns 时，可精确探测整周跳变，估算整周未知数。

钟差的多项式形式为：

$$\Delta t_s = a_0 + a_1(t - t_0) + a_2(t - t_0)^2 \tag{7-3}$$

式中 a_0、a_1、a_2——卫星钟参数；

t_0——卫星钟参数的参考历元。

由多个参考历元的卫星钟差，利用最小二乘法原理求定多项式系数 a_i，再由式(7-3)计算任一时刻的钟差。因为 GPS 时间定义区间为一个星期，即 604 800 s，故当 $t - t_0 > 302\ 400$（t_0 属于下一 GPS 周）时，t 应减去 604 800；$t - t_0 < -302\ 400$（t_0 属于上一 GPS 周）时，t 应加上604 800。

三、观测值文件的标准化

不同的接收机提供的数据记录格式不同，例如，“观测时刻”这个记录，可能采用接收机参考历元，也可能是经过改正归算至 GPS 标准时间。在进行平差（基线向量的解算）之前，观测值文件必须规格化、标准化。具体项目包括以下几个方面：

(1)记录格式标准化。各种接收机输出的数据文件应在记录类型、记录长度和存取方式方面采用同一记录格式。

(2)记录项目标准化。每一种记录应包含相同的数据项。如果某些数据项缺项，则应以特定数据（如“0”或空格）填上。

(3)采样密度标准化。各接收机的数据记录采样间隔可能不同，如有的接收机每 15 s 记录一次，有的则每 20 s 记录一次。标准化后应将数据采样间隔统一成一个标准长度。标准长度应大于或等于外业采样间隔的最大标准值。采样密度标准化后，数据量将成倍地减少，所以这种标准化过程也称为数据压缩。数据压缩应在周跳修复后进行。数据压缩常用多项式拟合法，压缩后的数据应等价于被压缩区间的全部数据，且保持各压缩数据的误差独立。

(4)数据单位的标准化。数据文件中，同一数据项的量纲和单位应是统一的，例如，载波相位观测值统一以周为单位。

第二节 GPS 基线向量的解算

一、GPS 基线解算的基本原理

(一)观测值

基线解算一般采用差分观测值，较为常用的差分观测值为双差观测值，即由两个测站的原始观测值分别在测站和卫星间求差后所得到的观测值。若在某一历元中，对 k 颗卫星进行了同步观测，则可以得到 $k-1$ 个双差观测值；若在整个同步观测时段内同步观测卫星的总数为 l，则整周模糊度的数量为 $l-1$。在进行基线解算时，将基线的一个端点的坐标作为已知值固定，求解另一个点。固定的点称为起点，待求的点称为终点。双差观测值中电离层延迟和对流层延迟一般已消除。因此，基线解算时一般只有两类参数：一类是测站的坐标参数，另一类是整周模糊度参数。

（二）基线解算

基线解算的过程实际上是一个平差的过程，平差所采用的观测值主要是双差观测值。在基线解算时，平差要分三个阶段进行，第一阶段进行初始平差，解算出整周模糊度参数（实数）和基线向量的实数解（浮动解）；在第二阶段，将整周未知数固定成整数；在第三阶段，将确定了的整周模糊度作为已知值，仅将待定的测站坐标作为未知参数，再次进行平差解算，解求出基线向量的最终解——整数解（固定解）。

1. *初始平差*

根据双差观测值的观测方程，组成误差方程和法方程，求解待定的未知参数的精度信息，其结果为：

待定参数 $$\hat{X} = \begin{bmatrix} \hat{X}_C \\ \hat{X}_N \end{bmatrix} \tag{7-4}$$

待定参数的协因数阵 $$Q = \begin{bmatrix} Q_{\hat{X}_C\hat{X}_C} & Q_{\hat{X}_C\hat{X}_N} \\ Q_{\hat{X}_N\hat{X}_C} & Q_{\hat{X}_N\hat{X}_N} \end{bmatrix} \tag{7-5}$$

单位权中误差 $$\hat{\sigma}_0 = \sqrt{\frac{V^{\mathrm{T}}PV}{n}} \tag{7-6}$$

通过初始平差，所解算出的整周模糊度参数本应为整数，但由于观测值误差、随机模型和函数模型不完善等因素，使得其结果为实数，此时与实数的整周模糊度参数对应的基线解被称做基线向量的实数解或浮动解。为了获得较好的基线解算结果，必须准确地确定出整周未知数的整数值。

2. *整周未知数的确定*

确定整周未知数的整数值的方法有很多种，目前所采用的方法基本上是以下述的搜索法为基础的。搜索法的具体步骤如下：

（1）根据初始平差的结果 $\hat{X}_N$ 和 $D_{\hat{X}_N\hat{X}_N}(\delta_0^2 Q_{\hat{X}_N\hat{X}_N})$，分别以 $\hat{X}_N$ 中的每一个整周模糊度为中心，给定置信水平，以它们中误差的若干倍为搜索半径，确定出每一个整周模糊度的一组备选整数值。

（2）从上面所确定出的每一个整周模糊度的备选整数值中一次选取一个，组成整周模糊度的备选组，并分别以它们作为已知值，代入原基线解算方程，确定出相应的基线解：

$$\left.\begin{aligned} \hat{X}_i &= [\hat{X}_{C_i}] \\ Q_i &= [Q_{\hat{X}_{Ci}\hat{X}_{Ci}}] \end{aligned}\right\} \tag{7-7}$$

（3）从所解算出的所有基线向量中选出产生单位权中误差最小的那个基线向量结果，作为最终的解算结果，这就是所谓的基线向量整数解（或称固定解）。

$$\left.\begin{aligned} \hat{X}_i &= [\hat{X}_{C_i}] \\ Q_i &= [Q_{\hat{X}_{Ci}\hat{X}_{Ci}}] \\ \hat{\sigma}_{0i} &= \sqrt{\frac{V_i^{\mathrm{T}}Q_i^{-1}V_i}{n}} \end{aligned}\right\} \tag{7-8}$$

不过当出现以下情况时，则认为整周模糊度无法确定，而无法求出该基线向量的整数解。

$$\hat{\delta}_{0次最小}/\hat{\delta}_{0最小} \leqslant T \tag{7-9}$$

$$T = \zeta_{F(f,f_0);1-\alpha/2} \tag{7-10}$$

$\zeta_{F(f,f_0);1-\alpha/2}$是置信水平为 $1-\alpha$ 时的 F 分布的接受域，其自由度为 f 和 f_0。其中：$\hat{\delta}_{0次最小}/\hat{\delta}_{0最小}$为 *RATIO* 值；$\hat{\sigma}_{0i}$也被称为 *RMS*；tr($Q$)称为 *RDOP* 值。

3. 确定基线向量的固定解

当确定了整周未知数的整数值后，与之相对应的基线向量就是基线向量的整数解。

二、GPS 基线解算的分类

（一）单基线解算

当有 N 台 GPS 接收机进行了一个时段的同步观测后，每两台接收机之间就可以形成一条基线向量，共有 $N(N-1)/2$ 条同步观测基线，其中最多可以选出相互独立的 $N-1$ 条同步观测基线，如何选取这 $N-1$ 条独立基线？只要保证所选的 $N-1$ 条独立基线不构成闭合环就可以了，这也是说，凡是构成了闭合环的同步基线是函数相关的，同步观测所获得的独立基线虽然不具有函数相关的特性，但它们却是误差相关的，实际上所有的同步观测基线间都是误差相关的。所谓单基线解算，就是在基线解算时不顾及同步观测基线间的误差相关性，对每条基线单独进行解算。

单基线解算的算法简单，但由于其解算结果无法反映同步基线间的误差相关的特性，不利于后面的网平差处理，一般只用在普通等级 GPS 网的测设中。

（二）多基线解算

与单基线解算不同的是，多基线解算顾及了同步观测基线间的误差相关性，在基线解算时对所有同步观测的独立基线一并解算。

多基线解由于在基线解算时顾及了同步观测基线间的误差相关特性，因此在理论上是严密的。

三、基线解算阶段的质量控制指标及其应用

（一）质量控制指标

（1）单位权方差因子 $\hat{\sigma}_0$（又称为参考因子）。

$$\hat{\sigma}_0 = \sqrt{\frac{V^{\mathrm{T}}PV}{n}} \tag{7-11}$$

式中 V——观测值的残差；

P——观测值的权；

n——观测值的总数。

（2）数据删除率。

在基线解算时，如果观测值的改正数大于某一个阈值，则认为该观测值含有粗差，需要将其删除。被删除观测值的数量与观测值的总数的比值，就是所谓的数据删除率。

数据删除率从某一方面反映出了 GPS 原始观测值的质量。数据删除率越高，说明观测值的质量越差。《全球定位系统（GPS）测量规范》（GB/T 18314—2009）规定同一时段观测

值的数据剔除率不宜大于 10%。

(3) RMS。

RMS 即均方根误差，其定义式为：

$$RMS = \sqrt{\frac{V^{\mathrm{T}}PV}{n-1}} \tag{7-12}$$

式中 V——观测值的残差；

P——观测值的权；

n——观测值的总数。

RMS 表明了观测值的质量，观测值质量越好，RMS 越小；反之，RMS 越大，它不受观测条件（观测期间卫星分布图形）好坏的影响。依照数理统计的理论，观测值误差落在 1.96 倍 RMS 的范围内的概率是 95%。

(4) $RATIO$。

$$RATIO = RMS_{次最小}/RMS_{最小} \tag{7-13}$$

显然，$RATIO \geqslant 1.0$。$RATIO$ 反映了所确定出的整周模糊度参数的可靠性，这一指标取决于多种因素，既与观测值的质量有关，也与观测条件的好坏有关，观测条件是指卫星星座的几何图形和运行轨迹。

(5) $RDOP$。

$RDOP$ 值指的是在基线解算时待定参数的协因数阵的迹 $\mathrm{tr}(Q)$ 的平方根，即

$$RDOP = \sqrt{\mathrm{tr}(Q)} \tag{7-14}$$

$RDOP$ 值的大小与基线位置、卫星在空间中的几何分布、运行轨迹（即观测条件）有关。当基线位置确定后，$RDOP$ 值就只与观测条件有关了，而观测条件又是时间的函数，因此实际上对于某条基线向量来讲，其 $RDOP$ 值的大小与观测时间段有关。$RDOP$ 值表明了 GPS 卫星的状态对相对定位的影响，即取决于观测条件的好坏，它不受观测质量好坏的影响。

(6) 同步环闭合差。

同步环闭合差是由同步观测基线所组成的闭合环的闭合差。由于同步观测基线间具有一定的内在联系，从而使得同步环闭合差在理论上应总是为 0 的，如果同步环闭合差超限，则说明组成同步环的基线中至少存在一条基线向量是错误的，但反过来，如果同步环闭合差没有超限，这也不能说明组成同步环的所有基线在质量上均合格。

(7) 异步环闭合差。

不是完全由同步观测基线所组成的闭合环称为异步环，异步环的闭合差称为异步环闭合差。当异步环闭合差满足限差要求时，则表明组成异步环的基线向量的质量是合格的；当异步环闭合差不满足限差要求时，则表明组成异步环的基线向量中至少有一条基线向量的质量不合格，要确定出哪些基线向量的质量不合格，可以通过多个相邻的异步环或重复基线来进行。

(8) 重复基线较差。

不同观测时段，对同一条基线的观测结果，就是所谓的重复基线。这些观测结果之间的差异，就是重复基线较差。

（二）应用

$RATIO$、$RDOP$ 和 RMS 这几个质量指标只具有某种相对意义，它们数值的高低不能绝对

地说明基线质量的高低。若 *RMS* 偏大，则说明观测值质量较差，若 *RDOP* 值较大，则说明观测条件较差。

四、影响 GPS 基线解算结果的几个因素及应对措施

（一）影响因素

（1）基线解算时所设定的起点坐标不准确，起点坐标不确定会导致基线出现尺度和方向上的偏差。

（2）少数卫星的观测时间太短，导致这些卫星的整周模糊度无法准确确定。整周模糊度无法准确确定的卫星参与计算，将影响整个 GPS 基线解算的结果。

（3）在整个观测时段里，在个别时间段里如果周跳太多，会使周跳修复不完善。

（4）在观测时段内，多路径效应比较严重，观测值的改正数普遍较大。

（5）对流层或电离层折射影响过大。

（二）影响因素的判别

对于影响 GPS 基线解算结果的因素，有些是较容易判别的，如卫星观测时间太短、周跳太多、多路径效应严重、对流层或电离层折射影响过大等；但对于另外一些因素却不好判断了，如起点坐标不准确。主要有以下方面。

（1）基线起点坐标不准确的判别。对于由起点坐标不准确对基线解算质量造成的影响，目前还没有较容易的方法来加以判别，因此在实际工作中，只有尽量提高起点坐标的准确度，以避免这种情况的发生。

（2）卫星观测时间短的判别。关于卫星观测时间太短这类问题的判断比较简单，只要查看观测数据的记录文件中有关每个卫星的观测数据的数量就可以了。有些数据处理软件还输出卫星的可见性图，这就更直观了。

（3）周跳太多的判别。对于卫星观测值中周跳太多的情况，可以从基线解算后所获得的观测值残差上来分析。目前，大部分的基线处理软件一般采用双差观测值，当在某测站对某颗卫星的观测值中含有未修复的周跳时，与此相关的所有双差观测值的残差都会出现显著的整数倍的增大。

（4）多路径效应严重、对流层或电离层折射影响过大的判别。对于多路径效应、对流层或电离层折射影响的判别，我们也是通过观测值残差来进行的。不过与整周跳变不同的是，当多路径效应严重、对流层或电离层折射影响过大时，观测值残差不是像周跳未修复那样出现整数倍的增大，而只是出现非整数倍的增大，一般不超过 1 周，但却又明显地大于正常观测值的残差。

（三）应对措施

1. 基线起点坐标不准确的应对方法

要解决基线起点坐标不准确的问题，可以在进行基线解算时，使用坐标准确度较高的点作为基线解算的起点，较为准确的起点坐标可以通过进行较长时间的单点定位或通过与 WGS－84 坐标较准确的点联测得到；也可以采用在进行整网的基线解算时，所有基线起点的坐标均由一个点坐标衍生而来，使得基线结果均具有某一系统偏差，然后在 GPS 网平差处理时，引入系统参数的方法加以解决。

2. 卫星观测时间短的应对方法

若某颗卫星的观测时间太短,则可以删除该卫星的观测数据,不让它们参加基线解算,这样可以保证基线解算结果的质量。

3. 周跳太多的应对方法

若多颗卫星在相同的时间段内经常发生周跳,则可采用删除周跳严重的时间段的方法,来尝试改善基线解算结果的质量;若只是个别卫星经常发生周跳,则可采用删除经常发生周跳的卫星的观测值的方法,来尝试改善基线解算结果的质量。

4. 多路径效应严重

由于多路径效应往往造成观测值残差较大,因此可以通过缩小编辑因子的方法来剔除残差较大的观测值。另外,也可以采用删除多路径效应严重的时间段或卫星的方法。

5. 对流层或电离层折射影响过大的应对方法

对于对流层或电离层折射影响过大的问题,可以采用下列方法:

(1)提高高度截止角,剔除易受对流层或电离层影响的低高度截止角观测数据。但这种方法具有一定的盲目性,因为高度截止角低的信号不一定受对流层或电离层的影响就大。

(2)分别采用模型对对流层和电离层延迟进行改正。

(3)如果观测值是双频观测值,则可以使用消除了电离层折射影响的观测值来进行基线解算。

(四)基线精化处理的有力工具——残差图

在基线解算时经常要判断影响基线解算结果质量的因素,或需要确定哪颗卫星或哪段时间的观测值质量上有问题,残差图对于完成这些工作非常有用。所谓残差图,就是根据观测值的残差绘制的一种图表。

图 7-2 是一种常见双差分观测值残差图的形式,它的横轴表示观测时间,纵轴表示观测值的残差,右上角的"SV12 - SV15"表示此残差是 SV12 号卫星与 SV15 号卫星的差分观测值的残差。正常的残差图一般为残差绕着零轴上下摆动,振幅一般不超过 0.1 周。

图 7-3 表明 SV12 号与 SV15 号卫星的差分观测值中含有周跳的残差图。

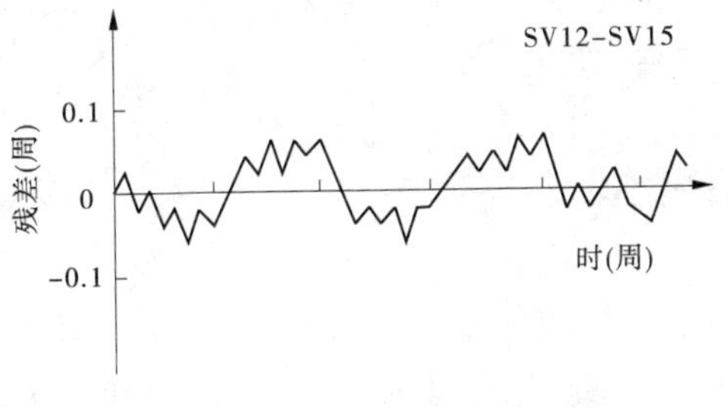

图 7-2　SV12 - SV15 号卫星残差

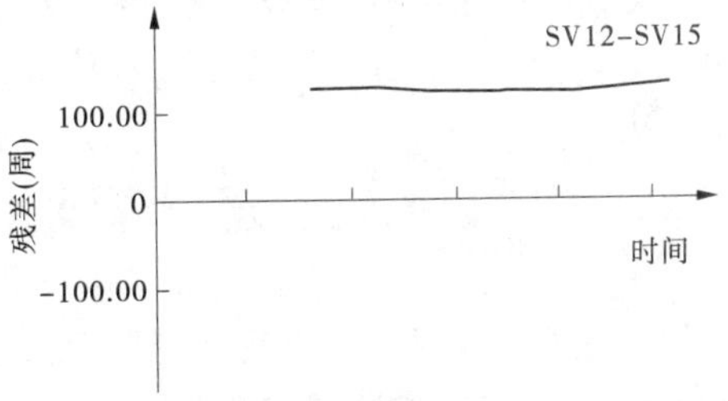

图 7-3　SV12 号与 SV15 号卫星的差分观测值含有周跳的残差

图 7-4 表明 SV12 号与 SV25 号卫星的差分观测值中含有周跳在 $T_1 \sim T_2$ 时间段内受不明因素(可能是多路径效应、对流层折射、电离层折射或强电磁波干扰)影响严重。

五、GPS 基线解算的过程

每一个厂商所生产的接收机都会配备相应的数据处理软件,它们的使用方法都会有各

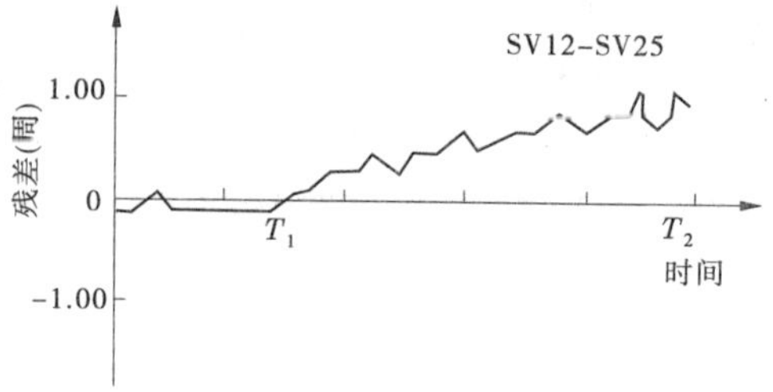

图 7-4　SV12 号与 SV25 号卫星的差分观测值受不明因素影响的残差

自不同的特点，但是，无论是哪种软件，它们在使用步骤上却是大体相同的。GPS 基线解算的过程如下：

(1)原始观测数据的读入。在进行基线解算时，首先需要读取原始的 GPS 观测值数据。一般说来，各接收机厂商随接收机一起提供的数据处理软件都可以直接处理从接收机中传输出来的 GPS 原始观测值数据，而由第三方所开发的数据处理软件则不一定能对各接收机的原始观测数据进行处理，要处理这些数据，首先需要进行格式转换。目前，最常用的格式是 RINEX 格式，对于按此种格式存储的数据，大部分的数据处理软件都能直接处理。

(2)外业输入数据的检查与修改。在读入了 GPS 观测值数据后，就需要对观测数据进行必要的检查，检查项目包括测站名、点号、测站坐标、天线高等。对这些项目进行检查的目的是避免外业时的误操作。

(3)设定基线解算的控制参数。基线解算的控制参数是用以确定数据处理软件采用何种处理方法来进行基线解算，设定基线解算的控制参数是基线解算时的一个非常重要的环节，通过控制参数的设定，可以实现基线的精化处理。

(4)基线解算。基线解算的过程一般是自动进行的，无须过多的人工干预。

(5)基线质量的检验。基线解算完毕后，基线结果并不能马上用于后续的处理，还必须对基线的质量进行检验，只有质量合格的基线才能用于后续的处理，如果不合格，则需要设置控制参数对基线进行重新解算或重新测量。基线的质量检验需要通过 *RATIO*、*RDOP*、*RMS*、同步环闭合差、异步环闭合差和重复基线较差来进行。

第三节　GPS 网平差

GPS 控制网是由相对定位所求得的基线向量而构成的空间基线向量网。在 GPS 网的数据处理过程中，基线解算所得到的基线向量仅能确定 GPS 网的几何形状，但却无法提供最终确定网中点的绝对坐标所必需的绝对位置基准。而用户布设 GPS 网的主要目的是确定网中各 GPS 点在某一特定坐标系统下的坐标值，这就需要通过在平差时输入该坐标系统下的起算数据来实现。当然，由 GPS 基线向量组成的网平差，还可以消除由于各种类型的误差引起的 GPS 基线向量观测值和地面观测中的矛盾。

根据平差所进行的坐标空间，GPS 网平差可分为三维平差和二维平差；根据平差时所采用的观测值和特定坐标系统下起算数据的数量与类型，可分为无约束平差和约束平差。

一、三维无约束平差

所谓 GPS 网的三维无约束平差，是指平差在 WGS－84 三维空间直角坐标系下进行，平差时不引入使 GPS 网产生由非观测量所引起的变形的外部约束条件。具体地说，在进行三维平差时，所采用的起算条件的数量为三个，这三个起算条件既可以是一个起算点的三维坐标向量，也可以是其他的起算条件。GPS 网的三维无约束平差有以下三个主要作用。

(1)评定 GPS 网的内部符合精度，发现和剔除 GPS 观测值中可能存在的粗差。

由于三维无约束平差的结果完全取决于 GPS 网的布设方法和 GPS 观测值的质量，因此三维无约束平差的结果就完全反映了 GPS 网本身的质量好坏，如果平差结果质量不好，则说明 GPS 网的布设或 GPS 观测值的质量有问题；反之，则说明 GPS 网的布设或 GPS 观测值的质量没有问题。通过网平差，可得出一系列可用于评估 GPS 网精度的指标，如观测值改正数、观测值验后方差、观测值单位权方差、相邻点距离中误差、点位中误差等，结合这些精度指标，还可以设法确定出质量不佳的观测值，并对它们进行相应的处理，从而达到改善网的质量的目的。

(2)得到 GPS 网中各个点在 WGS－84 坐标系下经过平差处理的三维空间直角坐标。

在进行 GPS 网的三维无约束平差时，如果指定网中某点准确的 WGS－84 坐标作为起算点，则最后可得到的 GPS 网中各个点经过了平差处理的 WGS－84 坐标系下的坐标。

(3)为将来可能进行的高程拟合，提供经过了平差处理的大地高数据。

用 GPS 水准替代常规水准测量获取各点的正高或正常高是目前 GPS 应用中一个较新的领域，现在一般采用的是利用公共点进行高程拟合的方法。在进行高程拟合之前，必须获得经过平差的大地高数据，三维无约束平差可以提供这些数据。

在 GPS 网三维无约束平差中所采用的观测值为基线向量，即 GPS 基线的起点到终点的坐标差，设 $l_{ij}=[\Delta X_{ij}\quad \Delta Y_{ij}\quad \Delta Z_{ij}]$为 GPS 网任一基线向量。因此，对与每一条基线向量，都可以列出如下的一组观测方程：

$$\begin{bmatrix} v_{\Delta X} \\ v_{\Delta Y} \\ v_{\Delta Z} \end{bmatrix} = \begin{bmatrix} -1 & 0 & 0 \\ 0 & -1 & 0 \\ 0 & 0 & -1 \end{bmatrix} \begin{bmatrix} \mathrm{d}X_i \\ \mathrm{d}Y_i \\ \mathrm{d}Z_i \end{bmatrix} + \begin{bmatrix} 1 & 0 & 0 \\ 0 & 1 & 0 \\ 0 & 0 & 1 \end{bmatrix} \begin{bmatrix} \mathrm{d}X_j \\ \mathrm{d}Y_j \\ \mathrm{d}Z_j \end{bmatrix} - \begin{bmatrix} \Delta X_{ij} - X_i^0 + X_j^0 \\ \Delta Y_{ij} - Y_i^0 + Y_j^0 \\ \Delta Z_{ij} - Z_i^0 + Z_j^0 \end{bmatrix} \tag{7-15}$$

与此相对应的方差－协方差阵为：

$$D_{ij} = \begin{bmatrix} \sigma_{\Delta X}^2 & \sigma_{\Delta X\Delta Y} & \sigma_{\Delta X\Delta Z} \\ \sigma_{\Delta Y\Delta X} & \sigma_{\Delta Y}^2 & \sigma_{\Delta Y\Delta Z} \\ \sigma_{\Delta Z\Delta X} & \sigma_{\Delta Z\Delta Y} & \sigma_{\Delta Z}^2 \end{bmatrix} \tag{7-16}$$

协因数阵为：

$$Q_{ij} = \frac{1}{\sigma_0^2} D_{ij} \tag{7-17}$$

权阵为：

$$P_{ij} = D_{ij}^{-1} \tag{7-18}$$

式中　σ_0——先验的单位权中误差。

平差所用的观测方程就是通过上面的方法列出的，但为了使平差进行下去，还必须引入位置基准，引入位置基准的方法一般有两种。一般是以 GPS 网中一个点的 WGS－84 坐标作为起算的位置基准，即可有一个基准方程：

$$\begin{bmatrix} \mathrm{d}X_i \\ \mathrm{d}Y_i \\ \mathrm{d}Z_i \end{bmatrix} = \begin{bmatrix} X_i^0 \\ Y_i^0 \\ Z_i^0 \end{bmatrix} - \begin{bmatrix} X_i \\ Y_i \\ Z_i \end{bmatrix} = 0 \tag{7-19}$$

根据上面的观测方程和基准方程，按照最小二乘原理进行平差解算，得到平差结果。

待定点坐标参数：

$$\begin{bmatrix} \hat{X}_1 \\ \hat{Y}_1 \\ \hat{Z}_1 \\ \vdots \\ \hat{X}_n \\ \hat{Y}_n \\ \hat{Z}_n \end{bmatrix} = \begin{bmatrix} X_1^0 \\ Y_1^0 \\ Z_1^0 \\ \vdots \\ X_n^0 \\ Y_n^0 \\ Z_n^0 \end{bmatrix} + \begin{bmatrix} \mathrm{d}\hat{X}_1 \\ \mathrm{d}\hat{Y}_1 \\ \mathrm{d}\hat{Z}_1 \\ \vdots \\ \mathrm{d}\hat{X}_n \\ \mathrm{d}\hat{Y}_n \\ \mathrm{d}\hat{Z}_n \end{bmatrix} \tag{7-20}$$

单位权中误差：

$$\hat{\sigma}_0 = \sqrt{\frac{V^{\mathrm{T}}PV}{3n - 3t + 3}} \tag{7-21}$$

式中　n——网的总点数；

t——网中的基线向量数。

坐标未知数的方差估计值为：

$$D = \hat{\sigma}_0^2 N^{-1} \tag{7-22}$$

式中　N——网的法方程系数矩阵。

由此可知，我们可以通过改正数检验了解网自身的内符合精度，观察网中是否可能存在粗差和系统误差。

二、三维约束平差

所谓三维约束平差，就是以国家大地坐标系或地方坐标系的某些点的固定坐标、固定边长及固定方位为网的基准，将其作为平差中的约束条件，并在平差计算中考虑 GPS 网与地面网之间的转换参数。GPS 网的三维约束平差主要作用是：在国家大地坐标系或在指定参照系下，经过了平差处理，则最后可得到 GPS 网中各个点经过了平差处理的在国家大地坐标系或地方坐标系下的坐标。

国家大地坐标系或地方坐标系约束基准数据的数量与质量以及在网中的分布均对平差

精度结果产生影响。一般平差前必须选择满足要求的基准数据。三维无约束平差可以提供这些经过平差的大地高数据。

三维约束平差观测方程必须顾及 WGS－84 坐标系与国家大地坐标系间的转换参数，即应顾及 7 个转换参数。但由于观测量——基线向量是以三维坐标差的形式表示的，因而转换关系与平移参数无关，7 个参数中只需考虑尺度参数 m 和 3 个旋转参数 ε_x、ε_y、ε_z，两坐标系的坐标差转换模型为：

$$\begin{bmatrix} \Delta X_{ij} \\ \Delta Y_{ij} \\ \Delta Z_{ij} \end{bmatrix}_S = (1+m)\begin{bmatrix} \Delta X_{ij} \\ \Delta Y_{ij} \\ \Delta Z_{ij} \end{bmatrix}_T + R_{ij}\begin{bmatrix} \varepsilon_x \\ \varepsilon_y \\ \varepsilon_z \end{bmatrix} \tag{7-23}$$

其中

$$R_{ij} = \begin{bmatrix} 0 & -\Delta Z_{ij} & \Delta Y_{ij} \\ \Delta Z_{ij} & 0 & -\Delta X_{ij} \\ -\Delta Y_{ij} & \Delta X_{ij} & 0 \end{bmatrix} \tag{7-24}$$

由式(7-23)可得在考虑转换参数后的 GPS 基线向量观测方程，即

$$\begin{bmatrix} V_{\Delta X_{ij}} \\ V_{\Delta Y_{ij}} \\ V_{\Delta Z_{ij}} \end{bmatrix} = -\begin{bmatrix} dX_i \\ dY_i \\ dZ_i \end{bmatrix} + \begin{bmatrix} dX_j \\ dY_j \\ dZ_j \end{bmatrix} + \begin{bmatrix} \Delta X_{ij} \\ \Delta Y_{ij} \\ \Delta Z_{ij} \end{bmatrix} m + R_{ij}\begin{bmatrix} \varepsilon_x \\ \varepsilon_y \\ \varepsilon_z \end{bmatrix} - \begin{bmatrix} L_{\Delta X_{ij}} \\ L_{\Delta Y_{ij}} \\ L_{\Delta Z_{ij}} \end{bmatrix} \tag{7-25}$$

其中

$$\begin{bmatrix} L_{\Delta X_{ij}} \\ L_{\Delta Y_{ij}} \\ L_{\Delta Z_{ij}} \end{bmatrix} = \begin{bmatrix} X_j^0 - X_i^0 - \Delta X_{ij} \\ Y_j^0 - Y_i^0 - \Delta Y_{ij} \\ Z_j^0 - Z_i^0 - \Delta Z_{ij} \end{bmatrix} \tag{7-26}$$

GPS 网三维约束平差即为附有条件的相关间接平差，其误差方程为基线向量的观测方程，对于已知地面坐标点 k，其坐标约束条件为：

$$\begin{bmatrix} dX_k \\ dY_k \\ dH_k \end{bmatrix} = \begin{bmatrix} 0 \\ 0 \\ 0 \end{bmatrix} \tag{7-27}$$

三、GPS 网平差的流程

GPS 网三维平差的主要流程如图 7-5 所示。GPS 网三维平差中，首先应进行三维无约束平差，平差后通过观测值改正数检验，发现基线向量中是否存在粗差，并剔除含有粗差的基线向量，再重新进行平差，直至确定网中没有粗差后，再对单位权方差因子进行 χ^2 检验，判断平差的基线向量随机模型是否存在误差，并对随机模型进行改正，以提供较为合适的平差随机模型。在对 GPS 网进行约束平差后，还应对平差中加入的转换参数进行显著性检验，对于不显著的参数应剔除，以免破坏平差方程的性态。

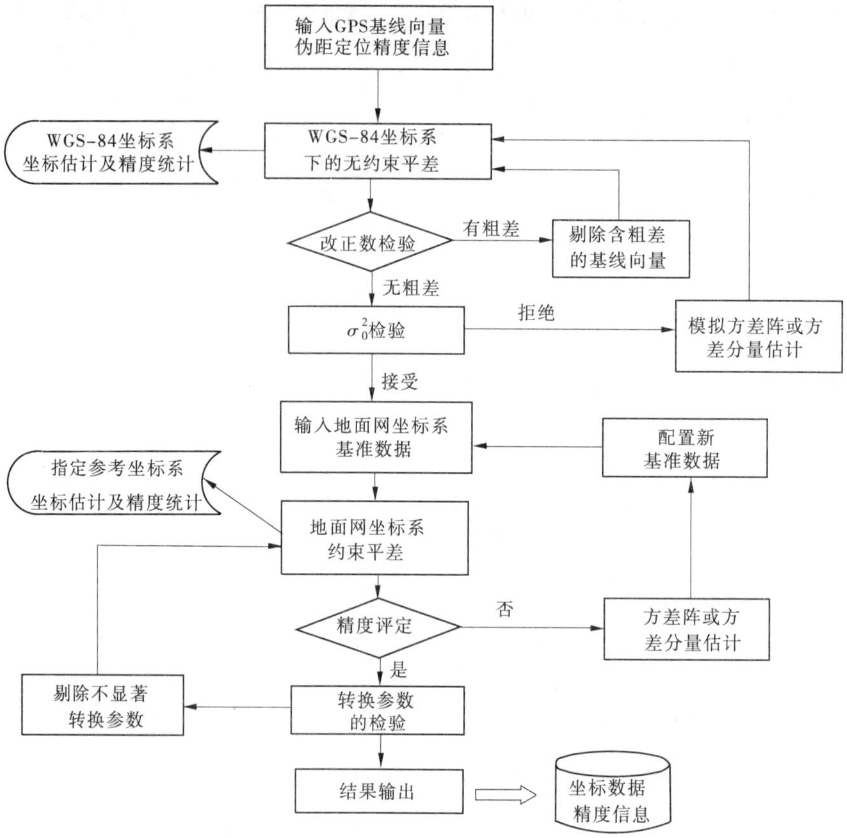

图 7-5　GPS 网平差的主要流程

第四节　GPS 高程

由 GPS 相对定位得到的三维基线向量，通过 GPS 网平差计算，可以得到高精度的大地高差。如果网中有一点或多点具有一定精度的 WGS－84 大地坐标系的大地高程，则在 GPS 网平差后，可以求得各 GPS 点的 WGS－84 大地高 H_{84}。

但在实际应用中，地面点的高程采用正常高系统。地面点的正常高 H_r 是地面点沿铅垂线至似大地水准面的距离。这种高程是通过水准测量来确定的。这就有必要找出 GPS 点的大地高 H_{84} 与正常高 H_r 的关系，并用一定的方法将 H_{84} 转换为 H_r。

图 7-6 所示为大地高与正常高之间的关系，其中，ξ 表示似大地水准面至椭球面的高差，叫做高程异常。显然，如果知道了各 GPS 点的高程异常 ξ 值，则不难由各 GPS 点的大地高 H_{84} 求得各 GPS 点的正常高 H_r 值。如果同时知道了各 GPS 点的大地高 H_{84} 和正常高 H_r，则可以求得各点的高程异常 ξ。

$$H_r = H_{84} - \xi \tag{7-28}$$

或

$$\xi = H_{84} - H_r \tag{7-29}$$

由此可见，研究 GPS 高程的意义有两个方面：一是精确求定 GPS 点的正常高；二是求定高精度的似大地水准面。通常又称利用 GPS 和水准测量成果确定似大地水准面的方法为 GPS 水准。

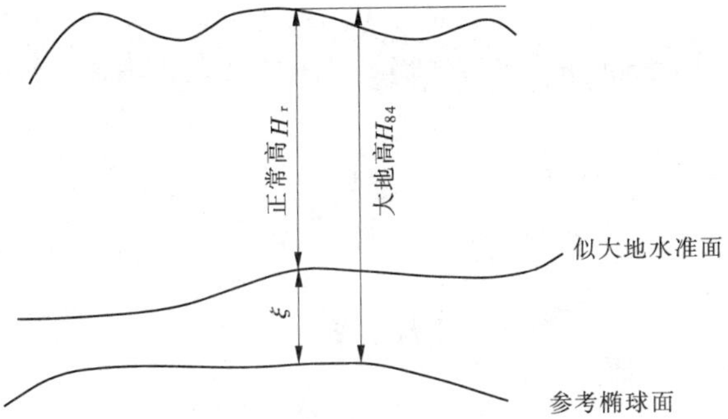

图 7-6　大地高与正常高的关系

目前，国内外 GPS 水准主要是采用纯几何的曲面拟合法，即根据区域内若干公共点上的高程异常值，构造某种曲面近似大地水准面。随着所构造的曲面不同，计算方法也不一样。其中，主要的方法有二次曲面拟合法、三次曲面拟合法、多面函数拟合法、移动曲面法和神经网络法等，下面仅介绍二次曲面拟合法和三次曲面拟合法两个较为简单的数学模型。

一、二次曲面拟合法

对于公共点上的高程异常与平面坐标，假定存在如下二次曲面数学模型：

$$\xi + V = a_0 + a_1x + a_2y + a_3xy + a_4x^2 + a_5y^2 \tag{7-30}$$

式中　ξ——已知高程异常值；

x,y——已知高程拟合点的平面坐标值；

a_0,a_1,a_2,a_3,a_4,a_5——待定参数。

要确定这 6 个参数，至少需要 6 个参数方程，也就是说至少需要 6 个公共点作为拟合的必要条件。如果有 n 个观测公共点（n 个联测了水准的 GPS 点），那么就产生了 $n-6$ 个多余观测数，可列出 n 个误差方程式。

$$\left.\begin{aligned}
\xi_1 + V_1 &= a_0 + a_1x_1 + a_2y_1 + a_3x_1y_1 + a_4x_1^2 + a_5y_1^2 \\
\xi_2 + V_2 &= a_0 + a_1x_2 + a_2y_2 + a_3x_2y_2 + a_4x_2^2 + a_5y_2^2 \\
&\vdots \\
\xi_n + V_n &= a_0 + a_1x_n + a_2y_n + a_3x_ny_n + a_4x_n^2 + a_5y_n^2
\end{aligned}\right\} \tag{7-31}$$

式中各项的矩阵表达式为：

$$\xi = \begin{bmatrix} \xi_1 \\ \xi_2 \\ \vdots \\ \xi_n \end{bmatrix}, V = \begin{bmatrix} V_1 \\ V_2 \\ \vdots \\ V_n \end{bmatrix}, A = \begin{bmatrix} a_0 \\ a_1 \\ a_2 \\ a_3 \\ a_4 \\ a_5 \end{bmatrix}, X = \begin{bmatrix} 1 & x_1 & y_1 & x_1y_1 & x_1^2 & y_1^2 \\ 1 & x_2 & y_2 & x_2y_2 & x_2^2 & y_2^2 \\ \vdots & \vdots & \vdots & \vdots & \vdots & \vdots \\ 1 & x_n & y_n & x_ny_n & x_n^2 & y_n^2 \end{bmatrix} \tag{7-32}$$

则误差方程的矩阵形式为：

$$\xi + V = XA \tag{7-33}$$

令 $A = A^0 + \hat{a}$，$\underset{n,1}{l} = \xi - XA^0$，其中 A^0 为参数的近似值，于是得误差方程为：

$$V = X\hat{a} - l \tag{7-34}$$

按最小二乘原理，式(7-34)的 $\hat{a}$ 必须满足 $V^{\mathrm{T}}PV = \min$ 的要求，其中 P 为权阵，求偏导数得

$$\frac{\partial V^{\mathrm{T}}PV}{\partial \hat{a}} = 2V^{\mathrm{T}}P\frac{\partial V}{\partial \hat{a}} = 2V^{\mathrm{T}}PX = 0 \tag{7-35}$$

转置后得

$$X^{\mathrm{T}}PV = 0 \tag{7-36}$$

解之得

$$\hat{a} = (X^{\mathrm{T}}PX)^{-1}X^{\mathrm{T}}Pl \tag{7-37}$$

最后即可求得

$$A = [a_0 \quad a_1 \quad a_2 \quad a_3 \quad a_4 \quad a_5]^{\mathrm{T}} \tag{7-38}$$

二、三次曲面拟合法

对于公共点上的高程异常与平面坐标，假定存在如下三次曲面数学模型。

$$\xi + V = a_0 + a_1x + a_2y + a_3xy + a_4x^2 + a_5y^2 + a_6x^2y + a_7xy^2 + a_8x^3 + a_9y^3 \tag{7-39}$$

式中 ξ——已知高程异常值；

x,y——已知高程拟合点的平面坐标值；

$a_0,a_1,\cdots,a_9$——待定参数。

根据参数平差原理，n 个观测数据可以列出 n 个误差方程式。

$$\left.\begin{aligned}
\xi_1 + V_1 &= a_0 + a_1x_1 + a_2y_1 + a_3x_1y_1 + a_4x_1^2 + a_5y_1^2 + a_6x_1^2y_1 + a_7x_1y_1^2 + a_8x_1^3 + a_9y_1^3 \\
\xi_2 + V_2 &= a_0 + a_1x_2 + a_2y_2 + a_3x_2y_2 + a_4x_2^2 + a_5y_2^2 + a_6x_2^2y_2 + a_7x_2y_2^2 + a_8x_2^3 + a_9y_2^3 \\
&\vdots \\
\xi_n + V_n &= a_0 + a_1x_n + a_2y_n + a_3x_ny_n + a_4x_n^2 + a_5y_n^2 + a_6x_n^2y_n + a_7x_ny_n^2 + a_8x_n^3 + a_9y_n^3
\end{aligned}\right\} \tag{7-40}$$

式中各项矩阵表达式为

$$\xi = \begin{bmatrix} \xi_1 \\ \xi_2 \\ \vdots \\ \xi_n \end{bmatrix}, V = \begin{bmatrix} V_1 \\ V_2 \\ \vdots \\ V_n \end{bmatrix}, A = \begin{bmatrix} a_0 \\ a_1 \\ a_2 \\ a_3 \\ \vdots \\ a_n \end{bmatrix}, X = \begin{bmatrix} 1 & x_1 & y_1 & \cdots & y_1^3 \\ 1 & x_2 & y_2 & \cdots & y_2^3 \\ \vdots & \vdots & \vdots & & \vdots \\ 1 & x_n & y_n & \cdots & y_n^3 \end{bmatrix} \tag{7-41}$$

其解算步骤同上，最后即可求得

$$A = [a_0 \quad a_1 \quad a_2 \quad \cdots \quad a_n]^{\mathrm{T}} \tag{7-42}$$

通过对 GPS 网的数学模型的建立，利用数学软件 Matlab 并进行相应的程序设计，就能确定该地区的似大地水准面，实现 GPS 的大地高向正常高的转换。利用 GPS 水准的方法，能够满足四等以下水准的精度要求，可替代许多常规的几何水准测量，大大降低作业的费

用,提高工程效率。在高程拟合时应注意以下几个问题。

(一)选择合适的高程异常已知点

所谓高程异常的已知点的高程异常值,一般是通过水准测量测定正常高、通过 GPS 测量测定大地高后获得的。在实际工作中,一般采用在水准点上布设 GPS 点或对 GPS 点进行水准联测的方法来实现,为了获得好的拟合结果,要求采用数量尽量多的已知点,它们应均匀分布,并且最好能够将整个 GPS 网包围起来。

(二)高程异常已知点的数量

若要用零次多项式进行高程拟合,要确定 1 个参数,则需要 1 个以上的已知点;若要采用一次多项式进行高程拟合,要确定 3 个参数,则需要 3 个以上的已知点;若要采用二次多项式进行高程拟合,要确定 6 个参数,则需要 6 个以上的已知点。

(三)分区拟合法

若拟合区域较大,可采用分区拟合的方法,即将整个 GPS 网划分为若干区域,利用位于各个区域中的已知点分别拟合出该区域中的各点的高程异常值,从而确定出它们的正常高。图 7-7 是一个分区拟合的示意图,拟合分两个区域进行,以虚线为界,位于虚线上的已知点两个区域都采用。

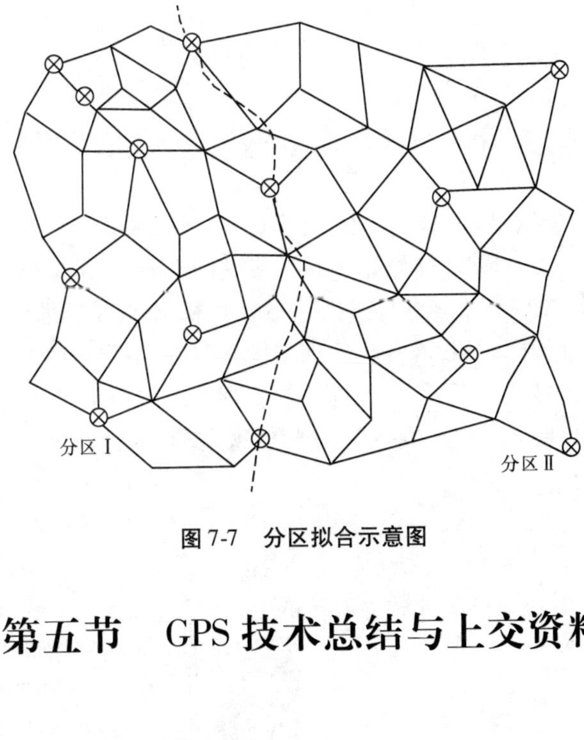

图 7-7　分区拟合示意图

第五节　GPS 技术总结与上交资料

一、技术总结

GPS 测量工作完成后,应及时编写技术总结,包含内容如下:

(1)项目名称,任务来源,施测目的及精度要求;

(2)测区范围与位置、自然地理条件、气候特点、人文、经济发展状况、交通条件、通信条件等;

(3)测区已有测量标志情况;

(4)施测单位,作业时间,技术依据及作业人员情况;
(5)接收设备的类型、数量和检验情况;
(6)选点与埋石情况,观测环境评价及与原有测量标志的重合情况;
(7)观测实施情况,观测时段选择,补测与重测情况及作业中发生与存在的问题说明;
(8)观测数据质量的检核情况,起算数据,数据处理的内容、方法及所采用的软件情况;
(9)对整个工程的质量及成果作出评价;
(10)成果中尚存在的问题与必须说明的其他情况。

二、上交成果资料

GPS 工程项目应整理上交以下技术成果资料:
(1)测量任务书和专业设计书;
(2)点之记、环视图、测量标志委托保管书;
(3)接收设备、气象及其他仪器的检验资料;
(4)外业观测记录、测量手簿及其他记录;
(5)数据处理中生成的文件、资料和成果表;
(6)GPS 网展点图;
(7)技术总结和成果验收报告。

第六节　GPS 数据处理工程实例

现以 GPSADJ 软件为例说明 GPS 数据处理全过程。GPSADJ 基线处理与平差软件主要是对 GPS 星历数据进行基线处理,并将结果进行约束整网平差,得出控制网最后成果。本软件能处理南方公司的静态 GPS 数据及各种进口 GPS 接收机 RINEX 标准格式的数据。软件界面友好,采用风格为全中文操作环境,流程化管理与操作,具有更出色的图形操作界面和良好的图形服务功能,可进行包括基线网图、误差椭圆等各种图形的输出、打印。该软件包的功能有星历预报、数据传输、基线向量处理、网平差、坐标转换、成果输出、RINEX 格式转换等模块。

一、GPSADJ 软件的安装

双击软件压缩包,弹出如图 7-8 所示窗口。
软件开始自解压,解压完毕进入软件安装的提示窗口,如图 7-9 所示。

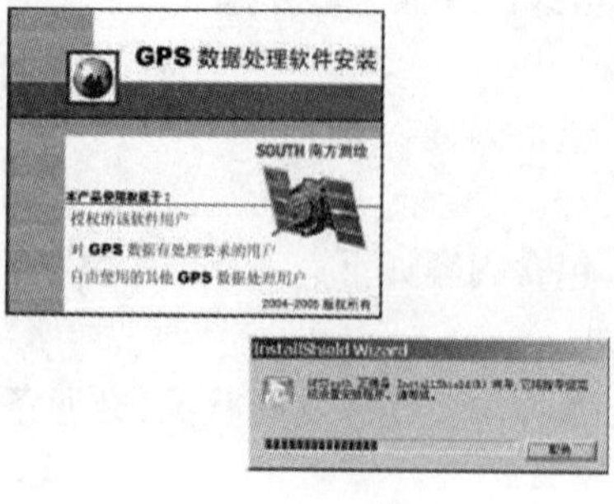

图 7-8　解压窗口

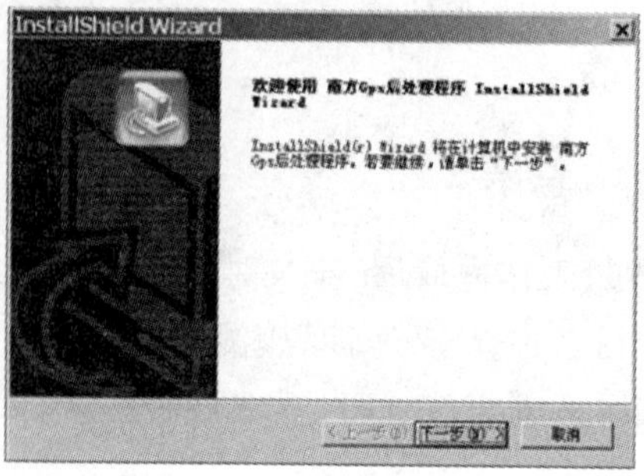

图 7-9　安装提示窗口

在“安装提示窗口”中用鼠标单击“下一步”弹出有关软件使用协议说明，如图 7-10 所示。

同意安装协议并用鼠标单击图 7-10 中“是”，安装将继续，窗口提示软件安装到计算机中的安装路径，如图 7-11 所示。

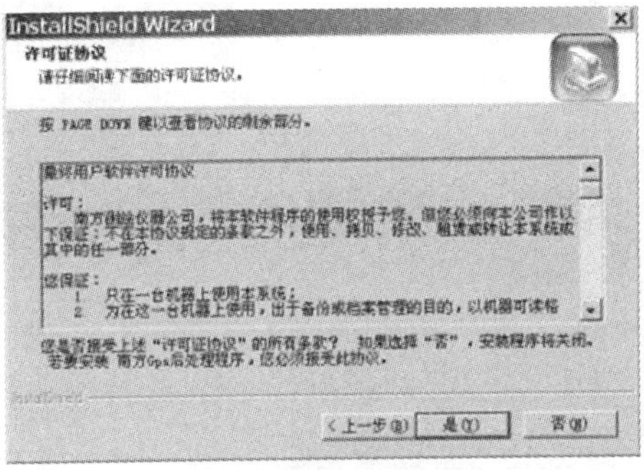

图 7-10　协议窗口

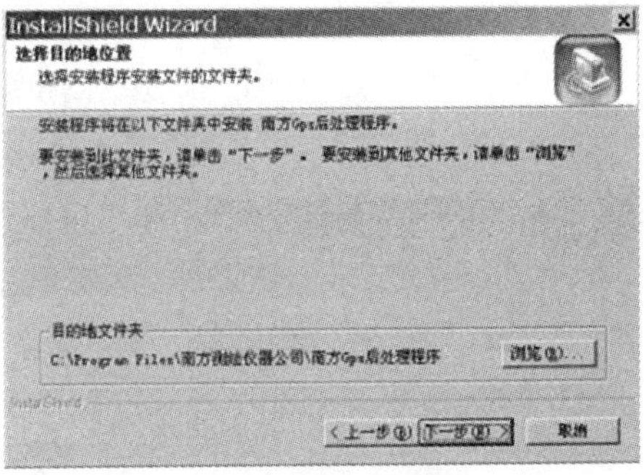

图 7-11　安装路径提示窗口

点击图示 7-11 中的“浏览”，可选择自定义安装本软件的路径，当然也可使用图示默认路径“C:\ProgramFiles\南方测绘仪器公司\GPSSouth”安装，选择好路径后用鼠标单击“下一步”弹出如图 7-12 所示界面。

进度条达到 100% 后，弹出如图 7-13 所示界面，点击“完成”，软件安装完毕。

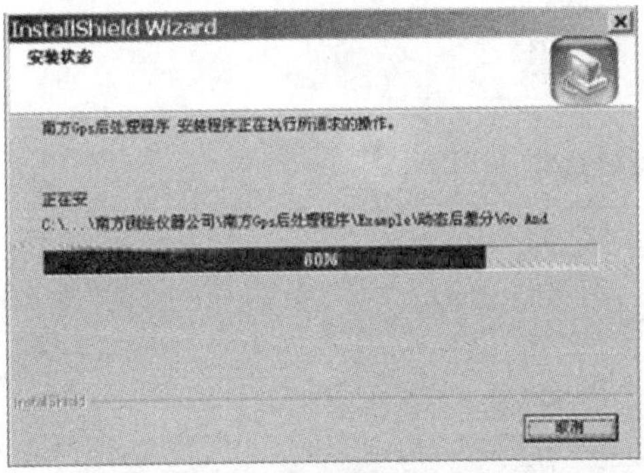

图 7-12　软件安装过程窗口

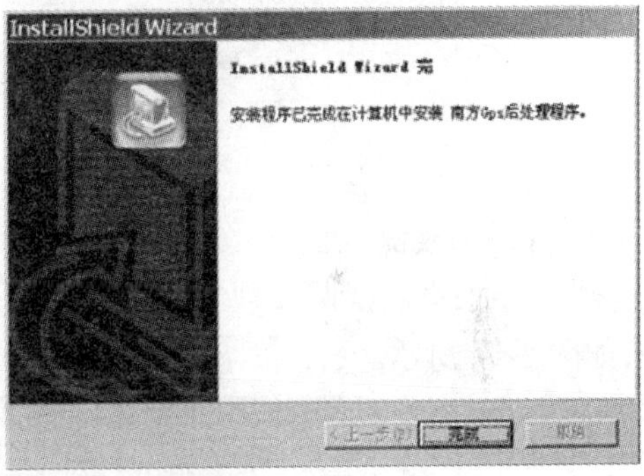

图 7-13　结束窗口

软件安装完毕后，在计算机的桌面自动生成“南方 GPS 数据处理”快捷方式。

二、数据解算方法

(一) 新建项目

点击“南方 GPS 数据处理”桌面快捷方式进入基线处理软件，界面如图 7-14 所示。

在“文件”菜单下单击“新建”，打开如图 7-15 所示的“建立项目”对话框。

在图 7-15 建立项目中根据要求完成各个项目的填写并点击“确认”按钮确认。在选择坐标系时，若是自定义坐标系，点击“定义坐标系统”按钮，弹出如图 7-16 所示对话框，根据“系统参数”中的配置完成自定义坐标系。

注：软件自动默认 3°带或 6°带中央子午线经度，不必再输入中央子午线经度。若是地方中央子午线，可用自定义坐标系，中央子午线经度在对话框中输入。

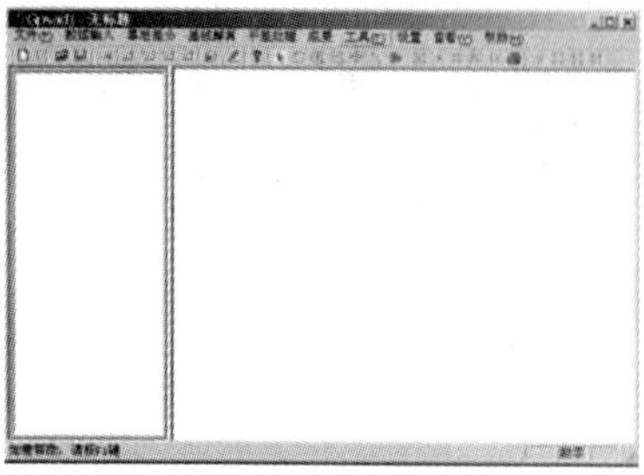

图 7-14　GPS 处理软件界面主界面

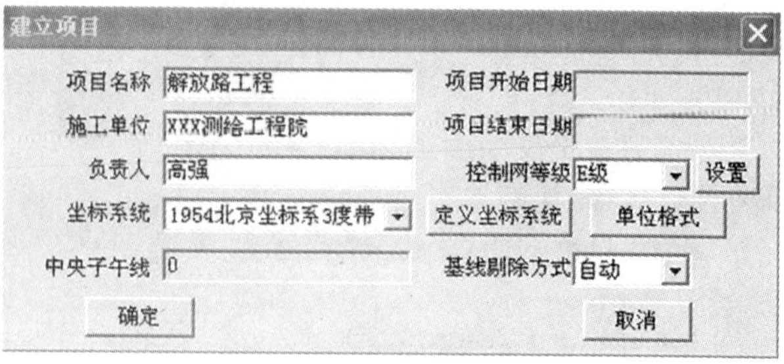

图 7-15　建立项目

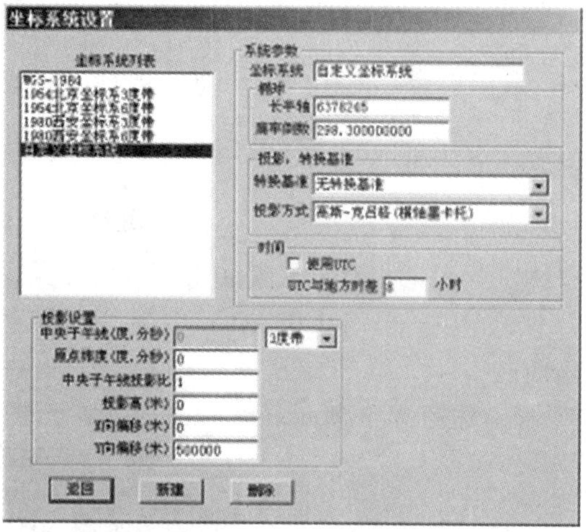

图 7-16　坐标系统设置

(二)增加观测数据

将野外采集数据调入软件,可以用鼠标左键点击文件,一个个单选,也可"全选"所有文件,如图 7-17 所示。

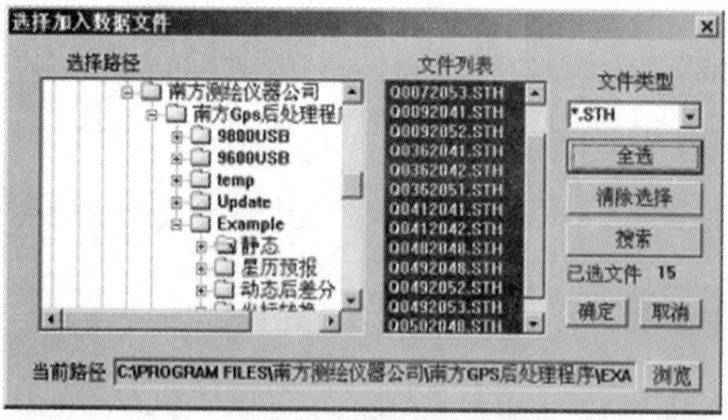

图 7-17　数据文件录入菜单

点击"确定"按钮,弹出如图 7-18 所示数据处理进度条。

然后稍等片刻,调入完毕后,演示网如图 7-19 所示。

(三)解算基线

选择解算全部基线,有自动计算进度条显示如图 7-20 所示。

这一解算过程可能等待时间较长,处理过程若想中断,请点击停止。基线处理完全结束

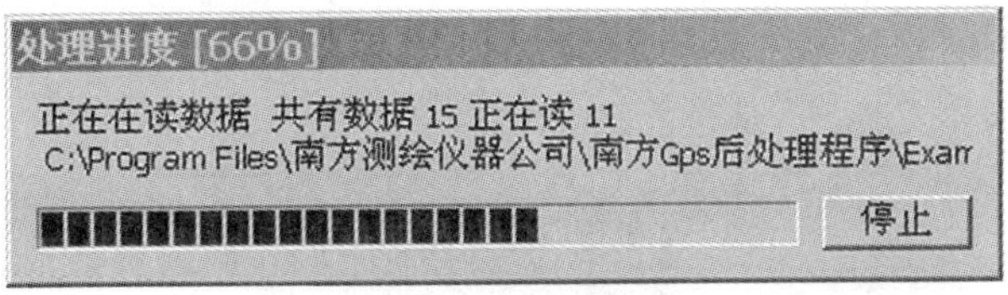

图 7-18　处理进度

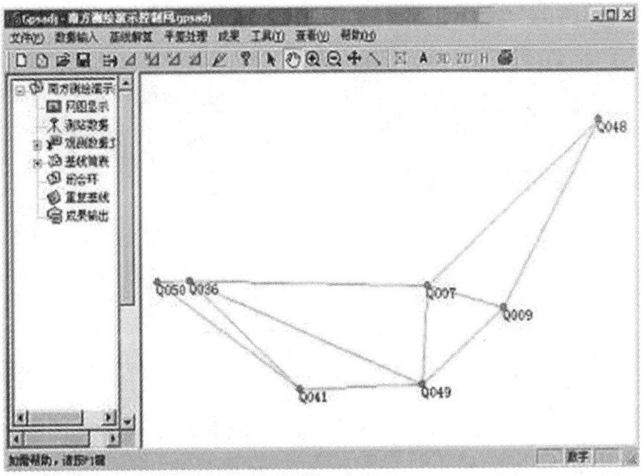

图 7-19　演示网

图 7-20　处理进度

后,颜色已由原来的绿色变成红色或灰色。基线双差固定解方差比大于 2.5 的基线变红(软件默认值 2.5),小于 2.5 的基线颜色变灰色。灰色基线方差比过低,可以进行重解。例如,对于基线“Q009 – Q007”,用鼠标直接在网图上双击该基线,选中基线由实线变成虚线后弹出基线解算对话框如图 7-21 所示,在对话框的显示项目中可以对基线解算进行必要的设置。

基线解算对话框各项设置的意义和使用说明如下:

“

”:显示当前处理的基线。当基线“Q009 – Q007”中存在重复基线,可点击右端的小三角框选择要修改的重复基线,如图 7-22 所示。

注:文件“Q0092041”中“Q009”表示点名,“204”表示测量日期是 1 年 365 天中的第 204 天,“1”表示时段数。

“

”:在白色小方框中单击鼠标左键后小方框中出现小勾,表示此功能已经被选中。“禁用”表示禁用当前的基线;“新增基线”表示当前基线为新增基线;“自动禁止使用”表示不合格的基线不参加组网,“选中基线”表示当前基线为正在处理的选中基线。

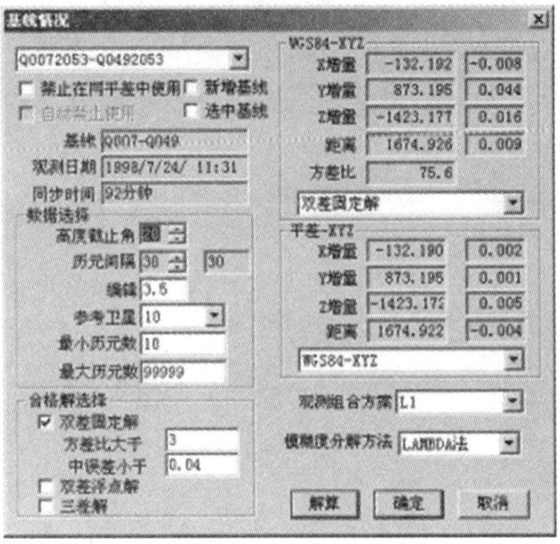

图 7-21 基线情况

图 7-22 选择基线

“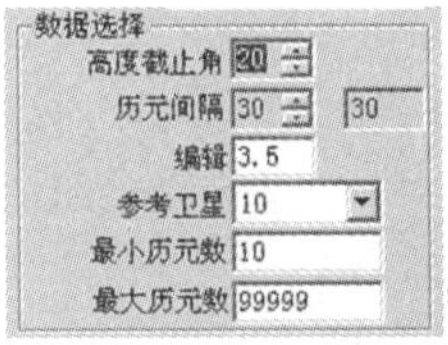

”:数据选择系列中的条件是对基线进行重解的重要条件。可以对高度截止角和历元间隔进行组合,设置完成基线的重新解算,以提高基线的方差比。历元间隔中的左边第一个数字历元项为解算历元,第二项为数据采集历元。当解算历元小于采集历元时,软件解算采用采集历元,反之则选用设置的解算历元。“编辑”中的数字表示误差放大系数,参考卫星可进行选择,一般默认为自动选择接收信号效果最好的卫星,最小历元和最大历元数为限制解算的数据,一般设为默认值即可。

“合格解选择”为设置基线解的方法,分别有“双差固定解”、“双差浮点解”、“三差解”三种,默认设置为双差固定解,为最好的解算精度。

在反复组合高度截止角和历元间隔进行解算仍不合格的情况下,可点状态栏基线简表查看该条基线详表。点击左边状态栏中“基线简表”,点击基线“Q0092041 – Q0072041”,显示栏中会显示基线详情,如图 7-23 所示。

图 7-23 中详细列出了每条基线的测站、星历情况以及基线解算处理中周跳、剔除、精度分析等处理情况。在基线简表窗口中将显示基线处理的情况,先解算三差解,最后解算出双差解,点击该基线可查看三差解、双差浮动解、双差固定解的详细情况。若无效历元过多,可在左边状态栏中观测数据文件下剔除,如在 Q0072041. STH 数据上双击弹出数据编辑框(见图 7-24)。点中  ,然后按住鼠标左键拖拉圈住图中有历元中断的地方即可剔除无效历元,点中  可恢复剔除历元。在删除了无效历元后重解基线,若基线仍不合格,就应该考虑对不合格基线进行重测了。

(四)检查闭合环和重复基线

待基线解算合格后(少数几条解算基线不合格可让其不参与平差),在“闭合环”窗口中进行闭合差计算。首先,对同步时段任一三边同步环的坐标分量闭合差和全长相对闭合差按独立环闭合差要求进行同步环检核,然后计算异步环。程序将自动搜索所有的同步、异步闭合环。

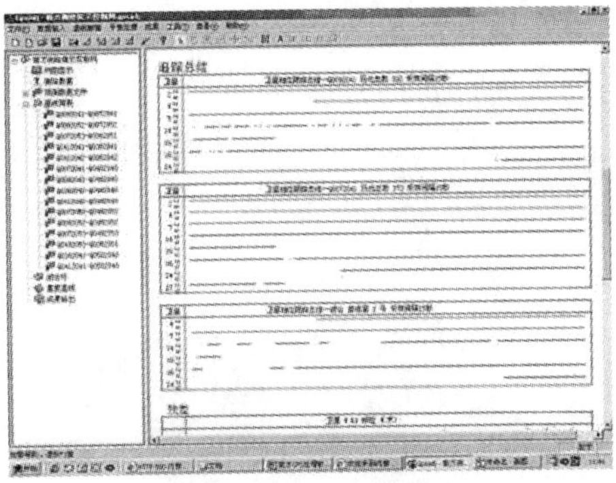

图 7-23　基线详解

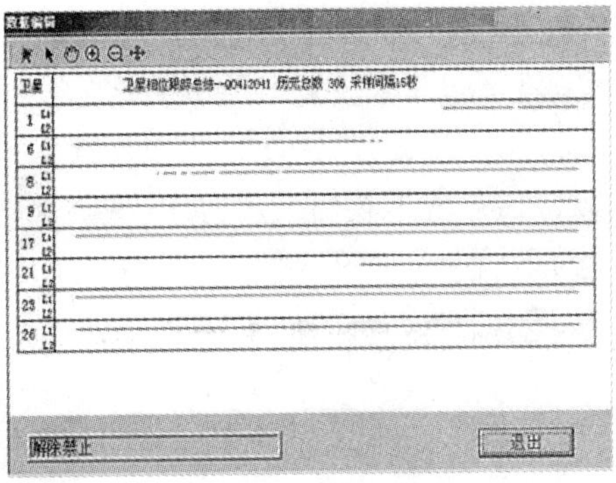

图 7-24　数据编辑

有关同步、异步闭合环、重复基线的要求必须参照有关国家规范。搜索闭合环点左边状态栏中闭合环，如图 7-25 显示闭合差。

从图 7-25 中可以看出，此网所有的同步闭合环均小于 10×10^{-6}，小于四等网（$\leqslant 10 \times 10^{-6}$）的要求。如果闭合差超限，那么必须剔除粗差基线（基线选择的原则方法请查看使用提示）。点击“基线简表”状态栏重新解算。根据基线解算以及闭合差计算的具体情况，对一些基线进行重新解算，具有多次观测基线的情况下可以不使用或者删除该基线。当出现孤点（即该点仅有一条合格基线相连）时，必须野外重测该基线或者闭合环。

（五）网平差及高程拟合

1. 数据录入

输入已知点坐标，给定约束条件。

本例控制网中 Q007、Q049 为已知约束点，点击“数据输入”菜单中的“坐标数据录入”弹出如图 7-26 所示对话框，在“请选择”中选中“Q007”，单击“Q007”对应的“北向 X”的空白框后，空白框就被激活，此时可录入坐标。通过以上操作最终完成已知数据的录入。

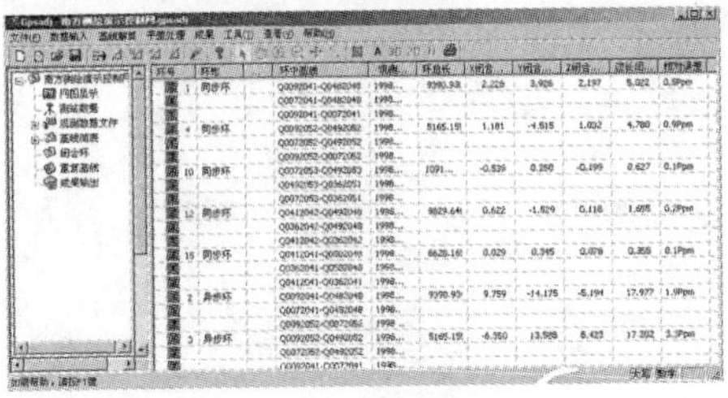

图 7-25　闭合环

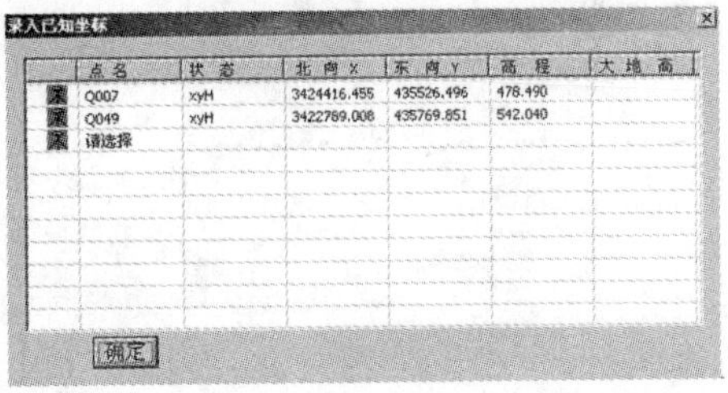

图 7-26　录入已知数据

2. 平差处理

进行整网无约束平差和已知点联合平差。根据以下步骤依次处理。

（1）自动处理：基线处理完后点此菜单，软件将会自动选择合格基线组网，进行环闭合差。

（2）三维平差：进行 WGS－84 坐标系下的自由网平差。

（3）二维平差：把已知点坐标代入网中进行整网约束二维平差。但要注意的是，当已知点的点位误差太大时，软件会弹出如图 7-27 所示错误提示窗口。在此时点击“二维平差”是不能进行计算的。用户需要对已知数据进行检合。

3. 高程拟合

根据“平差参数设置”中的高程拟合方案对观测点进行高程计算。

注:“网平差计算”的功能可以一次实现以上几个步骤。

(六)平差成果输出或者打印

成果菜单如图 7-28 所示。

图 7-27　错误提示窗口

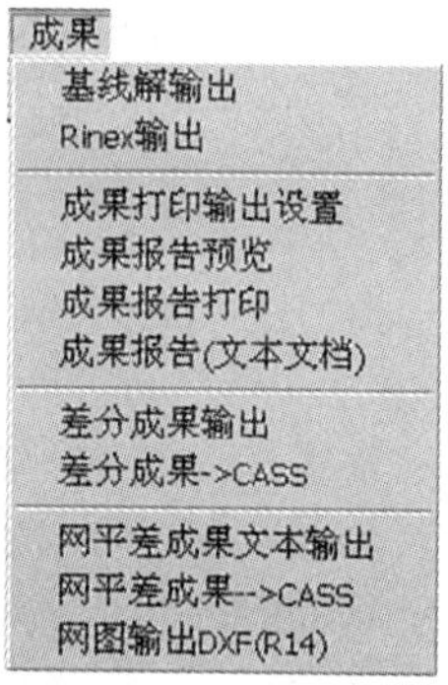

图 7-28　成果菜单

“基线解输出”:南方测绘 GPS 基线解算结果 Ver4.400 格式在此菜单项下以文本文档形式输出,输出结果可用其他平差软件进行平差计算。单击基线解算输出出现如图 7-29 所示对话框,这时可以选择存储路径,单击“输出”就可以了。

“Rinex 输出”:将采集的 GPS 静态数据换成标准 RINEX 格式文本输出。单击“Rinex 输出”后出现如图 7-30 所示对话框,选择保存路径后确定即可。

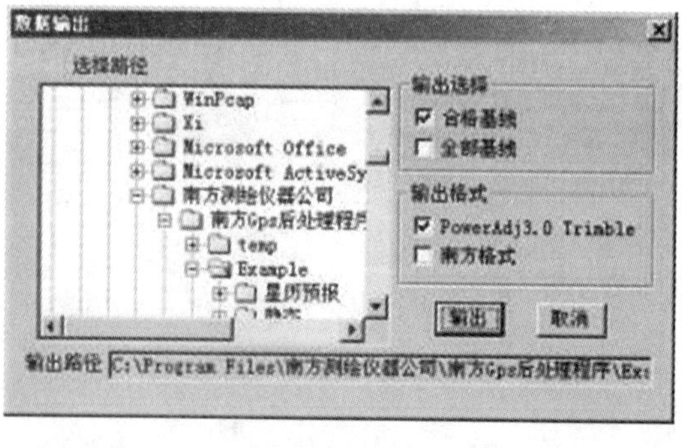

图 7-29　基线解输出

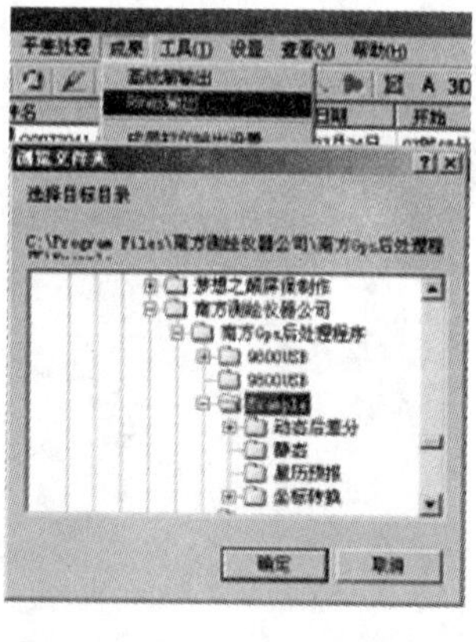

图 7-30　选择 Rinex 数据输出目录

“成果打印输出设置”:执行本命令后,出现如图 7-31 所示界面,用户可根据需要自行设定所需输出的成果。

“成果报告预览”:打印前预览网平差成果报告。

“成果报告打印”:打印网平差成果报告。

“成果报告(文本文档)”:以文本文档形式输出网平差成果报告。单击成果报告后出现文件输出对话框,选择保存路径后确定即可。

“网平差成果文本输出”:输出控制网平差成果报告文本格式,输出界面如图 7-32 所示。

“平差报告”:输出平差报告 Word 格式,输出界面如图 7-32 所示。

“网平差成果→CASS”:将网平差成果以 CASS 格式输出,输出界面如图 7-32 所示。以上均为了将软件处理后的基线结果和平差结果输出文本,输出后,文件保存在选择的路径下,例如:以上文本文件输出在“C:\Documents and Settings\Administrator\桌面”。

“网图输出 DXF(R14)”:将控制网图形输出成 DXF 文件格式,为 AutoCAD R14 版本,输出界面如图 7-32 所示,可以设置输出比例尺。

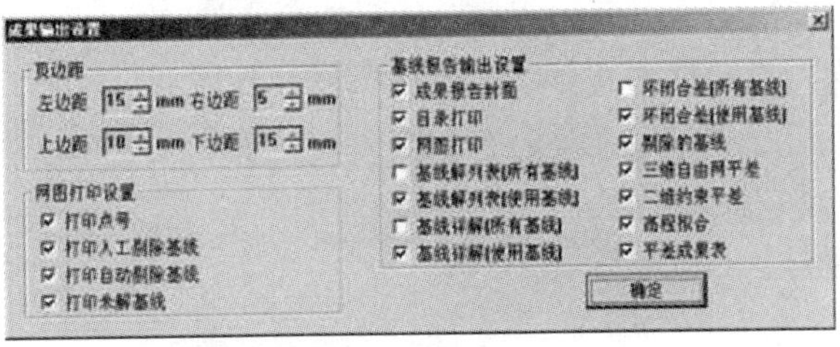

图 7-31　成果打印输出设置

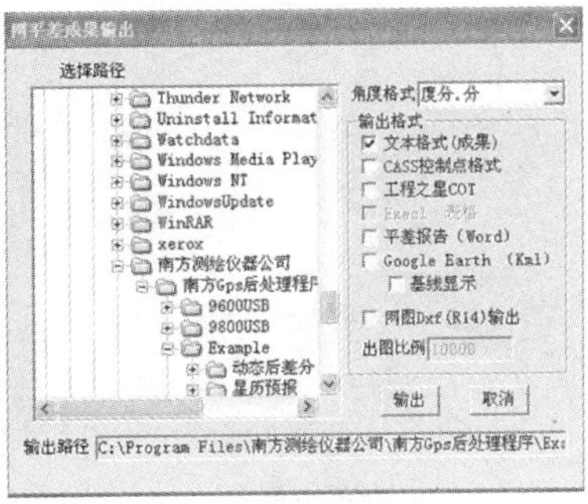

图 7-32　网平差成果输出

将要输出的项目成果设置好后,点击“输出”,可以将选择好的成果输出到指定的路径下。

三、基线处理特例

下面主要针对一些特别数据的基线处理和平差的方法进行介绍。我们平常野外采集的 GPS 数据在内业处理软件中不一定能一次性解算合格。平差时需要剔除一些粗差大或不合格基线并选择不同已知点来约束平差以求得最佳成果。下面以某单位的施工控制网为例说明基线处理的基本原则和操作,施工网示意图如图 7-33 所示。

图 7-33 网中的基线 TH01 - SXCW 这条重复基线解算后的方差比太低,如图 7-34 所示。

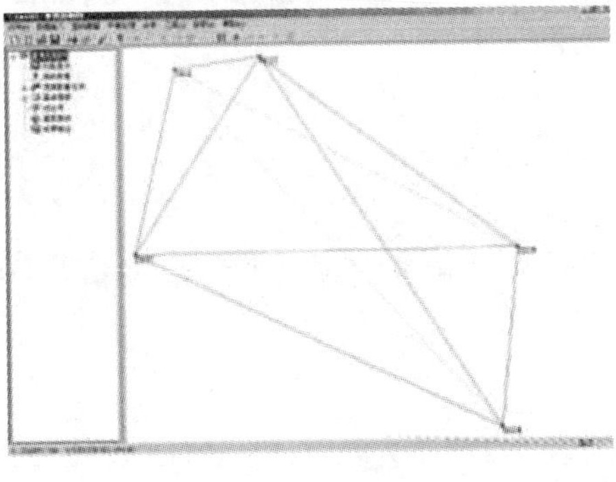

图 7-33　施工网示意图

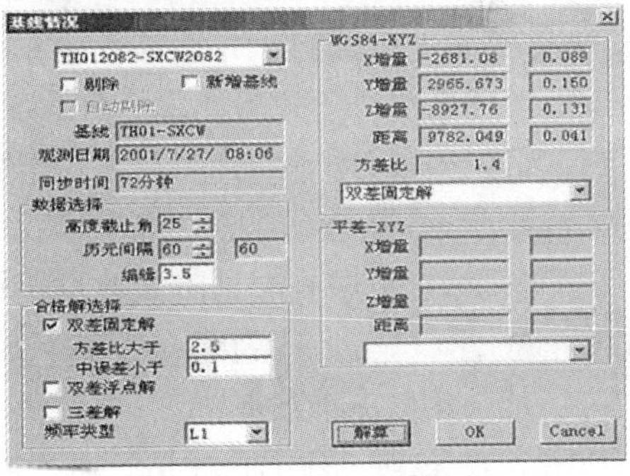

图 7-34　基线情况

对此观测数据质量差的数据进行重新解算,一般我们采取以下三种措施。

(一)确定合适的历元间隔

我们可从图 7-34 看到,TH012082 - SXCW2082 这条基线约长 10 km,而同步观测时间只有 72 min,如果使用历元间隔 60 s 来解算,则一共有 72 个历元的数据参与解算,我们可看到图 7-34 解算后方差比较低,为 1.4,没达到成为合格固定双差解的条件。由于基线越长,所观测的采集时间也越长,而我们野外观测时间只有 72 min,现在可调整缩小历元间隔为 30 s

来解算，这时参与计算的一共有 144 个历元的数据，比用历元间隔 60 s 来解算多一倍的数据量，这样可弥补观测时间不足。现在用 30 s 间隔来算结果，如图 7-35 所示。

此时方差比为 1.0，反而比 1.4 更低了，我们可查看基线详解图 7-36，数据某些时间段出现周跳或中断，数据量多同时带进了更多的质量差的数据，这时又要求缩小历元间隔。

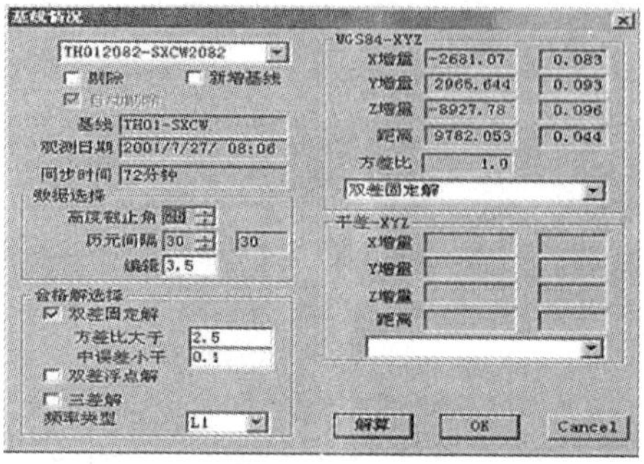

图 7-35　修改后的基线情况

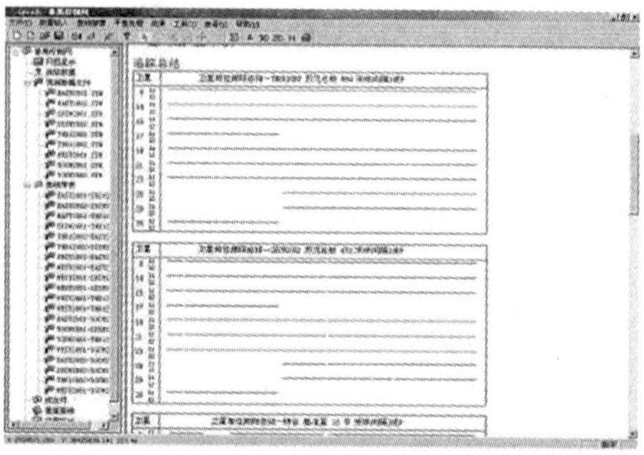

图 7-36　基线卫星数据

综上所述，确定合适的历元间隔原则如下：

（1）当对基线同步观测时间较短时，可缩小历元间隔，让更多的数据参与解算。当同步观测时间较长时，要增加历元间隔，让更少的数据参与解算。

（2）当数据周跳较多时，要增加历元间隔，这样可跳过中断的数据继续解算。

（二）如何确定合适的高度截止角

如果更改历元间隔来解算无法使基线方差比增加，我们再来调整高度截止角。当高度截止角较小时，参与解算的卫星数目多，但低空卫星数据通信容易被外界干扰，低空卫星质量差的数据较多；当高度截止角较大时，参与解算的卫星数目少，但高空卫星数据通信不容易被外界干扰，高空卫星质量好的数据较多。

如图 7-35 所示，高度截止角设为 25°时方差比为 1.0，改为高度截止角 35°时，如图 7-37 所示，方差比为 100.0，已满足合格固定双差解的条件。

综上所述确定合适的高度截止角原则如下：

（1）当基线详解中查看到卫星数目足够多时，适当增加高度截止角，尽量让高空卫星数据进入解算；

（2）当基线详解中查看到卫星数目比较少（最低解算要求 4 颗以上卫星）时，适当降低高度截止角，尽量让多一些卫星数据进入解算。

（三）如何剔除无效历元

从图 7-38 看到，TH012082 历元有中断的地方较多，双击左状态栏的 TH01282. STH 数据弹出数据编辑框。图中红线代表接收机对卫星 L_1 载波信号的跟踪情况，每一条红线对应一颗卫星，卫星序号为图左端所示。红线中断处表示当时卫星信号失锁，为无效历元。删除无效历元时点中 ×，然后按住鼠标左键拖拉框选圈住图 7-38 中有历元中断的地方即可剔除无效历元，点中 可恢复剔除历元。

无效历元剔除后将变灰，如图 7-39 所示。

退出数据编辑框，重新解算剔除无效历元后的基线 TH012082 - SXCW2082。用以上三种方法综合交叉使用来解算基线合格后，要检核异步环、同步环和重复基线限差合格后才能

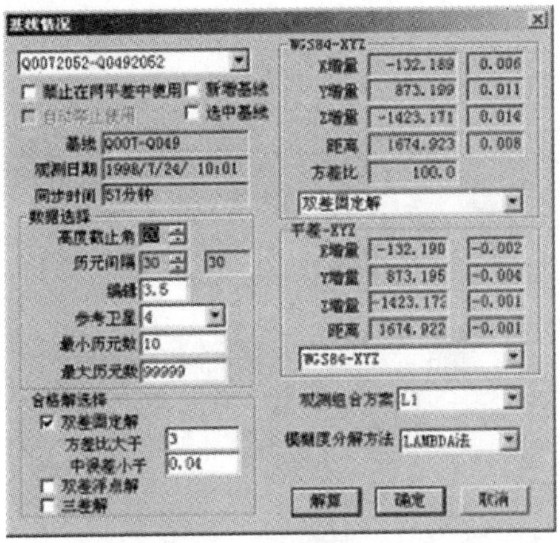

图 7-37　合格基线情况

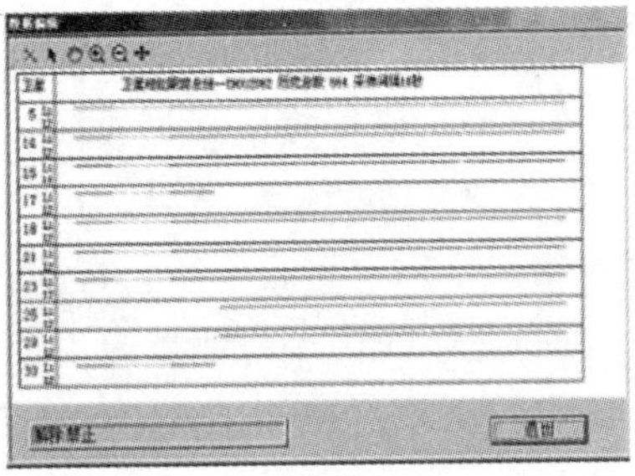

图 7-38　单个基线卫星数据图

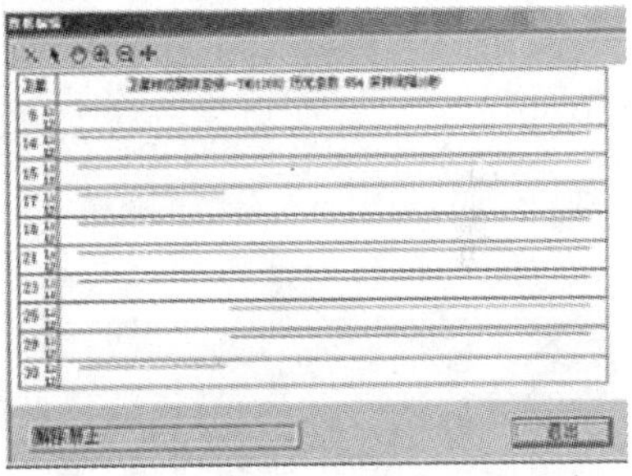

图 7-39　剔出无效历元后的卫星数据图

进行网平差。所述三种基线解算条件只是一个大致的原则，用户可以根据基本原则，合理地相互配合进行设置，以使基线解算达到要求。在基线解算中还要求同步环中各条基线解算设置条件尽量保持一致，而修改了基线设置后又很难使其保持一致从而造成闭合环差过大。因此，我们一般只对基线方差比小于解算通过条件的基线进行重解，其他基线不作改动。注意：同一时段观测值的数据剔除率的值宜小于数据总量的 10%（GPS 国家规范要求）。

第八章　GPS 测量差分定位技术

第一节　差分定位

一、差分定位概述

差分 GPS 定位技术，就是将一台 GPS 接收机安置在基准站上进行观测，其坐标是已知的。另一台接收机安置在运动的载体上，载体在运动过程中，其上的 GPS 接收机与基准站上的接收机同步观测 GPS 卫星，以实时确定载体在每个观测历元的瞬时位置。在实时定位过程中，由基准站接收机通过数据链发送修正数据，用户站接收机接收该修正数据并对测量结果进行改正处理，以达到消除或减少相关误差的影响，获得精确的定位结果。

差分定位过程中存在着三部分误差：第一部分是对每一个用户接收机所公有的，包括卫星钟误差、星历误差、电离层误差、对流层误差等；第二部分是不能由用户测量或由校正模型来计算的传播延迟误差；第三部分是各用户接收机所固有的误差，包括内部噪声、通道延迟、多路径效应等。利用差分技术，第一部分误差完全可以消除；第二部分误差大部分可以消除，其主要取决于基准站接收机和用户接收机的距离；第三部分误差则无法消除。

按照对 GPS 信号的处理方式不同，可分为实时差分和事后差分（后处理差分）。实时差分 GPS 就是在接收机接收 GPS 信号的同时计算出当前接收机所处位置、速度及时间等信息；后处理差分 GPS 则是把卫星信号记录在一定介质（GPS 接收机主机、电脑等）上，回到室内进行数据处理，获取用户接收机在每个瞬间所处的位置、速度、时间等信息。

按照提供修正数据的基准站的数量不同，差分定位可以分为单基准站差分、多基准站差分。根据基准站所发送的修正数据的类型不同，单基准站差分又可分为位置差分、伪距差分（RTD）和载波相位差分（RTK）。而多基准站差分又包括局部区域差分、广域差分和多基准站 RTK 技术。

按不同数据链测量作业来分，差分定位可以分为电台式、手机通信式和网络 RTK 三种。电台式数据链传输是较常用数据链连接方式，基准站与流动站之间通过无线电台进行数据传输。手机通信作业方式的原理跟电台传输差不多，就是将电台换成调制解调器和子机，依靠当地的 GSM/GPRS/CDMA 网络进行数据连接。网络 RTK 是在某一区域内建立多个（一般为三个或三个以上）GPS 基准站，对该地区构成网状覆盖，控制中心以这些基准站中的一个或多个为基准，计算和发播 GPS 改正信息，对该地区内的 GPS 用户进行实时改正的定位方式，称为 GPS 网络 RTK，又称为多基准站 RTK。

二、单基准站差分

根据基准站所发送的修正数据的类型不同，单基准站差分又可分为位置差分、伪距差分和载波相位差分。

（一）位置差分

位置差分的基本原理是：使用基准站 T_0 的位置改正数去修正流动站 T_i 的位置计算值，以求得比较精确的流动站位置坐标。

由于相对定位中基准站 T_0 的坐标值预先采用大地测量、天文测量或 GPS 静态定位等方法精密测定，可视为是已知的，设其精密坐标值为 (X_0, Y_0, Z_0)。而在基准站上的 GPS 接收机利用测码伪距绝对定位法测出的基准站坐标为 (X, Y, Z)，该坐标测定值含有卫星轨道误差、卫星钟和接收机钟误差、大气延迟误差、多路径效应误差及其他误差，则可按照下式计算基准站的位置修正数：

$$\left.\begin{aligned}\Delta X &= X_0 - X\\ \Delta Y &= Y_0 - Y\\ \Delta Z &= Z_0 - Z\end{aligned}\right\} \tag{8-1}$$

基准站采用数据链将这些改正数发送出去，而流动站用户接收机通过数据链实时接收这些改正数，并在解算时加入。设流动站 T_i 通过用户接收机利用自身观测的数据采用测码伪距绝对定位法测定出其位置坐标为 (X_i', Y_i', Z_i')，则可按照下式计算流动站 T_i 的较精确坐标 (X_i, Y_i, Z_i)：

$$\left.\begin{aligned}X_i &= X_i' + \Delta X\\ Y_i &= Y_i' + \Delta Y\\ Z_i &= Z_i' + \Delta Z\end{aligned}\right\} \tag{8-2}$$

由于动态用户 T_i 和 GPS 卫星相对于协议地球坐标系存在相对运动，若进一步考虑用户接收机改正数的瞬时变化，则有：

$$\left.\begin{aligned}X_i &= X_i' + \Delta X + \frac{\mathrm{d}(\Delta X)}{\mathrm{d}t}(t - t_0)\\ Y_i &= Y_i' + \Delta Y + \frac{\mathrm{d}(\Delta Y)}{\mathrm{d}t}(t - t_0)\\ Z_i &= Z_i' + \Delta Z + \frac{\mathrm{d}(\Delta Z)}{\mathrm{d}t}(t - t_0)\end{aligned}\right\} \tag{8-3}$$

式中　t_0——校正的有效时刻。

位置差分的计算方法简单，只需要在解算的坐标中加进改正数即可，这对 GPS 接收机的要求不高，适用于各种型号的接收机。但是，位置差分要求流动站用户接收机和基准站接收机能同时观测同一组卫星，这些只有在近距离才可以做到，故位置差分只适用于 100 km 以内。

（二）伪距差分（RTD）

伪距差分的基本原理是：利用基准站 T_0 的伪距改正数，传送给流动站用户 T_i，去修正流动站的伪距观测量，从而消除或减弱公共误差的影响，以求得比较精确的流动站位置坐标。

设基准站 T_0 的已知坐标为 (X_0, Y_0, Z_0)。差分定位时，基准站的 GPS 接收机，根据导航电文中的星历参数，计算其观测到的全部 GPS 卫星在协议地球坐标系中的坐标值 (X^j, Y^j, Z^j)，从而由星、站的坐标值可以反求出每一观测时刻，由基准站至 GPS 卫星的真距离 ρ_0^j：

$$\rho_0^j = [(X^j - X_0)^2 + (Y^j - Y_0)^2 + (Z^j - Z_0)^2]^{\frac{1}{2}} \tag{8-4}$$

另外，基准站上的 GPS 接收机利用测码伪距法可以测量星站之间的伪距 ρ'^j_0，其中包含各种误差源的影响。由观测伪距和计算的真距离可以计算出伪距改正数：

$$\Delta\rho_0^j = \rho_0^j - \rho'^j_0 \tag{8-5}$$

同时可以求出伪距改正数的变化率为：

$$\mathrm{d}\rho_0^j = \frac{\Delta\rho_0^j}{\Delta t} \tag{8-6}$$

通过基准站的数据链将 $\Delta\rho_0^j$ 和 $\mathrm{d}\rho_0^j$ 发送给流动站接收机，流动站接收机利用测码伪距法测量出流动站至卫星的伪距 ρ'^j_i，再加上数据链接收到的伪距改正数，便可以求出改正后的伪距：

$$\rho_i^j(t) = \rho'^j_i(t) + \Delta\rho_0^j(t) + \mathrm{d}\rho_0^j(t - t_0) \tag{8-7}$$

并按照下式计算流动站坐标 $(X_i(t), Y_i(t), Z_i(t))$：

$$\rho_i^j(t) = [(X^j(t) - X_i(t))^2 + (Y^j(t) - Y_i(t))^2 + (Z^j(t) - Z_i(t))^2]^{\frac{1}{2}} + c\delta t(t) + V_i \tag{8-8}$$

式中　$\delta t(t)$——流动站用户接收机钟相对于基准站接收机钟的钟差；

　　V_i——流动站用户接收机噪声。

伪距差分时，只需要基准站提供所有卫星的伪距改正数，而用户接收机观测任意 4 颗卫星，就可以完成定位。与位置差分相似，伪距差分能将两测站的公共误差抵消，但是，随着用户到基准站距离的增加，系统误差又将增大，这种误差用任何差分法都无法消除，因此伪距差分的基线长度也不宜过长。

(三)载波相位差分(RTK)

位置差分和伪距差分能满足米级定位精度，已经广泛用于导航、水下测量等领域。载波相位差分又称为 RTK 技术，通过对两测站的载波相位观测值进行实时处理，可以实时提供厘米级精度的三维坐标。

载波相位差分的基本原理是：由基准站通过数据链实时地将其载波相位观测量及基准站坐标信息一同发送到用户站，并与用户站的载波相位观测量进行差分处理，适时地给出用户站的精确坐标。

载波相位差分定位的方法又可分为两种：一种为测相伪距修正法，另一种为载波相位求差法。

1. 测相伪距修正法

测相伪距修正法的基本思想：基准站接收机 T_0 与卫星 S^j 之间的测相伪距改正数 $\Delta\rho_0^j$ 在基准站解算出，并通过数据链发送给流动站用户接收机 T_i，利用此伪距改正数 $\Delta\rho_0^j$ 去修正用户接收机 T_i 到观测卫星 S^j 之间的测相伪距 ρ'^j_i，获得比较精确的用户站至卫星的伪距，再采用它计算用户站的位置。

在基准站 T_0 观测卫星 S^j，则由卫星坐标和基准站已知坐标反算出基准站至该卫星的真距离为：

$$\rho_0^j = [(X^j - X_0)^2 + (Y^j - Y_0)^2 + (Z^j - Z_0)^2]^{\frac{1}{2}} \tag{8-9}$$

式中　(X^j, Y^j, Z^j)——卫星 S^j 的坐标，可利用导航电文中的卫星星历精确地计算出；

(X_0, Y_0, Z_0)——基准站 T_0 的精确坐标值，是已知参数。

基准站与卫星之间的测相伪距观测值为：

$$\rho'^j_0 = \rho^j_0 + c(\delta t_0 - \delta t^j) + \delta\rho^j_0 + \Delta^j_{0,I_p} + \Delta^j_{0,T} + \delta m_0 + v_0 \tag{8-10}$$

式中　δt_0 和 δt^j——基准站钟差和卫星 S^j 的星钟差；

$\delta\rho^j_0$——卫星星历误差（包括 SA 政策影响）；

Δ^j_{0,I_p} 和 $\Delta^j_{0,T}$——电离层和对流层延迟影响；

δm_0 和 v_0——多路径效应和基准站接收机噪声。

由基准站 T_0 和观测卫星 S^j 的真距离和测相伪距观测值，可以求出星站之间的伪距改正数

$$\Delta\rho^j_0 = \rho^j_0 - \rho'^j_0 = -c(\delta t_0 - \delta t^j) - \delta\rho^j_0 - \Delta^j_{0,I_p} - \Delta^j_{0,T} - \delta m_0 - v_0 \tag{8-11}$$

同时，流动站 T_i 上的用户接收机同时观测卫星 S^j 可得到测相伪距观测值为：

$$\rho'^j_i = \rho^j_i + c(\delta t_i - \delta t^j) + \delta\rho^j_i + \Delta^j_{i,I_p} + \Delta^j_{i,T} + \delta m_i + v_i \tag{8-12}$$

式中符号意义同前。

在用户接收机接收到由基准站发送过来的伪距改正数 $\Delta\rho^j_0$ 时，可用它对用户接收机的测相伪距观测值 ρ'^j_i 进行实时修正，得到新的比较精确的测相伪距观测值 ρ''^j_i：

$$\begin{aligned}\rho''^j_i &= \rho'^j_i + \Delta\rho^j_0 \\ &= \rho^j_i + c(\delta t_i - \delta t^j) + \delta\rho^j_i + \Delta^j_{i,I_p} + \Delta^j_{i,T} + \delta m_i + v_i - \\ &\quad c(\delta t_0 - \delta t^j) - \delta\rho^j_0 - \Delta^j_{0,I_p} - \Delta^j_{0,T} - \delta m_0 - v_0 \\ &= \rho^j_i + c(\delta t_i - \delta t_0) + (\delta\rho^j_i - \delta\rho^j_0) + (\Delta^j_{i,I_p} - \Delta^j_{0,I_p}) + \\ &\quad (\Delta^j_{i,T} - \Delta^j_{0,T}) + (\delta m_i - \delta m_0) + (v_i - v_0)\end{aligned} \tag{8-13}$$

当用户站距基准站距离较小（< 100 km）时，则可以认为在观测方程中，两观测站对于同一颗卫星的星历误差、大气层延迟误差的影响近似相等。同时，用户机与基准站的接收机为同型号机时，测量噪声基本相近。于是消去相关误差后式（8-13）可写成：

$$\begin{aligned}\rho''^j_i &= \rho'^j_i + \Delta\rho^j_0 \\ &= \rho^j_i + c(\delta t_i - \delta t_0) + (\delta m_i - \delta m_0) \\ &= [(X^j - X_i)^2 + (Y^j - Y_i)^2 + (Z^j - Z_i)^2]^{\frac{1}{2}} + \Delta d\end{aligned} \tag{8-14}$$

式中　Δd——各项残差之和。

根据前述分析，历元 t_i 时刻载波相位观测量为：

$$\Phi^j_i(t_i) = N^j_i(t_0) + N^j_i(t_i - t_0) + \delta\varphi^j_i(t_i) \tag{8-15}$$

两测站 T_0、T_i 同时观测卫星 S^j，对两测站的测相伪距观测值取单差，可得：

$$\begin{aligned}\rho''^j_i - \rho'^j_0 &= \lambda\Phi^j_i(t_i) - \lambda\Phi^j_0(t_i) \\ &= \lambda[N^j_i(t_0) - N^j_0(t_0)] + \lambda[N^j_i(t_i - t_0) - \\ &\quad N^j_0(t_i - t_0)] + \lambda[\delta\varphi^j_i(t_i) - \delta\varphi^j_0(t_i)]\end{aligned} \tag{8-16}$$

差分数据处理是在用户站进行的。式（8-16）左端的 ρ''^j_0 由基准站计算出卫星到基准站的精确几何距离 ρ^j_0 代替，并经过数据链发送给用户机；同时，流动站的新测相伪距观测量

ρ''^j_i，通过用户机的测相伪距观测量 ρ'^j_i 和基准站发送过来的伪距修正数 $\Delta\rho^j_0$ 来计算。也就是说，将式(8-14)代入式(8-16)中，同时用 ρ^j_0 代替 ρ'^j_0，则有：

$$[(X^j - X_i)^2 + (Y^j - Y_i)^2 + (Z^j - Z_i)^2] + \Delta d = \rho^j_0 + \lambda[N^j_i(t_0) - N^j_0(t_0)] + \lambda[N^j_i(t_i - t_0) - N^j_0(t_i - t_0)] + \lambda[\delta\varphi^j_i(t_i) - \delta\varphi^j_0(t_i)] \tag{8-17}$$

式(8-17)中假设在初始历元 t_0 已将基准站和用户站相对于卫星 S^j 的整周模糊度 $N^j_0(t_0)$、$N^j_i(t_0)$ 计算出来了，则在随后的历元中的整周数 $N^j_0(t_i - t_0)$、$N^j_i(t_i - t_0)$ 以及测相的小数部分 $\delta\varphi^j_0(t_i)$、$\delta\varphi^j_i(t_i)$ 都是可观测量。因此，式(8-17)中只有 4 个未知数：用户站坐标 X_i、Y_i、Z_i 和残差 Δd，这样只需要同时观测 4 颗卫星，则可建立 4 个观测方程，解算出用户站的三维坐标。

从上面分析可见，解算上述方程的关键问题是如何快速求解整周模糊度。近年来，许多科研人员都致力于这方面的研究和开发工作，并提出了一些有效的解决方法，如 FARA 法、消去法等，使 RTK 技术在精密导航定位中展现了良好的前景。

2. 载波相位求差法

载波相位求差法的基本思想是：基准站 T_0 不再计算测相伪距修正数 $\Delta\rho^j_0$，而是将其观测的载波相位观测值由数据链实时发送给用户站接收机，然后由用户机进行载波相位求差，再解算出用户的位置。

假设在基准站 T_0 和用户站 T_i 上的 GPS 接收机同时于历元 t_1、t_2 观测卫星 S^j 与 S^k，基准站 T_0 对两颗卫星的载波相位观测量(共 4 个)，由数据链实时发送给用户站 T_i。于是用户站就可获得 8 个载波相位观测量方程：

$$\left.\begin{aligned}
\varphi^j_0(t_1) &= \frac{f}{c}\rho^j_0(t_1) + f[\delta t_0(t_1) - \delta t^j(t_1)] - N^j_0(t_0) + \frac{f}{c}[\Delta^j_{0,I_p}(t_1) + \Delta^j_{0,T}(t_1)] \\
\varphi^j_i(t_1) &= \frac{f}{c}\rho^j_i(t_1) + f[\delta t_i(t_1) - \delta t^j(t_1)] - N^j_i(t_0) + \frac{f}{c}[\Delta^j_{i,I_p}(t_1) + \Delta^j_{i,T}(t_1)] \\
\varphi^k_0(t_1) &= \frac{f}{c}\rho^k_0(t_1) + f[\delta t_0(t_1) - \delta t^k(t_1)] - N^k_0(t_0) + \frac{f}{c}[\Delta^k_{0,I_p}(t_1) + \Delta^k_{0,T}(t_1)] \\
\varphi^k_i(t_1) &= \frac{f}{c}\rho^k_i(t_1) + f[\delta t_i(t_1) - \delta t^k(t_1)] - N^k_i(t_0) + \frac{f}{c}[\Delta^k_{i,I_p}(t_1) + \Delta^k_{i,T}(t_1)] \\
\varphi^j_0(t_2) &= \frac{f}{c}\rho^j_0(t_2) + f[\delta t_0(t_2) - \delta t^j(t_2)] - N^j_0(t_0) + \frac{f}{c}[\Delta^j_{0,I_p}(t_2) + \Delta^j_{0,T}(t_2)] \\
\varphi^j_i(t_2) &= \frac{f}{c}\rho^j_i(t_2) + f[\delta t_i(t_2) - \delta t^j(t_2)] - N^j_i(t_0) + \frac{f}{c}[\Delta^j_{i,I_p}(t_2) + \Delta^j_{i,T}(t_2)] \\
\varphi^k_0(t_2) &= \frac{f}{c}\rho^k_0(t_2) + f[\delta t_0(t_2) - \delta t^k(t_2)] - N^k_0(t_0) + \frac{f}{c}[\Delta^k_{0,I_p}(t_2) + \Delta^k_{0,T}(t_2)] \\
\varphi^k_i(t_2) &= \frac{f}{c}\rho^k_i(t_2) + f[\delta t_i(t_2) - \delta t^k(t_2)] - N^k_i(t_0) + \frac{f}{c}[\Delta^k_{i,I_p}(t_2) + \Delta^k_{i,T}(t_2)]
\end{aligned}\right\} \tag{8-18}$$

对两接收机 T_0、T_i 在同一历元观测同一颗卫星的载波相位观测量相减，可得到 4 个单差方程：

$$
\left.\begin{aligned}
\Delta\varphi^{j}(t_1) &= \frac{f}{c}[\rho_i^j(t_1) - \rho_0^j(t_1)] + f[\delta t_i(t_1) - \delta t_0(t_1)] - [N_i^j(t_0) - N_0^j(t_0)] \\
\Delta\varphi^{k}(t_1) &= \frac{f}{c}[\rho_i^k(t_1) - \rho_0^k(t_1)] + f[\delta t_i(t_1) - \delta t_0(t_1)] - [N_i^k(t_0) - N_0^k(t_0)] \\
\Delta\varphi^{j}(t_2) &= \frac{f}{c}[\rho_i^j(t_2) - \rho_0^j(t_2)] + f[\delta t_i(t_2) - \delta t_0(t_2)] - [N_i^j(t_0) - N_0^j(t_0)] \\
\Delta\varphi^{k}(t_2) &= \frac{f}{c}[\rho_i^k(t_2) - \rho_0^k(t_2)] + f[\delta t_i(t_2) - \delta t_0(t_2)] - [N_i^k(t_0) - N_0^k(t_0)]
\end{aligned}\right\}
\tag{8-19}
$$

单差方程中已经消去了卫星钟钟差，并且大气层延迟影响的单差是微小项，略去。

将两接收机 T_0、T_i 同时观测两颗卫星 S^j、S^k 的载波相位观测量的站际单差相减，可得到 2 个双差方程：

$$
\left.\begin{aligned}
\nabla\Delta\varphi^{k}(t) &= \frac{f}{c}[(\rho_2^k(t_1) - \rho_1^k(t_1)) - (\rho_2^j(t_1) - \rho_1^j(t_1))] + N_0^k(t_0) - N_0^j(t_0) + N_i^j(t_0) - N_i^k(t_0) \\
\nabla\Delta\varphi^{k}(t) &= \frac{f}{c}[(\rho_2^k(t_1) - \rho_1^k(t_1)) - (\rho_2^j(t_1) - \rho_1^j(t_1))] + N_0^k(t_0) - N_0^j(t_0) + N_i^j(t_0) - N_i^k(t_0)
\end{aligned}\right\}
\tag{8-20}
$$

双差方程中消去了基准站和用户站的 GPS 接收机钟差 δt_0、δt_i。双差方程右端的初始整周模糊度 $N_0^k(t_0)$、$N_i^k(t_0)$、$N_0^j(t_0)$、$N_i^j(t_0)$通过初始化过程进行解算。

因此，在 RTK 定位过程中，需要求用户所在的实时位置，故它的计算程序是：

(1)用户 GPS 接收机静态观测若干历元，并接收基准站发送的载波相位观测量，采用静态观测程序，求出整周模糊度，并确认此整周模糊度正确无误。这一过程称为初始化。

(2)将确认的整周模糊度代入双差方程。由于基准站的位置坐标是精确测定的已知值，两颗卫星的位置坐标可由星历参数计算出来，故双差方程中只包含用户在协议地球系中的位置坐标(X_i, Y_i, Z_i)，为未知数，此时只需要观测 3 颗卫星就可以进行求解。

由上述分析可知，测相伪距修正法与伪距差分法原理相同，是准 RTK 技术；载波相位求差法，通过对观测方程进行求差来解算用户站的实时位置，才是真正的 RTK 技术。

上述所讨论的单基准站差分 GPS 系统结构和算法简单，技术上较为成熟，主要适用于小范围的差分定位工作。对于较大范围的区域，则应用局部区域差分技术，对于一国或几个国家范围的广大区域，应用广域差分技术。

三、多基准站差分

(一)局部区域差分

在局部区域中应用差分 GPS 技术，应该在区域中布设一个差分 GPS 网，该网由若干个差分 GPS 基准站组成，通常还包含一个或数个监控站。位于该局部区域中的用户，接收多个基准站所提供的修正信息，采用加权平均法或最小方差法进行平差计算求得自己的修正数，从而对用户的观测结果进行修正，获得更高精度的定位结果。这种差分 GPS 定位系统称为局域差分 GPS 系统，简称为 LADGPS。

LADGPS 系统包括多个基准站，每个基准站与用户之间均有无线电数据通信链。用户站与基准站之间的距离一般在 500 km 以内才能获得较好的精度。

（二）广域差分

广域差分 GPS 的基本思想是对 GPS 观测量的误差源加以区分，并单独对每一种误差源分别加以模型化，然后将计算出的每种误差源的数值，通过数据链传输给用户，以对用户 GPS 定位的误差加以改正，达到削弱这些误差源，改善用户 GPS 定位精度的目的。GPS 误差源主要表现在三个方面：星历误差、大气延迟误差、卫星钟差。

广域差分 GPS 系统就是为削弱这三种误差源而设计的一种工程系统，简称为 WADGPS。该系统的一般构成包括：一个中心站，几个监测站及其相应的数据通信网络，覆盖范围内的若干用户。其工作原理是：在已知坐标的若干监测站上跟踪观测 GPS 卫星的伪距、相位等信息，监测站将这些信息传输到中心站；中心站在区域精密定轨计算的基础上，计算出三项误差改正模型，并将这些误差改正模型通过数据通信链发送给用户站；用户站利用这些误差改正模型信息改正自己观测到的伪距、相位、星历等，从而计算出高精度的 GPS 定位结果。

WADGPS 将中心站、基准站与用户站间距离从 100 km 增加到 2 000 km，且定位精度无明显下降；对于大区域内的 WADGPS 网，需要建立的监测站很少，具有较大的经济效益；WADGPS 系统的定位精度分布均匀，且定位精度较 LADGPS 高；其覆盖区域可以扩展到远洋、沙漠等 LADGPS 不易作用的区域；WADGPS 使用的硬件设备及通信工具昂贵，软件技术复杂，运行维持费用较 LADGPS 高得多，且可靠性和安全性可能不如单个的 LADGPS。

目前，我国已经初步建立了北京、拉萨、乌鲁木齐、上海四个永久性的 GPS 监测站，还计划增设武汉、哈尔滨两站，并拟定在北京或武汉建立数据处理中心和数据通信中心。

（三）多基准站 RTK

多基准站 RTK 技术也叫网络 RTK 技术，是对普通 RTK 方法的改进。目前，应用于网络 RTK 数据处理的方法有虚拟基准站法、偏导数法、线性内插法和条件平差法，其中虚拟基准站法（Virtual Reference Station，简称为 VRS）技术最为成熟。

1. 虚拟基准站（VRS）系统组成

整个系统由基准站网、数据处理中心、数据通信线路、数据播发中心、用户等五部分组成，如图 8-1 所示。

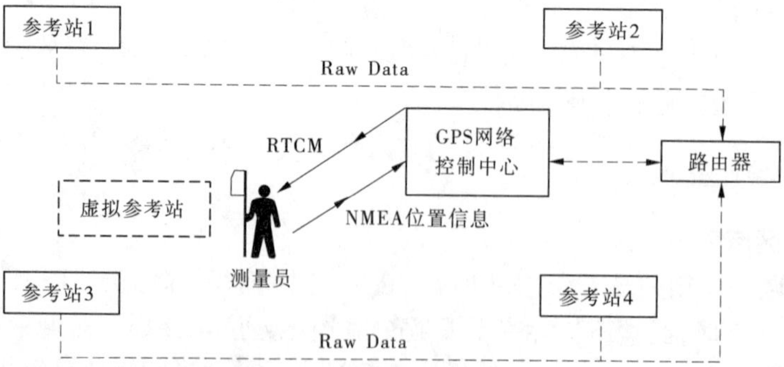

图 8-1　VRS 网络图

2. 虚拟基准站法 RTK 系统工作原理

如果在某一大区域内，均匀布设若干个（三个以上）连续运行的 GPS 基准站，构成一个基准站网，就可以借鉴广域差分 GPS 和具有多个基准站的局域差分 GPS 中的基本原理和方法，经过有效的组合，移动站将其概略坐标播发给控制中心；然后控制中心搜集周围基准站的数据进行网平差，算出移动站的虚拟观测值；又将这些观测值播发给移动站，从而实时算出移动站精密坐标。

基准站上应配置双频全波长 GPS 接收机，该接收机能同时提供精确的双频伪距观测值。基准站按规定的采样率进行连续观测，并通过数据链实时将观测资料传送给数据处理中心，其通信方式可采用数字数据网或其他方式。而流动站可以采用数字移动电话网络，如 GSM、CDMA、GPRS 等方式向控制中心传送标准的 NMEA 位置信息，告知它的概位。控制中心接收到其信息后重新计算所有 GPS 观测数据，并内插到与流动站相匹配的位置。数据处理中心根据流动站送来的近似坐标来判断该站位于哪三个基准站所组成的区域内，然后根据这三个基准站的观测资料求出该流动站处所受到的系统误差，再向流动站发送改正过的 RTCM 信息，流动站根据接收到的 RTCM 信息，结合自身 GPS 观测值，组成双差相位观测值，快速确定整周模糊度参数和位置信息，完成实时定位。流动站可以为 VRS 网络中任何一点，这样流动站的 RTK 接收机的定位系统误差就能减小或削弱，提高了定位的准确度、可靠度。这是一种为一个虚拟的、没有实际架设基准站建立原始基准数据的技术，故称为虚拟基准站（VRS）。

由此可知，虚拟基准站法是设法在移动站相距数米或数十米处建立虚拟的基准站，并根据周围各基准站上的实际观测值算出该虚拟基准站上的虚拟观测值，由于虚拟站离移动站相当近，相关误差能够得到很好的消除，故流动站只需采用常规 RTK 技术就能利用虚拟基准站进行实时相对定位，获得较准确的定位结果。

第二节　实时动态（RTK）测量系统

一、实时动态（RTK）测量系统的组成

RTK 测量系统主要由 GPS 接收机、数据传输系统和 RTK 测量软件系统组成。

（一）GPS 接收机

RTK GPS 测量系统中至少应包含两台 GPS 接收机，其中一台安置于基准站上，另一台或若干台分别安置于不同的用户流动站上。基准站应设在测区内较高点，且观测条件良好的已知点上。在作业中，基准站的接收机应连续跟踪全部可见 GPS 卫星，并将观测数据传输系统实时地发送给用户站。GPS 接收机可以是单频的或是双频的。当系统中包含多个用户接收机时，基准站上的接收机多采用双频接收机，采样本应与流动站接收机采样本相同。

（二）数据传输系统

基准站同用户流动站之间的联系是靠数据传输系统（简称为数据链）来实现的。数据传输设备是完成实时动态测量的关键设备之一，由调制解调器和无线电台组成。在基准站上，利用调制解调器将有关数据进行编码调制，然后由无线电发射台发射出去。在用户站上利用无线电接收机将其接收下来，再由解调器将数据还原，并送给用户流动站上的 GPS 接收机。

（三）RTK 测量软件系统

软件系统的功能和质量，对保障实时动态测量的可行性、测量结果的可靠性及精度具有

决定性意义。实时动态测量软件系统应具备以下基本功能:

(1)整周未知数的快速解算。

(2)根据相对定位原理,实时解算用户站在 WGS-84 坐标系中的三维坐标。

(3)根据已知转换参数,进行坐标系统的转换。

(4)求解坐标系之间的转换参数。

(5)解算结果的质量分析与评价。

(6)作业模式(静态、准动态、动态等)的选择与转换。

(7)测量结果的显示与绘图。

二、常规 RTK 测量作业模式

根据用户的要求,目前实时动态测量采用的作业模式主要有以下几种。

(一)快速静态测量

采用快速静态测量模式,要求 GPS 接收机在每一用户站上静止地进行观测。在观测过程中,连同接收到的基准站的同步观测数据,实时地解算整周未知数和用户站的三维坐标。如果解算结果趋于稳定,且精度已满足设计的要求,便可适时地结束观测工作。采用这种模式作业时,用户站的接收机在流动过程中,可以不必保持对 GPS 卫星的连续跟踪,其定位精度可达 1~2 cm。这种方法可应用于城市、矿山等区域性的控制测量、工程测量和地籍测量等。

(二)准动态测量

采用准动态测量模式,通常要求流动的接收机在观测工作开始之前,首先在某一起始点上静止地进行观测,以便采用快速解算整周未知数的方法实时地进行初始化工作。初始化后,流动的接收机在每一观测站上,只需静止观测几个历元,并连同基准站的同步观测数据,实时地解算流动站的三维坐标。目前,其定位的精度可达厘米级。但这种方法要求接收机在观测过程中,保持对所测卫星的连续跟踪。一旦发生失锁,便需要重新进行初始化工作。准动态实时测量模式通常应用于地籍测量、碎部测量、路线测量和工程放样等。

(三)动态测量

动态测量模式,一般需首先在某一起始点上,静止地观测数分钟,以便进行初始化工作。之后,运动的接收机按预定的采样时间间隔自动地进行观测,并连同基准站的同步观测数据,实时地确定采样点的空间位置。目前,其定位的精度可达厘米级。这种测量模式,仍要求在观测过程中,保持对观测卫星的连续跟踪。一旦发生失锁,则需重新进行初始化。这时,对陆上的运动目标来说,可以在卫星失锁的观测站上,静止地观测数分钟,以便重新初始化,或者利用动态初始化(AROF)技术,重新初始化。而对海上和空中的运动目标来说,则只有应用 AROF 技术,重新完成初始化的工作。实时动态测时模式主要应用于航空摄影测量和航空特探中采样点的实时定位,航道测量、道路中线测量以及运动目标的精密导航等。目前,实时动态测量系统已在约 30 km 的范围内得到了成功的应用。随着数据传输设备性能和可靠性的不断完善与提高,以及数据处理软件功能的增强,它的应用范围将会不断地扩大,其定位精度也将不断提高。

三、RTK 测量系统的作业程序

RTK 测量系统的作业程序一般包括 RTK 仪器的选择与检验、基准站的选择与设置、流动站的设置、RTK 测量等工作。

(一)RTK 仪器的选择与检验

1. RTK 测量接收设备

RTK 测量接收设备应符合下列规定：

(1)接收设备应包括双频接收机、天线和天线电缆、数据链套件(调制解调器或电台)、数据采集器等。

(2)基准站接收设备应具有发送标准差分数据的功能。

(3)流动站接收设备应具有接收并处理标准差分数据功能。

(4)接收设备应操作方便、性能稳定、故障率低、可靠性高。

(5)宜选用优于下列测量精度(RMS)指标的 RTK 接收机。

平面精度： $10\ \text{mm} + 2 \times 10^{-6} D$

高程精度： $20\ \text{mm} + 2 \times 10^{-6} D$

式中 D——流动站至基准站的距离，km。

2. 接收设备的检验

(1)接收机的一般检验应符合规程(规范)要求。

(2)RTK 测量前宜对设备进行以下的检验：基准站与流动站的数据链连通检验，数据采集器与接收机的通信连通检验。

3. 接收设备的维护

接收设备的维护应符合规程(规范)的要求。

(二)基准站站址的选择

在 RTK 测量中，数据链传送质量的好坏直接影响测绘成果的精度，因此在测量前，进行测区踏勘，选好基准站站址，这样可以保证数据链传送质量。基准站选址应符合下列条件：

(1)站址应选在基础坚实稳定，易于长期保存，并有利于安全作业的地方。

(2)站址周围应便于安置接收设备和方便作业，视野应开阔。

(3)站址与周围大功率无线电发射源(如电视台、电台、微波站、通信基站、变电所等)的距离应大于 200 m，与高压输电线、微波通道的距离应大于 100 m。

(4)站址附近不应有强烈干扰接收卫星信号的物体，如大型建筑物、玻璃幕墙及大面积水域等。

(5)站址视场内高度角大于 10°的障碍物遮挡角累积不应超过 30°。

(6)站址应避开地质构造不稳定区域，如断层破碎带，易于发生滑坡、沉陷等局部变形的地点(如采矿区、油气开采区、地下水漏斗沉降区等)，地下水水位变化较大的地点。

(7)站址应可方便地架设市电线路或具有可靠的电力供应，并应便于接入公共通信网络或专用通信网络。

(8)屋顶观测墩应选在坚固稳定的建筑物上，建筑物高度不宜超过 30 m。

(三)基准站的设置

1. 基准站的架设

基准站接收机天线可安置在已知点，也可架设在未知点上，设站过程与静态测绘安置过程一样，包括对中、整平、量取天线高、天线指北操作等。

2. 部件连接图

(1)对于分体式的接收机来说,连接主机与天线。

(2)连接主机与电台。

(3)连接电台与数据链发送天线。

(4)若须用掌上电脑(采集手簿)启动基准站的 RTK 作业方式,连接掌上电脑(采集手簿)与接收机,若采用自动启动基准站模式,无需此步。

(5)电源与接收机及电台连接。

(6)本书示例:图 8-2(a) 为 Trimble 5700 GPS - RTK 基准站连接图,图 8-2(b)为南方灵锐 S82 RTK 基准站连接图。

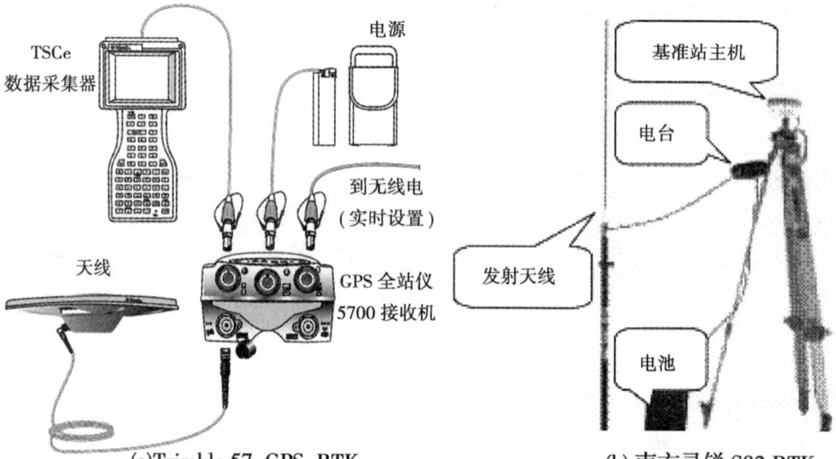

图 8-2 RTK 基准站连接

(四)基准站配置

1. 基准站电台设置

(1)电台的发射频率设置应与流动站的电台发射和接收的频率设置相同。

(2)电台的发射功率设置与工作半径有关,一般情况下,工作半径大,选择较大功率,作业半径小,选择较小的功率。

2. 基准站接收机设置

1)手工输入设置基站

设置类型及参数如下:

(1)掌上电脑(数据采集器)与接收机连接,确保连通。

(2)设置坐标系统。

(3)设置基准站发送差分数据模式为 RTD、RTK。

(4)设置差分数据格式。目前,常用的数据差分格式有三种:RTCM 差分协议、RTCA 差分协议、CMR 差分数据格式。

(5)设置差分数据发射间隔,如图 8-3 所示。

(6)设置接收机类型、天线类型、天线高。

(7)设置卫星截止角。

(8)设置 *PDOP* 限制。

(9)设置基准站坐标。

2)自动启动基准站参数设置

(1)设置基准站坐标,GPS 把当前单点定位测出的 WGS－84 的经纬度坐标输送给 GPS 主机。

(2)设置差分数据格式,如图 8-4 所示。

(3)设置差分数据发射间隔。

(4)设置卫星截止角。

(5)设置 *PDOP* 限制。

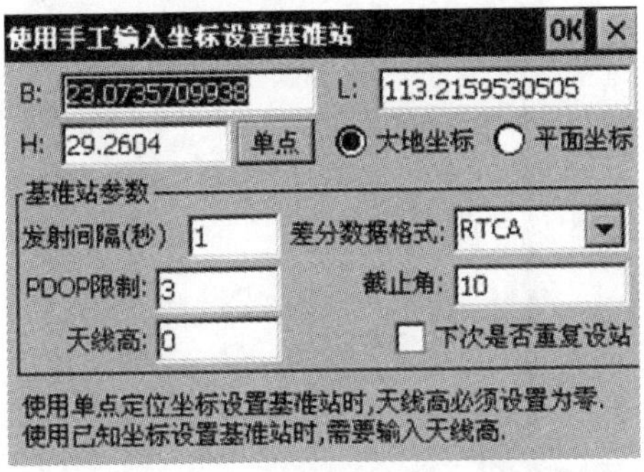

图 8-3　输入坐标设置基准站

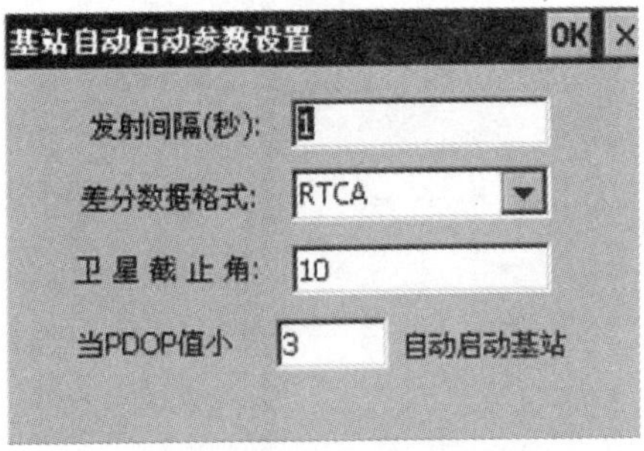

图 8-4　自动启动基准站参数设置

3. 启动基准站

1)自动启动

不管是架在已知点上还是待定点上,GPS 把当前某一瞬间单点定位测出的WGS－84的经纬度坐标输送给 GPS 主机。

2)手动启动

(1)基准站架设在已知点上,输入当前点的 WGS－84 坐标,进行启动。前点的 WGS－84坐标从已测算合格的静态 GPS 控制网中获取。

(2)基准点架设在未知点上,把当前单点定位测出的 WGS－84 的经纬度坐标输送给 GPS 主机,进行启动。

4. 确认基准站是否正常工作

(1)查看主机 LED 指示灯进行检查。

(2)查看电子手簿(数据采集器、掌上电脑)显示。

(3)查看基准站电台 LED 指示灯进行检查。

(五)流动站设置

1. 流动站的点位要求

GPS－RTK 流动站不宜在隐蔽地带、成片水域和强电磁波干扰源附近观测。

2. 流动站的架设

根据不同的精度要求,接收机的类型不同,流动站的架设方式有所不同:

(1)GPS－RTK 流动站(一、二级控制点)观测时应采用三角架对中、整平。

(2)GPS－RTK 流动站(图根控制点、碎部点)观测时可采用 2 m 对中杆对中、整平。

(3)若采用分体式的接收机，须安置接收卫星的天线并与主机相连接；若是整体式的，无需此步。

3. 安置电台及电台天线

若接收电台内置，只须安置接收天线；若采用外挂，电台天线安置在外挂电台上。

4. 安置电子手簿

电子手簿可以采用数据线进行连接，也可以采用蓝牙进行无线连接。

图 8-5 为分体式接收机 RTK 流动站有线连接，图 8-6 为整体式接收机 RTK 流动站蓝牙连接。

图 8-5　分体式接收机 RTK 流动站有线连接

图 8-6　整体式接收机 RTK 流动站蓝牙连接

(六)配置流动站

1. 设置流动站电台

流动站电台的接收频率与基准站电台的频率一致。

2. 设置流动站接收机

(1)掌上电脑(数据采集器)与接收机连接，确保连通。

(2)设置坐标系统，与基准站一致。

(3)设置差分数据格式，与基准站一致。

(4)设置天线高。

(5)设置卫星截止角。

(6)设置 *PDOP* 限制。

3. 确认流动站是否正常工作

(1)查看主机 LED 指示灯进行检查。

(2)查看电子手簿(数据采集器、掌上电脑)显示。

(七)RTK 测量

1. RTK 测量的主要技术要求

(1)RTK 平面测量按精度划分为一级、二级、三级，布设的平面 RTK 控制点应满足扩展的需要。RTK 测量的平面点位中误差(相对于起算点)不得超过 ±5 cm。技术要求应符合表 8-1 的规定。

表 8-1　RTK 平面控制点测量主要技术要求(RTK 测量规范)

等级	相邻点间距离(m)	点位中误差(cm)	边长相对中误差	与参考站的距离(km)	观测次数	起算点等级
一级	≥500	不超过 ±5	≤1/20 000	≤5	≥4	四等及以上
二级	≥300	不超过 ±5	≤1/10 000	≤5	≥3	一级及以上
三级	≥200	不超过 ±5	≤1/6 000	≤5	≥2	二级及以上

注:1. 点位中误差指控制点相对于起算点的误差。
2. 采用单参考站 RTK 测量一级控制点需更换参考站进行观测,每站观测次数不少于 2 次。
3. 采用网络 RTK 测量各级平面控制点可不受流动站到参考站距离的限制,但应在网络有效服务范围内。

(2)RTK 测量布设控制点时应符合下列规定:

①同一地区应布设 3 个以上或 2 对以上的 RTK 控制点。

②应采用三角支架方式架设天线进行作业,测量过程中仪器的圆气泡应严格稳定居中。

③平面控制点应进行 100% 外业校核,校核可按图形校核或进行同精度导线串测,测量技术要求应符合表 8-2 的规定。

表 8-2　RTK 平面控制点检测精度要求(RTK 测量规范)

等级	边长校核		角度校核		坐标校核
	测距中误差(mm)	边长较差的相对误差	测角中误差(″)	角度较差限差(″)	坐标较差中误差(cm)
一级	不超过 ±15	≤1/14 000	不超过 ±5	14	不超过 ±5
二级	不超过 ±15	≤1/7 000	不超过 ±8	22	不超过 ±5
三级	不超过 ±15	≤1/4 500	不超过 ±12	34	不超过 ±5

(3)RTK 高程控制点测量的主要技术要求应符合表 8-3 的规定。

表 8-3　RTK 高程控制点测量的主要技术要求(RTK 测量规范)

等级	高程中误差(cm)	与基准站的距离(km)	观测次数	起算点等级
五等	不超过 ±3	≤5	≥3	四等水准及以上

(4)RTK 高程控制点检测的技术要求应符合表 8-4 的规定。

表 8-4　RTK 高程控制点检测精度要求(RTK 测量规范)

等级	检核高差(mm)
五等	$\leq 40\sqrt{D}$

注:D 为检测线路长度,以 km 为单位。

(5)RTK 地形测量主要技术要求应符合表 8-5 的规定。

表 8-5　RTK 地形测量主要技术要求（RTK 测量规范）

等级	点位中误差（图上 mm）	高程中误差	与基准站的距离（km）	观测次数	起算点等级
图根点	不超过 ±0.1	1/10 等高距	≤7	2	平面三级、高程五等以上
碎部点	不超过 ±0.3	相应比例尺成图要求	≤10	1	平面图根、高程五等以上

注：1. 点位中误差指控制点相对于起算点的误差。

2. 采用网络 RTK 测量可不受流动站到参考站间距离的限制，但宜在网络覆盖的有效服务范围内。

2. RTK 观测的基本条件

（1）RTK 作业中 GNSS 卫星状况的基本要求应符合表 8-6 的规定。

表 8-6　RTK 作业中 GNSS 卫星状况的基本要求（《规程》）

观测窗口状态	15°以上的卫星个数	*PDOP* 值
良好窗口	≥6	<6
勉强可用的窗口	5	≤8
避免观测的窗口	<5	>8

（2）检核点。在应用 RTK 测量时，应至少有一个已知点作为检核点。

（3）坐标系统转换参数的求取应符合下列规定：

①基准站置于已知点上且收集到准确的转换参数，可直接输入。

②基准站置于已知点上且收集到 3 个以上同时具有地心坐标系和参心坐标系的控制点成果时，可直接将地心坐标系和参心坐标输入数据采集器获取。

③基准站置于已知点上无转换参数且收集到 3 个以上参心坐标系的控制点成果时，可采用直接输入基准站坐标，流动站在控制点上采集地心坐标方式获取。

④使用的已知控制点应均匀分布在测区及周边。

⑤坐标转换的残差应不大于 2 cm。

（4）RTK 一测回观测应符合下列要求：

①开始前应对仪器进行初始化。

②观测应在得到 RTK 固定解，并收敛至毫米级、水平精度（HRMS）小于 2 cm、垂直精度（VRMS）小于 3 cm 且稳定后开始记录，记录的数据应是固定解结果。

③每测回的自动观测个数不应少于 10 个观测值（在电子手簿的观测次数或观测时间中进行设置），每次读数的坐标分量较差应不大于 10 mm，取平均值作为定位结果。

经、纬度记录到 0.000 01 s，平面坐标和高程记录到 0.001 m。

④测回间应重新进行初始化，观测记录的时间间隔不应小于 1 min。

（5）测回间的平面坐标分量较差应小于 2 cm（或小于 0.000 7 s），垂直坐标分量较差应小于 3 cm。

（6）当初始化时间超过 3 min 仍不能获得固定解时，应断开通信链接，重启 GNSS 接收机，再次进行初始化操作。

（7）当重试次数超过 3 次仍不能获得初始化时，应选择其他位置进行测量。

(8)开始作业或重新设置过基准站后,应检测至少一个已知点或重复测量点。检测点的平面较差不应大于 5 cm。

(9)可采用双基站 RTK 等测量方法来提高测量成果的精度和可靠性。

3. RTK 一测回的操作程序

对于不同的测绘仪器,一测回的操作程序基本相同,只是操作技术上有一定的不同。下面以南方灵锐 S82 RTK 接收机一测站的操作程序为例,其具体操作程序如下:

1)架设基准站

基准站站址的选择、基准站的设置、基准站接收机的设置等如前所述。保证基准站已正常启动,保证基准站观测数据质量,差分数据发送正常。本次采用基准站自动启动。

2)架设流动站

流动站设置、配置流动站如前所述。保证流动站正常启动,保证流动站观测数据质量,差分数据接收正常。

3)新建工程

(1)操作:工程→新建工程,新建工程如图 8-7 所示。

(2)设置工程名称或作业名称,如图 8-8 所示。

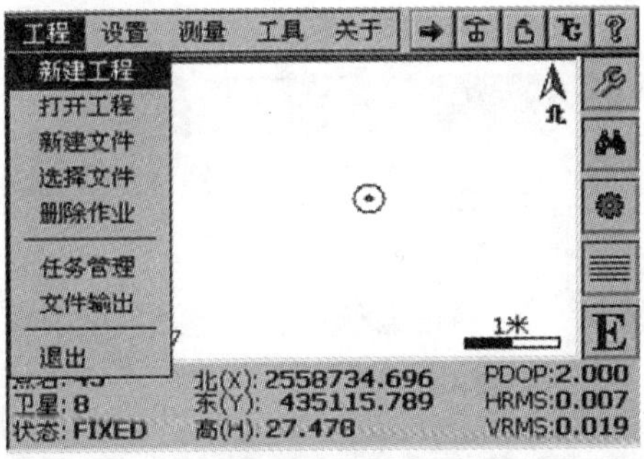

图 8-7　新建工程

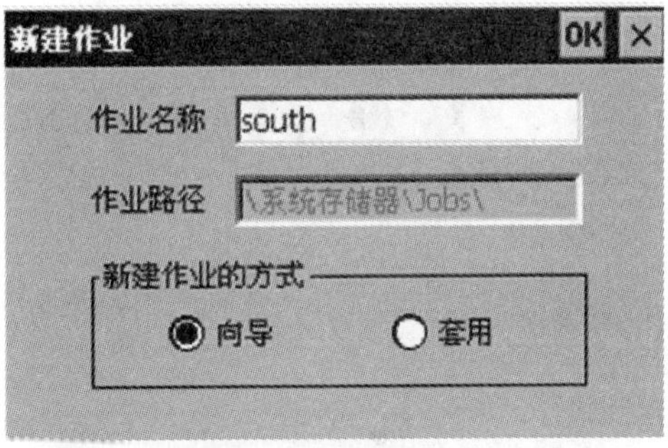

图 8-8　输入工程名

(3)设置本测区坐标系统。

第一步,椭球参数设置,如图 8-9 所示。

第二步,投影参数设置,如图 8-10 所示。

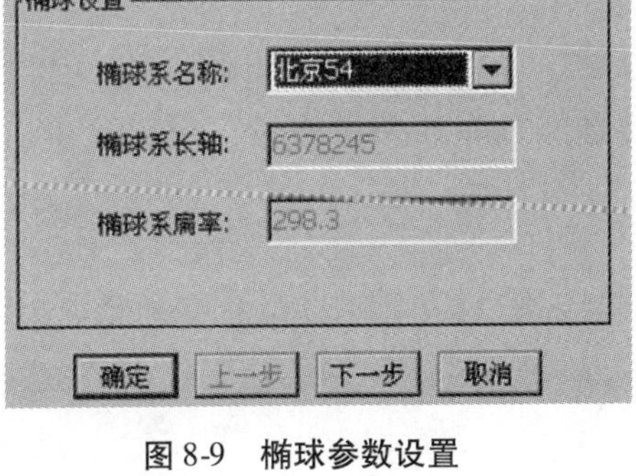

图 8-9　椭球参数设置

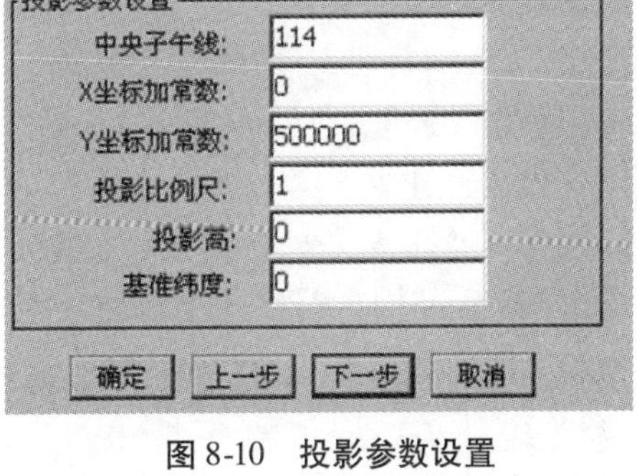

图 8-10　投影参数设置

(4)设置本测区的坐标系统转换参数。

若本测区已有合格的静态数据处理成果,则解算出相应坐标系统转换参数;若没有,进行现场转换,现场转换可以查看用户手册。若本测区已有四参数、七参数和高程拟合参数,则参数设置如图 8-11 ~ 图 8-13 所示。

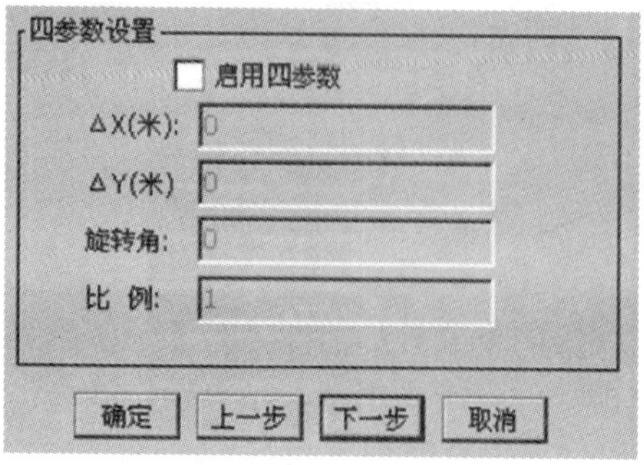

图 8-11　四参数设置

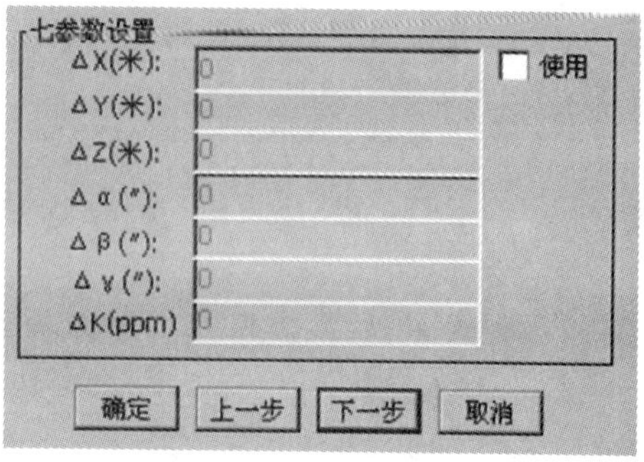

图 8-12　七参数设置

单击“确定”,工程参数建立完毕。

值得注意的是:四参数和七参数不能同时使用,输入其中一种参数后,不要再输入另一种参数。

4)打开工程

操作:工程→打开工程,如图 8-14 所示。

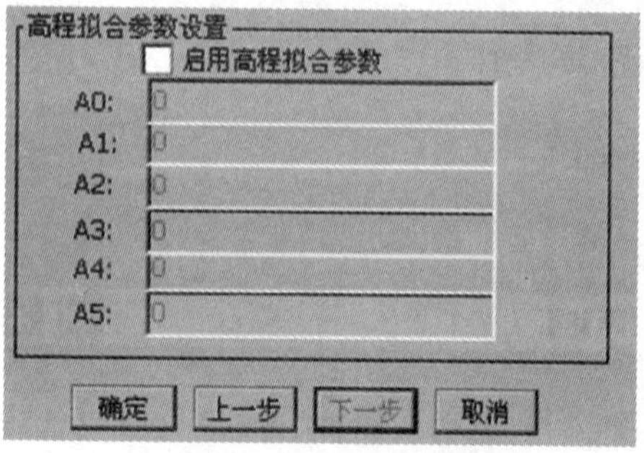

图 8-13　高程拟合参数设置

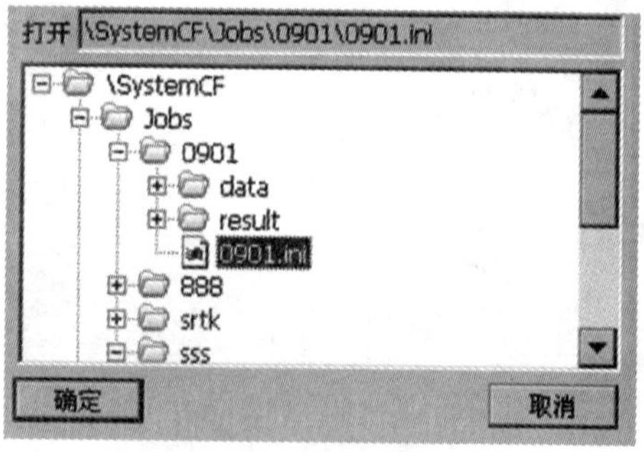

图 8-14　打开工程

打开刚新建的工程,如要打开新建的工程 0901,打开 Jobs→0901→0901. ini,0901. ini 是一个系统参数设置文件,打开工程时选择工程名. ini 即可。

5)新建本次作业文件

操作:工程→新建文件,如在工程 0901 下再新建一个文件 09012,如图 8-15 所示。

首先单击“新建文件”,然后在“保存文件”里面输入新建文件的名称 09012,单击“确定”,新文件已经建立。

6)选择本次作业文件

操作:工程→选择文件,当手簿程序关闭后再重新进入的时候,默认打开的是退出之前的工程和文件。如果要把测量点的数据存储到指定的文件中,就在此选择要保存的数据文件,如图 8-16 所示。

7)校正

校正工作必须在固定解的状态下进行操作。校正有基准站架设在已知点上与架设在未知点上两种方式,本次讲述基准站架设在已知点上。

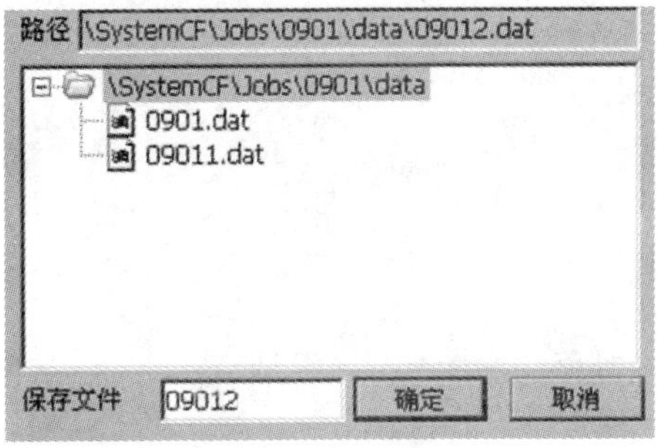

图 8-15　新建文件

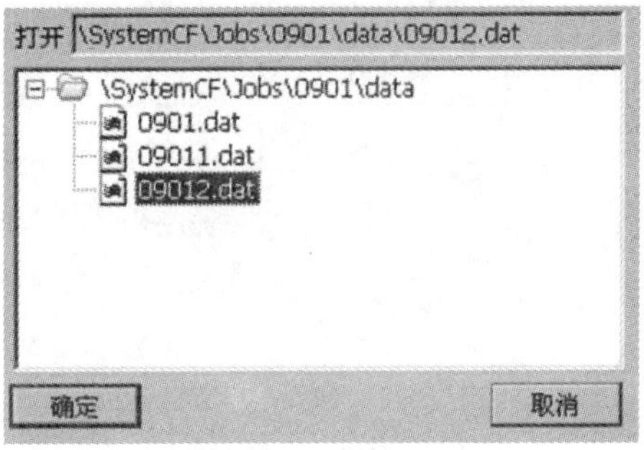

图 8-16　选择文件

校正向导是灵活运用转换参数的一个工具。由于 GPS 输出的是 WGS－84 坐标，而且 RTK 基准站的输入坐标也只认 WGS－84 坐标，所以大多数 GPS 在使用转化参数时的普遍方式为，把基准站架设在已知点上，在基准站直接或间接地输入 WGS－84 坐标启动基准站。这种方式的缺点是每次都必须用控制器与基准站连接后启动基准站，这种模式在测量外业作业时在操作上会带来一定的麻烦。而使用校正向导可以避免用控制器启动基准站，可以选择基准站架设在任意点上自动启动，大大提高了使用的灵活性。

校正向导产生的参数实际上是使用一个公共点计算两个不同坐标的“三参数”，在软件里称为校正参数。当移动站收到基准站自动发射的差分信号以后软件进行以下操作才有效。

步骤依次为：

(1)在参数浏览里先检查所要使用的转换参数是否正确，然后进入“校正向导”，如图 8-17所示。

(2)选择“基准站架设在已知点”，点击“下一步”，如图 8-18 所示。

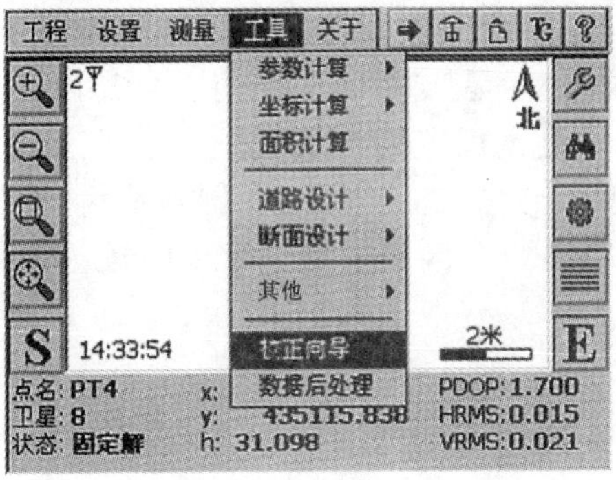

图 8-17　校正向导

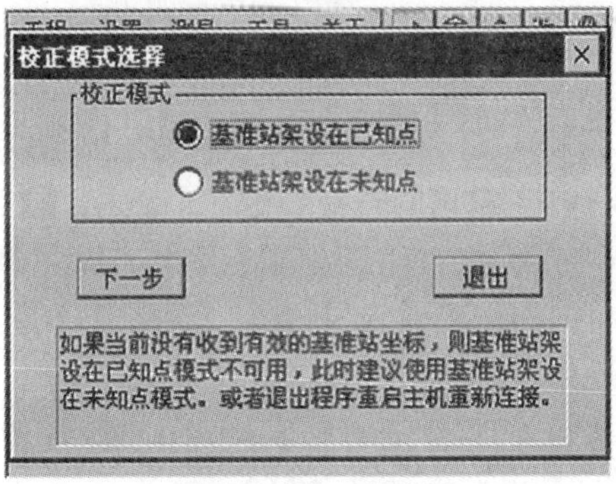

图 8-18　选择校正模式

(3)输入基准站架设点的已知坐标及天线高，并且选择天线高形式，输入完后即可点击“校正”，如图 8-19 所示。

(4)系统会提示是否校正，并且显示相关帮助信息，检查无误后“确定”校正完毕，如图 8-20所示。

(5)查看校正参数。校正参数是工程之星软件很特别的一个设计，它是结合国内的具体测量工作而设计的。校正参数实际上就是只用同一个公共控制点来计算两套坐标系的差

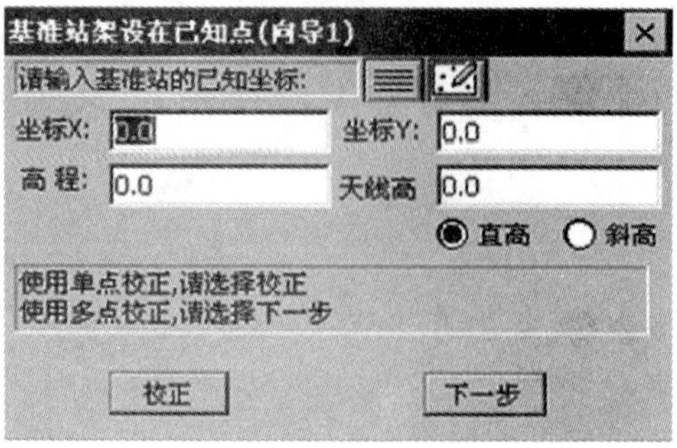

图 8-19 输入基准站坐标

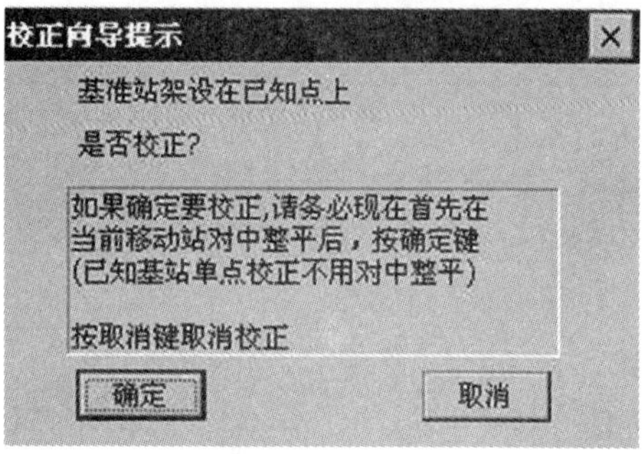

图 8-20 校正确认

异。根据坐标转换的理论,一个公共控制点计算两个坐标系误差是比较大的,除非两套坐标系之间不存在旋转或者控制的距离特别小。因此,校正参数的使用通常都是在已经使用了四参数或者七参数的基础上才使用的,如图 8-21 所示。

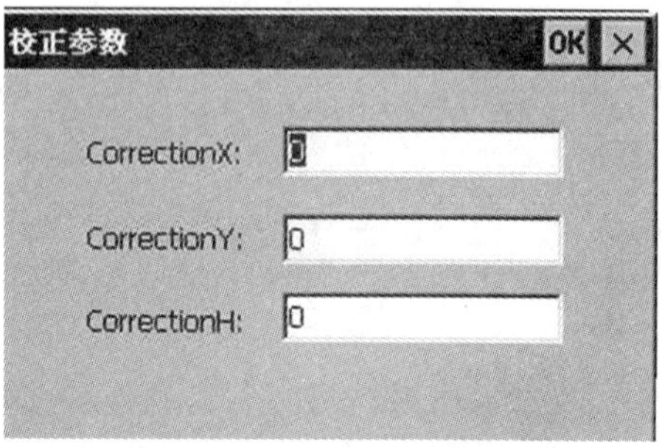

图 8-21 校正参数设置

WGS－84 坐标的获取有两种方式:一种是由基准站直接读取当前测出的经纬度坐标(GPS 坐标每 1 s 刷新一次,每一次读取的坐标都有差异,误差在 1 ~2 m);另一种是事先布设好静态控制网,从静态处理结果中获取。由于 WGS－84 经纬度获取的相对不确定性使得在求解转换参数时必须首先确定一组公共控制点的 WGS－84 经纬度坐标,这组坐标一旦确定以后每次启动基准站时都要使用这一组 WGS－84 经纬度坐标,否则使用转换参数时的显示坐标和实际施工坐标间就会存在一个固定偏差,这个偏差是由所取的基准站 WGS－84 经纬度坐标和用来计算转换参数的 WGS－84 经纬度坐标之间的差异产生的。需要特别说明的是,南方的 RTK 自动启动基准站取的坐标是基准站开机并达到状态以后自动取的 WGS－84 经纬度坐标,这样就会出现上述所描述的固定偏差,工程之星软件通过一个公共已知点求出的转换参数(工程之星软件中把这个过程称为“校正”,参数称为“校正参数”)来克服这个固定偏差,因此工程之星软件中有一个区别于其他软件的校正参数的概念。

8)精度检验

查看 RTK 固定解精度、水平精度(HRMS)、垂直精度(VRMS)是否满足测量限差要求。

9)已知点检测

开始作业或重新设置过基准站后,应检测至少一个已知点或重复测量点。检测点的平面较差不应大于 5 cm,满足限差要求后,在满足 RTK 测量的主要技术要求的前提下,即可进行 RTK 测量。

10)新点测绘

新点测绘时,查看 RTK 固定解精度、水平精度(HRMS)、垂直精度(VRMS),是否满足测量限差要求。

11)记录,存储设置

操作:设置→其他设置→存储设置,点存储类型设置如图 8-22 所示。

(1)一般存储:即对点位在某个时刻状态下的坐标进行直接存储(点位坐标每秒刷新一次)。操作方式有快捷键操作和菜单操作。

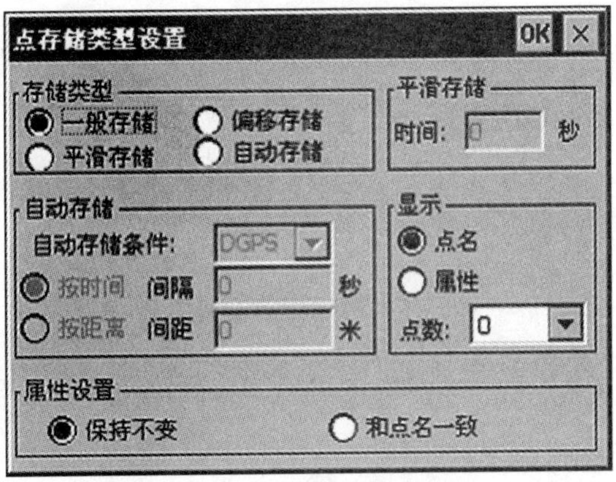

图 8-22 点存储类型设置

(2)平滑存储:即对每个点的坐标多次测量取平均值。在存储类型中选择平滑存储,然后在平滑存储下面设置时间间隔,点击右上角的"OK"退出点存储类型设置,平滑存储设置完毕。

(3)自动存储:即按设定的记录条件自动记录测量点。首先要设定自动存储的条件,自动存储条件有Single(单点解)、DGPS(差分解)、Float(浮点解)和Fixed(固定解)四种选择,一般状况下我们选择自动存储条件为Fixed(固定解),根据需要选择是按时间还是按距离来存储,然后输入相应的间隔,点击右上角的"OK",自动存储设置完成。

(4)偏移存储:类似于测量中的偏心测量,记录的点位不是目标点位,根据记录点位和目标点位的空间几何关系来确定目标点。

记录应根据测量的精度要求,不同的测量点位要求,选择不同的存储方式。除仪器存储外,RTK在控制测量中,还应进行相应的表格记录,如表8-7所示。

表 8-7 GNSS RTK 外业观测手簿

观测者	日期 年 月 日		
测站名	测站号		
本测站为:________等控制点________级控制点			
记录时间:北京时间 □	UTC □	区时 □	
开机时间:	结束时间:		
接收机号:	天线号:		
天线高:(m) 1.	2.	3.	平均值
电台型号:	电台功率:	电台频率:	
备注:			

12)成果输出

操作:工程→文件输出。

说明:测量完成后,要把测量成果以不同的格式输出(不同的成图软件要求的数据格式不一样,如南方测绘的成图软件CASS的数据格式为:点名,属性,Y,X,H)。打开"文件输出"后,在数据格式里面选择需要输出的格式,如图8-23所示。

选择数据格式后，单击“源文件”，选择需要转换的原始数据文件，如图 8-24 所示。

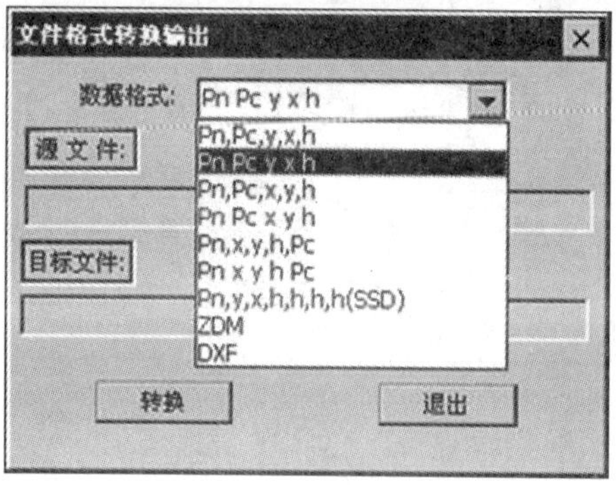

图 8-23

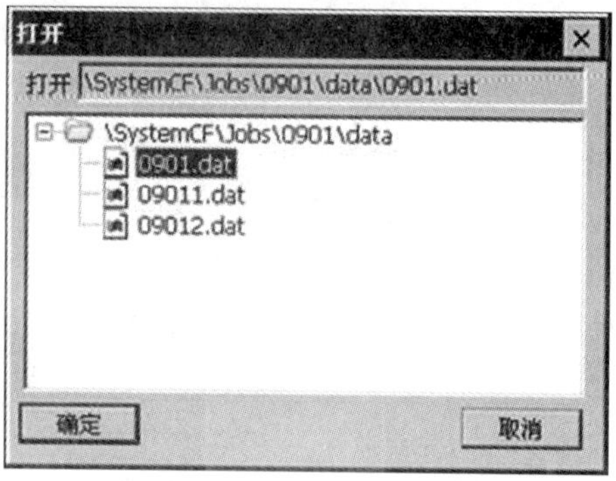

图 8-24

然后单击确定，出现如图 8-25 所示界面。

此时单击“目标文件”，输入转换后保存文件的名称（不要和已有文件重名），如图 8-26 所示。

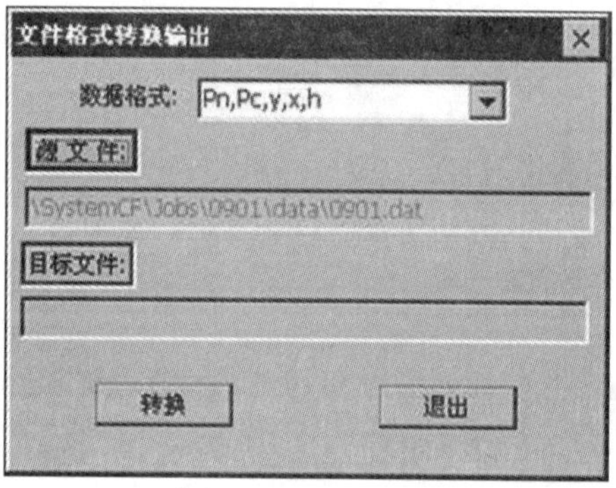

图 8-25

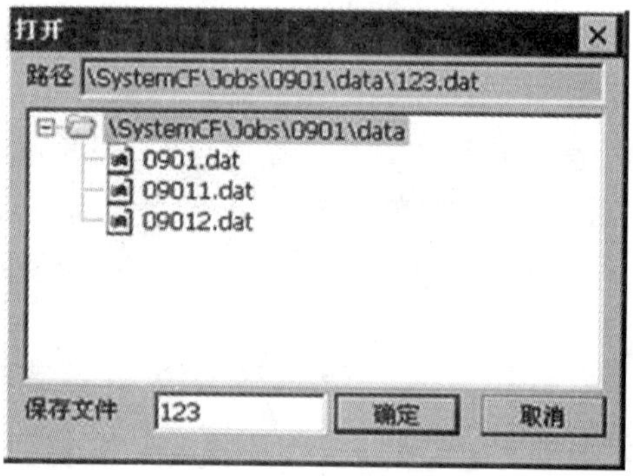

图 8-26

然后单击“确定”，出现如图 8-27 所示界面。

最后单击“转换”，出现如图 8-28 所示的界面，则文件已经转换为所需要的格式。

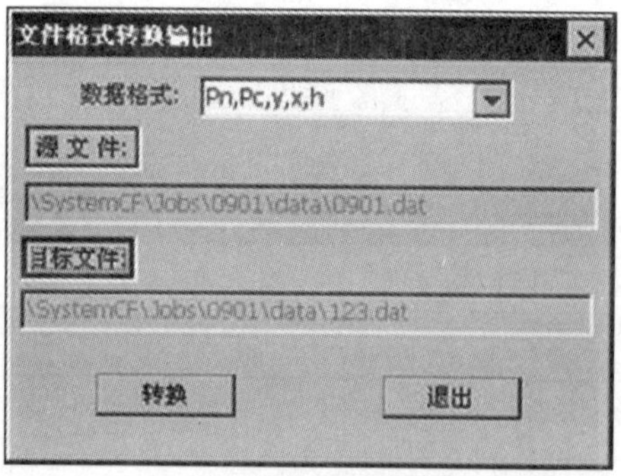

图 8-27

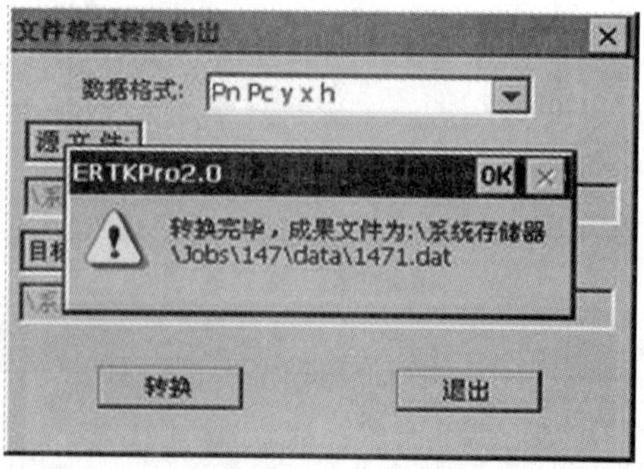

图 8-28

然后去系统文件夹下找到工程文件夹，打开 data 文件夹，找到转换后的文件，把该文件复制到相应的工程项目文件夹。

第三节　CORS 系统简介

连续运行基准站系统(Continuous Operational Reference System,简称 CORS),是基于现代 GNSS 技术、计算机网络技术、网络化实时定位服务技术、现代移动通信技术基础之上的大型定位与导航综合服务网络。CORS 最大的特点就是将网络化的概念引入到大地测量应用中,不仅为测绘行业带来深刻变革,而且将为现代社会带来新的位置、时间信息的服务模式。该系统的出现可满足城市规划、国土测绘、地籍管理、城乡建设、环境监测、防灾减灾、船舶、车辆导航、交通监控等多种现代信息化管理的社会需求。

一、CORS 系统构成

CORS 系统由基准站网、数据处理中心、数据传输系统、定位导航数据播发系统、用户应用系统五个部分组成,各基准站与监控分析中心间通过数据传输系统连接成一体,形成专用网络。

基准站网:基准站网由范围内均匀分布的基准站组成。负责采集 GPS 卫星观测数据并输送至数据处理中心,同时提供系统完好性监测服务。

数据处理中心:系统的控制中心,用于接收各基准站数据,进行数据处理,形成多基准站差分定位用户数据,组成一定格式的数据文件,分发给用户。数据处理中心是 CORS 的核心单元,也是高精度实时动态定位得以实现的关键所在。中心 24 h 连续不断地根据各基准站所采集的实时观测数据在区域内进行整体建模解算,自动生成一个对应于流动站点位的虚拟参考站(包括基准站坐标和 GPS 观测值信息),并通过现有的数据通信网络和无线数据播发网,向各类需要测量和导航的用户以国际通用格式提供码相位/载波相位差分修正信息,以便实时解算出流动站的精确点位。

数据传输系统:各基准站数据通过光纤专线传输至监控分析中心,该系统包括数据传输硬件设备及软件控制模块。

数据播发系统:系统通过移动网络、UHF 电台、Internet 等形式向用户播发定位导航数据。

用户应用系统:包括用户信息接收系统、网络型 RTK 定位系统、事后和快速精密定位系统以及自主式导航系统与监控定位系统等。按照应用的精度不同,用户服务子系统可以分为毫米级用户系统、厘米级用户系统、分米级用户系统、米级用户系统等;按照用户的应用不同,可以分为测绘与工程用户(厘米、分米级)、车辆导航与定位用户(米级)、高精度用户(事后处理)、气象用户等几类。

二、CORS 系统的分类

CORS 系统按照其作用范围可分为微型、区域型、国家型和全球型等,按照其实时性可分为静态 CORS 和动态 CORS。

就我国的建网情况及其趋势而言,按其建设的技术标准可分为 3 个层次,即根据建设管理模式、任务要求和应用范围,可把连续运行参考站网分为区域连续运行参考站网、专业应用连续运行参考站网和国家连续运行参考站网。

(一)区域连续运行参考站网

区域连续运行参考站网是由省、区、市地区政府组织协调建立的,主要用于构成高精度连续运行的区域坐标参考框架,提供不同等级的位置服务、卫星轨道服务、时间服务、气象服务、源数据服务和相关信息服务,以满足区域经济建设需要。

我国已经建成的区域连续运行参考网站包括:北京市全球卫星定位综合应用服务系统,武汉市连续运行卫星定位服务系统(WHCORS),广州市连续运行卫星定位城市测量综合服务系统(GZCORS),东莞市连续运行卫星定位服务系统(DGCORS),江苏省 GNSS 参考站网综合服务系统等。

(二)专业应用连续运行参考站网

由测绘、地震、气象、交通、海洋、水利等部门和机构根据专业需求建立的连续运行参考站网,主要应用于专业信息和参数服务,以满足行业和部门的工程建设与科学研究需要。这类服务系统并不一定需要全部具备以上区域网提供的 5 种服务,只需按照需要选择部分服务。

已经建成的这类站网中,最著名的有中国地震局牵头建设的中国地壳运动监测网络、交通部建设的沿海差分站网系统、信息产业部建立的电离层监测网、国家测绘局建立的连续运行参考框架网络、部队建立的连续跟踪站网络、上海地区以监测气象数据为主的监测网络和深圳市城市连续运行参考站等。

(三)国家连续运行参考站网

国家连续运行参考站网是国家经济建设、国防建设的基础设施,用于维持和更新国家地心坐标框架,开展全国范围内的高精度定位、导航工程建设和科学研究。国家网包括以上提到的全部 5 种服务,每一种服务都分为实时的、快速的和事后的 3 种服务类型,其中厘米级精度的实时服务基于目前的技术还有困难,但随着各个领域技术的不断完善,这个服务最终是可以实现的。

三、网络差分技术

在连续运行基准站系统中,网络差分技术是在一定区域内,布设若干 GNSS 连续运行参考站,利用数据通信技术将它们连接在一起,形成对该地区的网状覆盖,充分利用各参考站的观测信息进行数据融合,整体改进大气延迟和卫星轨道误差,计算并生成最优的差分改正信息,利用无线通信技术进行播发,具有网络差分功能的移动站可随时接入系统接收差分改正信息,稳定、快速地获取高质量的定位数据。

网络差分技术是近几年发展的一种高精度的 GPS 定位技术。它是在某一区域内建立多个(一般为 3 个或 3 个以上)基准站,对该地区构成网状覆盖,并以这些基准站中的一个或多个为基准,计算和发播区域改正信息,对该地区内的卫星定位用户进行实时误差改正的定位技术,称为网络 RTK,又称为多基准站 RTK。

目前,应用较多的网络 RTK 模式可分为虚拟参考站(VRS)技术、区域广播改正数(FKP)技术和主辅站(MAC)技术。

(一)虚拟参考站(VRS)技术

VRS(Virtual Reference Station)技术,最早由 Trimble Terrasat 公司于 2001 年第十三届国

际卫星导航技术会议上提出，与常规 RTK 不同，VRS 网络中，各固定参考站不直接向移动用户发送任何改正信息，而是将所有的原始数据通过数据通信线发给控制中心。同时，移动用户在工作前，先通过 GSM 的短信息功能向控制中心发送一个概略坐标，控制中心收到这个位置信息后，根据用户位置，由计算机自动选择最佳的一组固定基准站，根据这些站发来的信息，整体地改正 GPS 的轨道误差及电离层、对流层和大气折射引起的误差，将高精度的差分信号发给移动站。这个差分信号的效果相当于在移动站旁边，生成一个虚拟的参考基站，从而解决了 RTK 作业距离上的限制问题，并保证了用户的精度。Trimble 需要移动站先将接收机的位置信息发送到数据处理中心，数据处理中心会根据移动站的位置“虚拟”出一个参考站，然后将虚拟出的参考站改正数据播发给移动站，所以在这条通信线路上是双向通信的。而通用的位置信息就是 NMEA－0183 中的 GGA 信息，所以 Trimble 的 CORS 都需要用户以一定的频率播发 GGA 信息。

（二）区域广播改正数（FKP）技术

FKP 是德文区域改正数（Flachen Korrektur Parameter）的缩写，是 GEO＋＋公司为参考站网络差分数据播发而设计的计算模型，其作业的过程主要如下：

（1）主控站采用卡尔曼滤波动态模型，对多个或者所有测站采集的同步观测值进行非差网络解，估计所有非差状态参数。

（2）对所估非差状态参数中的对流层延迟、电离层延迟、潮汐效应和卫星星历误差进行空间相关误差建模，并估计流动站上的非差空间相关误差，计算 FKP 区域改正数。

（3）主控站将 FKP 参数按 RTCM－TYPE59 格式编码并采用单向广播模式发送给用户接收机。

（4）用户采用专用的 FKP 解码程序算法进行距离相关误差修正，进行 RTK 定位。

由于采用专用 RTCM 扩展格式电文，常规用户要用额外设备才能进行参数解码和误差修正。

（三）主辅站（MAC）技术

MAC 是主辅站（Master-Auxiliary Concept）技术的缩写，是 Leica 公司为了解决 FKP 技术由于采用非标准数据格式而在技术应用和系统推广而提出的数据处理技术。其作业的主要过程如下：

（1）将参考站网络原始数据传输到数据处理中心。

（2）选定主参考站和多个辅助参考站，估计参考站间的双差模糊度水平并计算主参考站和辅助参考站间的单差空间相关误差。

（3）将单差空间相关误差分解为非散射误差和散射误差项，并按不同的发送传送到流动站。

（4）流动站接收到 MAC 改正数并重构完整的参考站网络观测数据信息，利用附加在用户流动站的接收软件，按自定义的空间相关误差区域模型进行误差建模，计算本站与各参考站的空间相关误差。

（5）使用计算的空间相关误差改正数修正载波相位观测值上的综合误差影响，进行 RTK 精密定位。

第四节　实时动态(RTK)测量系统误差分析

一、单基准站 GPS－RTK 误差

单基准站 GPS－RTK 的误差源如表 8-8 所示。

表 8-8　单基准站 GPS－RTK 的误差源

主要误差源	影响因素
与卫星有关的误差	卫星星历误差、卫星钟钟误差
与卫星信号传播有关的误差	电离层折射误差、对流层折射误差、多路径效应
与接收机有关的误差	接收机钟误差、接收机位置误差
与基准站有关的误差	基准站已知坐标误差、基准站载波修正值误差、基准站载波相位误差
与无线数据链有关的误差	差分信号调制解调误差、外界环境干扰影响
与流动站有关的误差	流动站天线姿态误差、坐标系统转换误差、大地水准面差距内插误差

(一)与基准站有关的误差

1. 基准站已知坐标误差

如果基准站架设在已知点上,基准站已知坐标的精度直接影响 GPS－RTK 测量的精度。因此,在测量前要检验控制点的点位精度。基准站点位精度取决于拟合残差的大小,它是 RTK 点位的一项重要系统误差来源。例如,已有四等网和城市一、二级控制网的精度状况,优的在 ±1 cm 以内,差的达到 ±5 cm 左右。如果作业前做了相关检验和剔除,则拟合残差可望控制在 ±3 cm 以内。此外,对于基准站架设在未知点上的情况,在测量前也要检验控制点的点位精度。

2. 基准站位置选择的影响

基准站一般要选择在测区中央地势开阔或高层建筑物的楼顶上,以使基准站能够接收到尽可能多的 GPS 卫星信号。考虑到电磁波干扰及湖面、水面和建筑物等带来的多路径效应,基准站要远离建筑物、无线电发射源、高压线及水面。

为了增大基准站无线电有效的发射距离,要尽可能地把基准站选在地势较高的地方,使用长天线并架设稳定、牢固,观测期间不能有轻微晃动,以免影响测量精度。

3. 基准站载波修正值误差

采用载波相位修正法进行 RTK 定位,利用卫星星历计算出卫星的位置与已知基准站的精确坐标来计算卫星至基准站的真实距离(精确),进而可求出伪距载波相位改正数。基准站再将载波相位改正数通过数据链发送给流动观测站,以修正其载波相位,求解出流动站的精确位置坐标。此种方法的关键是求解基准站初始相位整周模糊度,其最常用的方法有静态相对定位法、已知基线法、交换天线法。

4. 基准站载波相位误差

采用载波相位差分法进行 RTK 定位,就是将基准站采集的载波相位通过数据链直接发送给流动观测站,进行求差解出流动站精确位置坐标。载波相位解算坐标一般采用求差法,

通过单差方程求解消去卫星的钟差影响，通过双差方程求解消去接收机的钟差影响，通过三差方程求解解决整周模糊度确定问题。

用载波相位差分法进行 RTK 定位，一般只采用单差和双差虚拟相位观测值求解待定点坐标。因此，仅仅能削弱卫星和接收机的钟差，关键仍然是求解初始整周模糊度。

（二）与无线数据链有关的误差

与无线数据链有关的误差包括差分信号调制解调误差和外界环境干扰影响等。

1. 差分信号调制解调误差

调制是指利用差分改正信号去改变载波的某一参数的过程。常用的载波为正弦波，表征正弦波的参数为振幅、频率和初相位。调制是对这 3 个参量之一进行，形成调幅、调频和调相。

一般 DGPS 系统选择数字调幅、数字调频、数字调相。解调是调制的相反过程，即从已调制载波中解调出用户感兴趣的信号——差分改正数等。

实现相反过程的重要问题是恢复载波和时钟信号。RTK 数据链调制解调器误码与信道频率间隔等参数有关，当信道带宽一定时，信道频率间隔越小，则邻道干扰越大。通过选择或调整调制解调器相关参数，可以将误码率控制在最小范围之内。另外，RTK 选用较高采样率，采样的历元个数必须保证在 5 ~ 10 个以上，采用误差统计理论进行误码定位和删除。以上措施可将误差控制在 10^{-9} 数量级。

2. 外界环境干扰影响

数据在传输过程中，由于传输外部信道不可避免地受外界环境的噪声干扰，使传输数据产生差错，使得接收机接收到错误的信息，因此必须进行差错控制，而差错控制的核心是纠错编码。RTK 数据链均采用了传输纠错编码技术，它是提高数字传输可靠性的一项技术，是正确传输差分 GPS 改正信号的重要手段，有 FEC（前向纠错方式）、ARQ（检错重传）、NEC（混合差错控制）和 IRC（信息反馈）等方法。在试验条件下，前三种纠错方式均能保证误码率小于 0.001%。另外，RTK 作业应尽量避免外界电磁波干扰，采集足够多的历元，用多余观测数据增加 RTK 数据链的抗差能力，特别是在有干扰的环境中，要适当延长观测时间。

实际作业时还应注意以下问题：

（1）解决盲点。如果导致盲点的主要原因是数据链信号接收问题，首先可提高基准站和流动站天线的架设高度，流动站天线可采用长垂准杆架设，以保证成果精度。若上述措施不行，则考虑搬站。

（2）RTK 的作业半径。因 RTK 数据链的传播限制和定位精度要求，RTK 的作业半径一般应控制在 5 ~ 10 km 以内。当可视卫星多、基准站地势高、使用长杆天线且数据链传输信号较好、*PDOP* 值较小时，可以适当将作业半径提高到 10 ~ 15 km。

（3）卫星预报。当地形复杂时，RTK 作业前应进行卫星预报，选取 $PDOP < 5$、卫星数≥5、卫星高度角≥15°的时间段进行作业。

（4）RTK 作业环境。RTK 作业应尽量在天气良好的情况下进行，尽量避免雷雨天气，避免接收机过冷或过热，确保接收机正常工作。在城区或交通要道作业时可考虑夜间作业。

（三）与流动站有关的误差

与流动站有关的误差包括流动站天线姿态误差、坐标系统转换误差和大地水准面差距内插误差等。

1. 流动站天线姿态误差

RTK 动态作业时,载体瞬时姿态改正精度将是重要的误差来源。进行动态观测作业时,由于受到风、人员疲劳、生产进度要求等各种因素的影响,不能保证流动站单杆的完全竖直。当天线高 $h<2$ m,倾角≤5°时,姿态角引起的平面误差见表 8-9。

表 8-9　流动站天线姿态角引起的平面误差

天线高 h(m)	平面误差 e(m)		
	$\theta=1°$	$\theta=3°$	$\theta=5°$
1	0.017	0.052	0.087
1.5	0.026	0.078	0.130
2	0.035	0.105	0.174

当 $h<2$ m,$\theta\leqslant5°$,$h_2=0.030$ m 时,姿态角引起的高程误差见表 8-10。

表 8-10　流动站天线姿态角引起的高程误差

天线高 h(m)	高程误差 h_1+h_2(m)		
	$\theta=1°$	$\theta=3°$	$\theta=5°$
1	0.030	0.031	0.034
1.5	0.030	0.032	0.036
2	0.030	0.033	0.038

由表 8-9、表 8-10 可以看出:姿态角引起的平面误差随姿态角和天线高度的增大而迅速增加。姿态角引起的高程误差主要受来自地面本身的不规则起伏变化影响。实际 RTK 作业时,要求观测人员认真负责,在观测时应让测杆上的水准泡尽量居中,应尽量在待定点上以静态或准动态方式置平对中和控制天线高度在 1.5 m 以下,那么姿态角引起的平面误差和高程误差均可以控制在 ±1 cm 左右。

2. 坐标系统转换误差

GPS 使用的坐标系统是 WGS－84 坐标系统,而我国目前使用的是 1980 年西安坐标系和 2000 国家大地坐标系或用户自定义坐标系。因此,必须求出 WGS－84 坐标系统转换到我国坐标系或用户自定义的转换参数。

通常实现坐标系统的转换可以采用三参数或七参数转换方法,但是无论采用哪种方法,都不可避免带来平面误差和高程误差。坐标转换参数不准确可影响到 2～3 cmRTK 测量误差。

为了提高 WGS－84 坐标系与当地坐标系数学模型的拟合程度,进而提高待测点的精度,通常要联测尽可能多的已知点。

转换参数的求解通常有两种方法:一是充分利用已有的 GPS 控制网资料,采用 3 点以上的两套坐标系成果和采用 Bursa-Wolf、Molodensky 等经典、成熟的模型,使用 PowerADJ 3.0、SKIpro 2.3、TGO 1.5 以上版本的通用 GPS 软件进行求解,也可自行编制求参数软件,经测试与鉴定后使用。转换参数时应采用三参、四参、五参、七参不同模型形式,视具体工作情况而定,但每次必须使用一组的全套参数进行转换。二是将基准站架设在已知点或未知点上，流动站依次测量各已知点的 WGS－84 坐标，再将各已知点所对应的当地坐标系的平面坐标和高程输入手簿。

一般要求 RTK 在一个工作区域范围内至少有 4 个校正点，而且最好使工作区域被包含在校正点所形成的区域内，因为之外的工作区域测量精度会随距离渐降。此外，校正点宜尽量在工作区域外围均匀分布。

3. 大地水准面差距内插误差

利用 GPS 求得的是地面点在 WGS－84 坐标系中的大地高，而目前我国的实用高程系统采用的是正常高，要想使 GPS 的 WGS－84 高程在城市建设中得到应用，必须实现 GPS 大地高向城市高程系统的转换。

在城市 GPS 高程转换中，主要研究采用几何解析法推求大地水准面高的方法。RTK 数据采集系统就是采用某种数学方法拟合的似大地水准面模型，实现实时 GPS 大地高向城市高程系统的转换。

几种常用的 GPS 高程拟合方法有解析多项式法、多面函数法、加权均值法、非参数回归法、高程异常变化梯度法、固定边界 N 次样条插值法以及线性移动拟合法等。

求解高程转换参数则至少需要联测 4 个（范围较大时测区中部需 1 个）已知高程点，联测的所有已知点应分布均匀，且能覆盖整个测区。

如果 RTK 作业前能合理选择拟合方法估算高程异常参数，对于直径不超过 10 km 的作业测区，且有 3～5 个高程已知点，内插精度可望控制在 ±（1～3） cm（平原）和 3～5 cm（丘陵）以内。

二、网络 RTK 的误差来源分析

（一）网络 RTK 与单基准站 GPS－RTK 共有的误差来源

网络 RTK 有着与单基准站 GPS－RTK 测量方式共有的误差来源，主要分以下 3 种。

1. 与卫星有关的误差

与卫星有关的误差主要包括卫星钟差和卫星轨道偏差。该项误差的解决方式与单基准站 GPS－RTK 相同。卫星钟差是通过由导航电文提供的钟差模型改正后，通过同步观测值差分的方法消除；卫星轨道偏差通过同步观测值求差来解决。由于在网络 RTK 中，流动站与虚拟参考站（VRS）站构成非常短的基线，它消除与卫星有关的误差的有效性比单基准站 GPS－RTK 要明显。

2. 与信号传播有关的误差

与信号传播有关的误差主要包括电离层、对流层折射的影响及多路径效应的影响。在修正此项误差来源时，网络 RTK 有着比单基准站 GPS－RTK 十分明显的优势。因为它允许服务器应用整个网络的信息来计算电离层和对流层的复杂模型；而单基准站 GPS－RTK 在对电离层残差影响的模型化方面能力有限，它用于修正的模型非常简单，流动站仅能获取两个站的数据来计算大气模型。

3. 与接收设备有关的误差

与接收设备有关的误差主要包括观测误差、接收机钟差、载波相位观测的整周模糊度以及天线的相位中心位置偏差。该项误差的解决方式与单基准站 GPS－RTK 相同。网络 RTK 能准确、快速地解算模糊度，快速得到固定解，比单基准站 GPS－RTK 要快。

（二）与网络 RTK 系统相关的误差来源

网络 RTK 要依靠网络服务器和外业用户间的数据传输链（拨号和广播）。因此，网络 RTK 也受到网络 RTK 系统的部分影响。

（1）流动站用户作业时需要把 NMEA 协议的 GGA 信息发送到网络 RTK 控制中心，该 GGA 信息将作为虚拟站的位置，并内插出该点的改正信息作为流动站的改正。这样，当流动站观测条件很差，长时间得不到有效精度的 GGA 信息时，流动站接收的差分信息对流动站的实际位置将不一定合适。

（2）网络 RTK 进行连续作业时，为保证其实时性及效率，网络 RTK 系统并没有重新生成虚拟站位置及数据，在一定范围内仍采用初始已得点位的差分信息。

（3）在误差模型方面，如果电离层和对流层活动强烈，采用的模型将可能不正确，实时获得的流动站点位成果根本无法保证其实际可靠性程度。

网络 RTK 受到其系统的部分影响，为减少影响，可以对 VRS 进行以下设置。

（1）采用 Raw Mode。设置成当流动站无法用网络 RTK 改正信息（如整个 CORS 网络的解算才开始启动不久）或改正信息质量不高（如参与模型解算的附近基准站卫星数少于 5 颗、VRS 到附近最近基准站太近等）时，自动切换到单基准站的 RTK 模式，即普通 RTK 作业模式。

（2）检测流动站的位置信息。自动检测接收到的流动站的位置信息是否实际可靠，可设置成当流动站发送的 NMEA 记录的 *HDOP* 大于 10 或跟踪卫星数少于 5 颗时忽略该记录，继续等待符合要求的 NMEA 记录，并在此期间没有任何输出信息。

（3）重新定位 VRS 位置。当连续作业时，可不关闭连接，只需进行一次初始化操作，大大缩短了观测的时间。当新的流动站位置与原 VRS 距离大于 5 km 时，将重新自动锁定 VRS 位置。

（4）默认设置为：当流动站 1 min 内未得到符合要求 NMEA 的 GGA 信息时，将强制采用。管理员可根据实际情况进行调整，当电离层活动很剧烈的时候，可以将这一发送 GGA 信息的时间延长。

（5）网络 RTK 系统中，如果某一个参考站的某颗卫星的信噪比欠佳，都有可能减少卫星模型改正数的数量，甚至导致 RTK 无法正常进行。为保证网络 RTK 稳定性，如果某一个参考站有多颗卫星的信噪比欠佳，应考虑暂时禁用该观测条件较差的基准站。

第九章　GPS 测量技术的应用

第一节　GPS 测量技术在控制测量中的应用

一、GPS 在线路控制测量中的应用

传统的线路测量一般采用导线法,在初测阶段沿设计线路布设初测导线。该导线既是各专业开展勘测的控制基础,也是进行地形测量的首级控制,所以要求相邻导线点通视。在该线路测量中应用 GPS 技术的形式是沿设计线路建立狭带状控制网。目前主要有两种情况,一种是应用 GPS 定位技术替代导线测量,另一种是应用 GPS 定位技术加密国家控制点或建立首级控制网。在实际生产中较多采用后者。

下面以西安至南阳段 GPS 控制网为例,说明 GPS 线路控制网的布设和应用情况。

(一)布网形式

铁道部《全球定位系统(GPS)铁路测量规程》(TB 10054—97)规定,1∶2 000 比例尺地形图测绘起、闭于高级控制点的导线全长不得大于 30 km(公路线路一般规定≤10 km)。据此,铁路 GPS 线路控制网布设应满足以下几条:作为导线起、闭点的 GPS 点应成对出现;每对点必须通视,间隔以 1 km 为宜(不宜短于 200 m);每对点与相邻一对点的间隔不得大于 30 km。具体间隔视作业条件和整个控制测量工作计划而定,一般 5 ~ 15 km 布设一对点。这些点均沿设计线路布设,具图形类似线形锁,如图 9-1 所示。

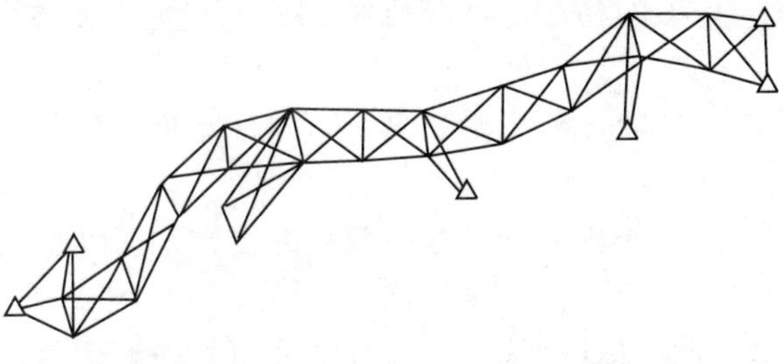

图 9-1　西安至南阳段 GPS 控制网示意图

西安—南京线中,西安至南阳线路长度为 450 km,线路通过秦岭山脉东段和豫西山区。GPS 定位测量是为初测导线提供起、闭点。GPS 网由 13 个大地四边形和 2 个三角形组成。待定点(GPS 控制点)24 点为 12 个点对,相邻点对间平均距离为 18 km。联测了 6 个国家控制点,选用其中 5 个点作已知点参与平差。

为了提高勘测精度和便于日后勘测工作的开展,在构建 GPS 控制网时在以下地段布设 GPS 点对:

(1)线路勘测起讫处;

(2)线路重大方案起讫处;

(3)线路重大工程,如隧道、特大桥、枢纽等地段;

(4)航摄测段重叠处。

(二)观测及处理

GPS 控制网观测选用单频机或双频 GPS 接收机,采用静态观测模式,时段长度一般为 30 ~ 90 min。数据预处理采用随机软件。

线路测量采用国家统一的平面坐标系统——1954 年北京坐标系。WGS - 84 坐标系与 1954 年北京坐标系的转换采用国家控制点重合转换,在西安—南京线中西安至南阳段约束平差计算时,剔除了有明显问题的炮校三角点,选用其余 5 个点进行约束平差。

经平差计算,起闭点的 GPS 点精度达到国家四等点的精度,满足线路测量需要。

二、GPS 在桥梁控制测量中的应用

近年来,铁路和公路建设飞速发展,大跨度桥梁与隧道贯通工程发展也很快。采用 GPS 静态相对定位技术建立桥梁施工控制网,既能满足工程精度要求,又能提高功效、满足工程进度要求。因此,GPS 定位技术在桥梁控制测量中已获得广泛的应用。

桥梁施工 GPS 控制网的基准设计一般包括位置基准、方位基准和尺度基准。位置基准一般由给定的起算点坐标确定;方位基准一般以给定的起算方位值确定,或由 GPS 基线向量的方位作为方位基准;尺度基准由两个以上的起算点间的距离确定,或由 GPS 基线向量的长度确定,也可使用光电测距实测边长推算。

桥梁施工 GPS 平面控制网的网形及点位选定通常应符合下列基本要求:

(1)GPS 控制网一般应以三角形和大地四边形组成的混合网的形式布设。最简独立环的基线边数必须符合相应等级的规定。

(2)控制点的位置、数量和密度必须能控制全桥及与之相关的重要附属工程的施工,基本满足施工放样的需要,同时应便于施工期间加密控制点。

(3)控制点应选在土质条件较好、地面基础稳定、避开施工干扰和有利于长期保护的地方。

(4)点位处应便于 GPS 及常规测量观测作业,并且方便施工使用,不宜设在交通繁忙等干扰大的地方。

(5)点位处应视野开阔,尽可能设在地势较高的地方。点位周围环境还应满足 GPS 观测的要求。

(6)相邻施工控制点间应尽可能通视,以方便采用常规测量方法进行施工放样和加密施工控制点。

桥梁 GPS 施工平面控制网通常应使用 4 台以上 GPS 接收机进行观测,按静态相对定位模式进行同步观测。观测前应根据测区地形、交通、网形、桥梁工程特点及施工要求、精度等级、仪器数量、天气和地理环境等实际情况,参照相关技术规范的规定进行观测设计,并编制外业调度表。GPS 外业观测设计的主要内容包括制定观测技术要求和编制观测计划两大部分。观测技术要求主要是针对项目特点进行卫星高度截止角、同步观测有效卫星数、有效观测卫星总数、观测时段数、时段长度、数据采样间隔、接收机天线对中精度、天线高量测精度等的设计。在桥梁施工平面控制网中,由于控制网边长一般不长,大多在 2 km 以内,控制点间的相对精度要求很高,因此天线对中误差对控制网精度的影响是系统性的,必须采取有效

措施予以控制或削弱。当有 GPS 高程拟合测量的要求时，应适当延长时段观测长度并精确测定天线高度。为检核 GPS 网的观测质量，一般应使用高精度全站仪观测一定数量的控制网边长。

三、GPS 隧道控制测量

隧道贯通是隧道工程中最重要的环节，而隧道是否能顺利贯通，又在很大程度上取决于隧道洞口外平面控制网的精度。隧道洞外平面控制网的精度，直接影响到地下两相向开挖面在横向上的准确贯通，即直接影响横向贯通误差的大小。应用 GPS 技术布设隧道洞外平面控制网，可以免去通视上的困难，无须布设中间过渡点，点数少、工期短、精度高、费用低。

确定 GPS 隧道平面控制网网点时既要顾及 GPS 测量的要求，又必须考虑隧道施工的要求，一般地，隧道洞口至少要布设 3 个控制点，其中一点布置在隧道中线上，即洞口控制点。另外两点为定向点，3 点必须相互通视。为了满足横向贯通误差要求，定向边不宜过短，对于 3 ~6 km 长的隧道，定向边最好不短于 500 m，在困难地区也不得短于 300 m。对于长度在 3 km 以内的隧道，定向边不应短于 200 m。隧道平面控制网布设还需估计横向贯通误差，以确定能否满足隧道工程要求。隧道 GPS 控制网应采用 GPS 静态相对定位作业模式进行观测，每时段观测时间不应少于 2 h，每条基线边至少观测两个时段。为了减少天线相位中心迁移误差对进洞方位的影响，应在观测前对天线相位中心偏差进行检测，并在观测中严格对 GPS 天线定向，有条件的话尽量使用天线相位中心迁移误差较小的扼流圈天线。隧道 GPS 控制网的坐标系统一般采用通过洞口点的子午线为中央子午线的独立坐标系，投影面采用隧道轴线平均高程面。

第二节　GPS – RTK 测量技术在工程测量中的应用

一、RTK 测量技术在地形控制测量中的应用

常规控制测量如三角测量、导线测量，要求点间通视，费工费时，而且精度不均匀，外业中不知道测量成果的精度。GPS 静态、快速静态相对定位测量无须点间通视就能够高精度地进行各种控制测量，但是需要事后进行数据处理，不能实时定位并知道定位精度，内业处理后发现精度不合要求必须返工测量。而用 RTK 技术进行控制测量既能实时知道定位结果，又能实时知道定位精度，这样可以大大提高作业效率。应用 RTK 技术进行实时定位可以达到厘米级的精度，因此除高精度的控制测量仍采用 GPS 静态相对定位技术外，RTK 技术也可用于地形图测绘中的控制测量，地籍及房产测量中的控制测量和界址点点位的测量。

二、RTK 技术在地形图测绘中的应用

地形测图一般是首先根据控制点加密图根控制点，然后在图根控制点上用经纬仪测图法或平板仪测图法测绘地形图。近几年发展到用全站仪和电子手簿采用地物编码的方法，利用测图软件测绘地形图。但都要求测站点与被测的周围地物地貌等碎部点之间通视，而且至少要求 2 ~3 人操作。

采用 RTK 测量技术进行测图时，仅需一人背着仪器在待测碎部点停留 1 ~2 s，并同时

输入特征编码，通过电子手簿或便携微机记录，在点位精度合乎要求的情况下，把一个区域内的地形地物点位测定后回到室内，或在野外由专业测图软件可以输出所要求的地形图。用 RTK 技术测定点位不要求点间通视，仅需一人操作，便可完成测图工作，大大提高了测图的工作效率。

三、RTK 测量技术在地籍、房产测量中的应用

地籍和房产测量中应用 RTK 技术测定每一宗土地的权属界址点以及测绘地籍与房地产，同上述测绘地形图一样，能实时测定有关界址点及一些地物点的位置并能达到要求的厘米级精度。将 GPS 获得的数据处理后直接录入 GIS 系统，可及时精确地获得地籍与房地产图。但在影响 GPS 卫星信号接收的遮蔽地带，应使用全站仪、测距仪、经纬仪等测量工具，采用解析法或图解法进行细部测量。

在建设用地勘测定界测量中，RTK 技术可以实时地测定界桩位置，确定土地使用界限范围，计算用地面积。利用 RTK 技术进行勘测定界放样是坐标的直接放样，建设用地勘测定界中的面积量算实际上是由 GPS 软件中的面积计算功能直接计算并进行检核，避免了常规解析法放样的复杂性，简化了建设用地勘测定界的工作程序。

在土地利用动态检测中，也可利用 RTK 技术。传统的动态野外检测采用简易补测或平板仪补测法，如利用钢尺用距离交会、直角坐标法等进行 RTK 丈量，对于变通范围较大的地区，采用平板仪补测法。这种方法速度慢、效率低。而应用 RTK 技术进行动态检测的速度和精度高，省时省工，能真正实现实时动态监测，保证了土地利用状况调查的现势性。

四、GPS－RTK 技术在施工放样中的应用

由于 GPS－RTK 具有观测时间短、精度高、无须通视等优点，进行平面定位较使用常规方法放样简单、方便、可靠和快捷，也极大地提高了工作效率。

野外作业流程如下：

(1)将基准站架设在已知的控制点上，接收机与手簿之间通过装置连接并传输数据。在手簿里新建一个文件，依次按要求填写或选取如下工程信息：工程名称、椭球系名称、投影参数设置、七参数设置（直接启用测区已有参数）和高程拟合参数设置，然后按确定键，工程新建完毕，接着输入基准站的坐标和海拔，然后校正；最后输入接收机站标高，选择测区附近另一个控制点进行检测，检测结果符合要求后，即可开始放样。

(2)实地放样。实地单点坐标放样：在手簿里输入待放点的坐标，手簿与移动站接收机连接后，手簿立即显示待放点位置导航图。根据导航图的指示，在有效的固定解状态下移动接收机，当移动站接收机接近待放点位置时，会发出“嘀”的一声提示音，GPS 开始进入有效解状态，通过手簿显示与待放点的相对位移，调整接收机位置，达到符合放样点坐标位置即可实地定点，然后进行下一个坐标点的放样。

直线加密点的放样：根据工程的要求，需要每隔 60 m 左右放一个点，在手簿里输入直线两端点的坐标，根据实际情况，设定直线起始点的坐标，然后按照要求输入边长数据，依据手簿导航图的指示进行实地定点，然后继续下一个直线点的放样。

圆曲线放样：在手簿里输入圆心坐标、半径数据，再将需要放样的圆曲线上的数据输入手簿，即可按照手簿导航图的指示进行实地定点。

(3)内业处理。放样资料和实地检测点数据资料通过手簿导出，然后调入相应的测图软件平台进行处理。检查放样过程中出现的各种情况，并对精度进行检查，最后整理形成放样报告资料。

五、GPS－RTK 技术在线路定测中的应用

GPS－RTK 技术能以厘米级精度进行实时动态定位，具有速度快、节省人力和经费等许多优点，因此目前已广泛用于线路工程中的定测工作，并取得了良好的效果。应用 GPS－RTK 技术进行线路定测具有如下一些优点：

(1)常规的中线测量总是先确定平面位置，而后确定高程。即先放线，后做中平测量。GPS－RTK 技术可提供三维坐标信息，因此在放样中线的同时获得了点位的高程信息，无须再进行中平测量，大大地提高了工作效率。

(2)目前，GPS－RTK 基准站数据链的作用半径可以达到 10～20 km，因此整个线路上只要布设首级控制网便可完成控制，而不必布设以下几级的控制网，如一、二级导线等。只要保存好首级点，即可随时放样中线或恢复整个线路，因此也不必担心一些重要桩位（如交点桩）的遗失而给线路测量带来困难等。

(3)GPS－RTK 基准站发出的定位信息，可供多个流动站应用，而流动站只需有一个人单独操作，这就大大节省了人力，提高了功效。

(4)在 GPS－RTK 定线测量中，首级控制网直接与中线桩点联系，不存在中间点的误差积累问题，因此能达到很高的精度，适合高等级线路工程的要求。

应用 GPS－RTK 技术进行线路定测的作业方法如下：首先，在内业根据设计数据计算出各待定点的坐标，包括整桩、曲线主点、桥位等加桩。然后将这些待定点坐标数据及沿线路的控制点坐标数据传送到专为 RTK 设备配备的电子手簿中。有了这些坐标数据，就可以按坐标放样的方法在作业现场进行定线测量。目前，各 GPS 生产厂家制造的 RTK 设备，除坐标放样功能外，一般都还具有直线放样、圆曲线放样等功能，因此只要知道曲线的设计参数也能在现场进行定线工作。

在现场工作中，GPS－RTK 基准站架设在线路控制点上，开机后按软件的提示输入基准站控制点坐标与高程，并按设备使用手册的指导说明进行基准站设置。完成上述操作后，基准站接收机正常工作，基准站电台即发布 RTK 信号，接着要做的是按使用手册的要求设置流动站，一旦流动站设置完成，基准站和流动站之间就可以实现通信，流动站就能以厘米级精度采集数据放样。为了使 GPS 测量结果转换到工程采用的坐标系统中，在应用 GPS－RTK 流动站进行定测工作之前，还需要联测两个以上的已知控制点，以便计算坐标转换参数，有了坐标转换参数便可进行线路的定测工作。应用 GPS－RTK 技术进行线路定测工作比较轻松，流动站作业员只要进入放样模式，并调出放样点，手簿软件中的电子罗盘就会引导作业员到达放样点。指针标明了到达放样点的移动方向和需要移动的距离，作业员仅需按照罗盘的指示工作。

参 考 文 献

[1] 周忠谟,易杰军,周琪. GPS 卫星测量原理与应用[M]. 北京:测绘出版社,1997.

[2] 刘基余,等. 全球定位系统原理及其应用[M]. 北京:测绘出版社,2004.

[3] 李天文. GPS 原理及应用[M]. 北京:科学出版社,2003.

[4] 周建郑. GPS 定位原理与技术[M]. 郑州:黄河水利出版社,2005.

[5] 王勇智. GPS 测量技术[M]. 北京:电力出版社,2007.

[6] 黄文彬. GPS 测量技术[M]. 北京:测绘出版社,2011.

[7] 刘基余. GPS 卫星导航定位原理与方法[M]. 北京:科学出版社,2004.

[8] 贺英魁. GPS 测量技术[M]. 重庆:重庆大学出版社,2010.

[9] 中华人民共和国建设部. 城市测量规范[S]. 北京 :中国建筑工业出版社,1999.

[10] 徐绍铨. GPS 测量原理及应用[M]. 武汉:武汉大学出版社,2003.

[11] 周立. GPS 测量技术[M]. 郑州:黄河水利出版社,2006.

[12] 国家质量技术监督局. GB/T 18314—2009 全球定位系统(GPS)测量规范[S]. 北京:中国标准出版社,2009.